Tsiry Rasamiravaka
Mondher El Jaziri

**Quorum sensing et biofilm bacterien**

Tsiry Rasamiravaka
Mondher El Jaziri

# Quorum sensing et biofilm bacterien

## Cibles potentielles pour la lutte contre les bactéries pathogènes (cas de Pseudomonas aeruginosa)

Presses Académiques Francophones

**Impressum / Mentions légales**
Bibliografische Information der Deutschen Nationalbibliothek: Die Deutsche Nationalbibliothek verzeichnet diese Publikation in der Deutschen Nationalbibliografie; detaillierte bibliografische Daten sind im Internet über http://dnb.d-nb.de abrufbar.
Alle in diesem Buch genannten Marken und Produktnamen unterliegen warenzeichen-, marken- oder patentrechtlichem Schutz bzw. sind Warenzeichen oder eingetragene Warenzeichen der jeweiligen Inhaber. Die Wiedergabe von Marken, Produktnamen, Gebrauchsnamen, Handelsnamen, Warenbezeichnungen u.s.w. in diesem Werk berechtigt auch ohne besondere Kennzeichnung nicht zu der Annahme, dass solche Namen im Sinne der Warenzeichen- und Markenschutzgesetzgebung als frei zu betrachten wären und daher von jedermann benutzt werden dürften.

Information bibliographique publiée par la Deutsche Nationalbibliothek: La Deutsche Nationalbibliothek inscrit cette publication à la Deutsche Nationalbibliografie; des données bibliographiques détaillées sont disponibles sur internet à l'adresse http://dnb.d-nb.de.
Toutes marques et noms de produits mentionnés dans ce livre demeurent sous la protection des marques, des marques déposées et des brevets, et sont des marques ou des marques déposées de leurs détenteurs respectifs. L'utilisation des marques, noms de produits, noms communs, noms commerciaux, descriptions de produits, etc, même sans qu'ils soient mentionnés de façon particulière dans ce livre ne signifie en aucune façon que ces noms peuvent être utilisés sans restriction à l'égard de la législation pour la protection des marques et des marques déposées et pourraient donc être utilisés par quiconque.

Coverbild / Photo de couverture: www.ingimage.com

Verlag / Editeur:
Presses Académiques Francophones
ist ein Imprint der / est une marque déposée de
OmniScriptum GmbH & Co. KG
Heinrich-Böcking-Str. 6-8, 66121 Saarbrücken, Deutschland / Allemagne
Email: info@presses-academiques.com

Herstellung: siehe letzte Seite /
Impression: voir la dernière page
**ISBN: 978-3-8381-4537-2**

Zugl. / Agréé par: Bruxelles, Université Libre de Bruxelles., 2014

Copyright / Droit d'auteur © 2014 OmniScriptum GmbH & Co. KG
Alle Rechte vorbehalten. / Tous droits réservés. Saarbrücken 2014

# Quorum sensing et biofilm bacterien

« Cibles potentielles pour la lutte contre les bactéries pathogènes (cas de *Pseudomonas aeruginosa*) »

Tsiry Rasamiravaka et Mondher El Jaziri

Cet ouvrage rassemble les travaux realisés dans le cadre d'une thèse de doctorat de cotutelle ès Sciences.

Les travaux ont été supportés financièrement par la Commission Universitaire pour le Développement (CUD Belgique) et realisés aux :

- Laboratoire de Biotechnologie Végétale, Université Libre de Bruxelles, Belgique
- Laboratoire de pharmacognosie, de Bromatologie et de Nutrition Humaine, Université Libre de Bruxelles, Belgique
- Laboratoire de Biodiversité et de Biotechnologie, Institut Malgache de Recherches Appliquées (IMRA), Madagascar.
- Laboratoire de Formation et de Recherche en Biologie Médicale, Faculté de Médecine, Université d'Antananarivo, Madagascar

# Table des matières

| | |
|---|---|
| INTRODUCTION GENERALE............................................................................................. | 7 |
| **CHAPITRE 1 Le mécanisme de quorum sensing: une synthèse de la littérature**..... | 13 |
| I. Introduction................................................................................................................ | 14 |
| II. Communication inter-cellulaire chez des bactéries................................................... | 15 |
|    II.1. Le mécanisme de QS chez les bactéries ............................................................. | 16 |
|    II.2. Les acteurs principaux du mécanisme de QS ...................................................... | 17 |
|       II.2.1. Mécanisme de QS chez les bactéries à Gram négatif.................................. | 20 |
|          II.2.1.1. Le système LuxI/R ................................................................. | 20 |
|          II.2.1.2. Le système médié par des auto-inducteurs non-AHL................... | 25 |
|       II.2.2. Mécanisme de QS chez les bactéries à Gram positif................................... | 27 |
|       II.2.3. Les systèmes hybrides................................................................................. | 27 |
|    II.3. Communication inter-espèces et inter-règnes.................................................... | 30 |
| III. **Facteur de virulence et QS chez *P. aeruginosa***................................................... | 31 |
|    III.1. *P. aeruginosa*, un modèle bactérien .................................................................. | 32 |
|       III.1.1. Caractéristiques bactériologiques.............................................................. | 32 |
|    III.2. Pathogénicité de *P. aeruginosa*........................................................................ | 33 |
|       III.2.1. Les facteurs de virulence membranaires................................................... | 34 |
|          III.2.1.1. Flagelles et pili........................................................................ | 34 |
|          III.2.1.2. Lipopolysaccharide (LPS)....................................................... | 36 |
|       III.2.2. Les Facteurs de virulence extracellulaires.................................................. | 37 |
|          III.2.2.1. Les lectines solubles............................................................... | 37 |
|          III.2.2.2. Les exotoxines........................................................................ | 38 |
|          III.2.2.3. Les protéases.......................................................................... | 38 |
|          III.2.2.4. Les phospholipases C............................................................. | 39 |
|          III.2.2.5. Les rhamnolipides................................................................... | 40 |
|          III.2.2.6. Les chromophores.................................................................. | 40 |
|       III.2.3. Le Biofilm chez *P. aeruginosa*.................................................................... | 41 |
|          III.2.3.1. Description du biofilm............................................................. | 41 |
|          III.2.3.2. Formation du biofilm.............................................................. | 43 |
|    III.3. Régulation des facteurs de virulence chez *P. aeruginosa*................................. | 50 |
|       III.3.1. Mécanismes de QS chez *P. aeruginosa*..................................................... | 50 |
|          III.3.1.1. Le système *las*....................................................................... | 50 |
|          III.3.1.2. Le système *rhl*....................................................................... | 51 |
|          III.3.1.3. Le système PQS...................................................................... | 52 |
|          III.3.1.4. Les régulateurs positifs et négatifs en amont de *las* et *rhl* ......... | 53 |
|          III.3.1.5. Rôle du QS dans la formation du biofilm chez *P. aeruginosa*..... | 59 |
|       III.3.2. Systèmes de régulation à deux composants............................................... | 62 |
| IV. **Inhibiteurs du QS : Outils thérapeutiques potentiels contre les infections bactériennes**...... | 64 |
|    IV.1. Cibles potentielles des inhibiteurs du QS............................................................ | 66 |
|       IV.1.1. Inhibition de l'activation et de la synthèse des AHLs................................. | 67 |
|       IV.1.2. Inhibition de la formation des complexes LuxR /AHLs............................... | 68 |

| | |
|---|---:|
| IV.1.3. Inhibition de la transcription de LuxI/R | 69 |
| IV.2. Quelques composés anti-QS d'origine naturelle | 70 |
|     IV.2.1. Anti-QS issus de Procaryotes | 70 |
|     IV.2.2. Anti-QS issus de champignons | 72 |
|     IV.2.3. Anti-QS issus d'organismes marins | 73 |
|     IV.2.4. Anti-QS issus d'animaux | 74 |
|     IV.2.5. Anti-QS à base d'anticorps | 74 |
|     IV.2.6. Anti-QS issus de plantes | 75 |
|         IV.2.6.1. Les extraits de plantes | 75 |
|         IV.2.6.2. Les composés déjà connus | 76 |
| **V. Plantes endémiques de Madagascar : Source potentielle de composés anti-virulence** | 78 |
| **Conclusion** | 81 |
| | |
| **CHAPITRE 2. La flavanone naringénine réduit la production de facteurs de virulence contrôlés par le mécanisme du quorum sensing chez *Pseudomonas aeruginosa* PAO1** | **83** |
| | |
| **I. Introduction** | 84 |
| **II. Matériels et méthodes** | 86 |
|     II.1. Molécules utilisées pour les tests | 86 |
|     II.2. Souches bactériennes, conditions de culture, conservation | 86 |
|         II.2.1. Souches testées | 86 |
|         II.2.2. Conservation | 87 |
|         II.2.3. Conditions de culture des bactéries avant les tests d'activité biologique | 88 |
|     II.3. Analyse quantitative de la production de pyocyanine et d'élastase chez *P. aeruginosa* PAO1 et mutants | 88 |
|         II.3.1. Quantification de la pyocyanine | 88 |
|             II.3.1.1. Préparation des suspensions bactériennes pour le test | 88 |
|             II.3.1.2. Quantification proprement dite de la production de pyocyanine | 90 |
|         II.3.2. Mesure de l'activité élastase | 90 |
|     II.4. Analyse quantitative de la production de violacéine chez *C. violaceum* | 91 |
|     II.5. Test d'activité LacZ (β-galactosidase) | 92 |
|         II.5.1. Préparation des souches bactériennes pour le test | 92 |
|         II.5.2. Mesure de la densité bactérienne | 93 |
|         II.5.3. Mesure de l'activité LacZ avec les souches de *P. aeruginosa* | 93 |
|     II.6. Quantification des acyl-homosérines lactones chez *P. aeruginosa* | 94 |
|     II.7. Etude de la viabilité de *P. aeruginosa* | 95 |
|     II.8. Etude de la luminescence | 96 |
|         II.8.1. Préparation des souches bactériennes pour le test | 96 |
|         II.8.2. Mesure de la densité bactérienne | 97 |
|         II.8.3. Mesure de la luminescence | 97 |
|     II.9. Analyse de l'expression des gènes par RT-PCR | 97 |
|     II.10. Présentation des résultats et analyse statistique | 98 |
| **III. Résultats** | 99 |

III.1. Effet des flavonoïdes sur la production de facteur de virulence dépendant du QS chez *P. aeruginosa* PAO1 et *C. violaceum* CV026 .................................................................................................. 99

III.2. Effet des flavanones sur la production d'élastase chez *P. aeruginosa* PAO1 ........................ 100

III.3. Effet des flavanones sur l'expression des gènes du QS chez *P. aeruginosa* PAO1 ............... 102

III.4. Effet de la naringénine et de la naringine sur la production d'AHLs chez *P. aeruginosa* PAO1 ............................................................................................................................................... 106

III.5. Effet de la naringénine sur la production de pyocyanine chez *P. aeruginosa* PAO1 après apport exogène d'acyl-homosérine lactones ............................................................................... 107

III.6. Effet de la naringénine sur la perception des AHLs chez *P. aeruginosa* PAO1 ..................... 108

IV. Discussion et conclusion ................................................................................................................ 109

**CHAPITRE 3. Des espèces de *Dalbergia* endémiques de Madagascar inhibent le mécanisme de quorum sensing chez *Pseudomonas aeruginosa* PAO1** ................................................................. **115**

I. Introduction ..................................................................................................................................... 116

II. Matériels et méthodes .................................................................................................................... 118
    II.1. Matériel végétal ....................................................................................................................... 118
        II.1.1. Critères de sélection du matériel végétal ....................................................................... 118
        II.1.2. Site de collecte ................................................................................................................ 118
        II.1.3. Préparation du matériel végétal ..................................................................................... 119
        II.1.4. Extractions réalisées sur les espèces de *Dalbergia* ........................................................ 119
    II.2. Souches bactériennes, conditions de culture, conservation ................................................... 120
        II.2.1. Souches testées ............................................................................................................... 120
    II.3. Les tests d'activité biologique .................................................................................................. 120
        II.3.1. Test d'activité LacZ (β-galactosidase) .............................................................................. 120
        II.3.2. Etude de la production de pyocyanine, d'élastase et de protéase ................................. 121
            II.3.2.1. Etude de la production de pyocyanine et d'élastase ............................................. 121
            II.3.2.2. Etude de la production de protéase ....................................................................... 121
        II.3.3. Etude de la formation du biofilm et de la synergie à l'antibiotique ............................... 122
        II.3.4. Etude des mobilités de *P. aeruginosa* ............................................................................ 124
        II.3.5. Evaluation de la croissance de *P. aeruginosa* ................................................................ 125
    II.4. Présentation des résultats et analyse statistique .................................................................... 125

III. Résultats ......................................................................................................................................... 125
    III.1. Effet des extraits de *Dalbergia* sur l'expression des gènes *lasB* et *rhlA* chez *P. aeruginosa* .......................................................................................................................................... 125
    III.2. Effet d'inhibition similaire des extraits d'EDT collecté dans différentes régions de Madagascar sur les gènes QS-dépendants (*lasB* et *rhlA*) ............................................................. 128
    III.3. Effet dose-dépendant de l'extrait d'EDT réduit l'expression des gènes QS-dépendants (*lasB* et *rhlA*) .................................................................................................................................. 128
    III.4. Effet de l'extrait d'EDT sur l'expression des gènes *lasI/R* et *rhlI/R* ..................................... 131
    III.5. Effet de l'extrait d'EDT sur la production d'élastase, de protéases et de pyocyanine par *P. aeruginosa* PAO1 ......................................................................................................................... 132
    III.6. Effet de l'extrait d'EDT sur les mobilités de type swarming et de type twitching chez *P. aeruginosa* PAO1 .......................................................................................................................... 133

III.7. L'EDT réduit la formation de biofilm et améliore l'efficacité de la tobramycine contre *P. aeruginosa* PAO1 encapsulés en biofilm.................................................................................. 136

III.8. Effet de l'extrait d'EDT sur la croissance de *P. aeruginosa* PAO1........................................ 137

**IV. Discussion et conclusion**................................................................................................. 142

**CONCLUSION GENERALE ET PERSPECTIVES**........................................................................... 143

**REFERENCES BIBLIOGRAPHIQUES**......................................................................................... 149

**ANNEXES**............................................................................................................................. i-xiii

## Abréviations

**3-oxo-C12-HSL :** *N*-(3-oxododécanoyl)-L-homosérine lactone.

**A :** Absorbance.

**ADN :** Acide désoxyribonucléique.

**AHL :** *N*-acyl-homosérine lactone.

**AIPs :** Auto-inducteurs peptidiques.

**AI-1 :** Auto-inducteur de type 1.

**AI-2 :** Auto-inducteur de type 2.

**AI-3 :** Auto-inducteur de type 3.

**AQs :** 2-alkyl-4-quinolones.

**ARN :** Acide ribonucléique.

**ARNm :** Acide ribonucléique messager.

**AZM :** Azithromycine.

**BB :** Bouillon Biofilm

**C4-HSL:** *N*-butanoyl-L-homosérine lactone.

**CCM :** Chromatographie sur Couche Mince.

**CFU :** Unité Formatrice de Colonie (Colony Forming Unit).

**CMI :** Concentration Minimale d'Inhibition.

**DMSO :** Diméthylsulfoxyde.

**DPK:** Dicétopipérazines.

**DSF :** Diffusible Signal Factor.

**EDT :** Ecorce de *Dalbergia tricocharpa*

**EPS :** Exopolysaccharides

**FDA** : Food and Drug Administration

**HAA :** 3-(3-hydroxyalkanoyloxy) alkanoic acids

**HPLC :** Chromatographie Liquide à Haute Performance.

**IDSA:** Infectious Disease Society of America.

**IMRA :** Institut Malgache de Recherches Appliquées.

**LB :** Luria Bertani.

**LPS :** Lipopolysaccharide.

**ME :** Matrice extracellulaire.

**MOPS :** Acide 3-($N$-morpholino) propanesulfonique.

**Nar :** Naringénine.

**Nin :** Naringine.

**OALC :** 3β-hydroxyoléane-12-ène-28-al 3-$p$-coumarate.

**OIE :** Office International des Epizooties (Organisation mondiale de la santé animale).

**OMS :** Organisation Mondiale de la Santé.

**$o$NPG:** $ortho$-nitrophényl-β-D-galactoside.

**ORL :** Oto-Rhino-Laryngologie

**PAD :** Photodiode Array Detector.

**RMN :** Résonance Magnétique Nucléaire.

**SDS :** Sodium Dodécyl Sulfate.

**SAH :** S-adénosylhomocystéine.

**SAM :** S-adénosyl-méthionine.

# INTRODUCTION GENERALE

La lutte contre les bactéries pathogènes est une priorité pour la santé humaine, la santé animale et l'agriculture (Pittet, 2008 ; WHO, 2009 ; OIE, 2012). Depuis la découverte de la pénicilline, par Alexander Fleming en 1928, et sa première utilisation en 1943 dans le traitement des maladies infectieuses, les antibiotiques représentent le meilleur allié du système de défense immunitaire d'un organisme envahi par des pathogènes bactériens. Consécutivement, de nombreux antibiotiques ont été régulièrement découverts et introduits dans l'arsenal thérapeutique contre les maladies infectieuses. Cependant, l'enthousiasme des chercheurs fut souvent terni par la découverte systématique, après quelques années d'utilisation de ces antibiotiques (en moyenne une décennie), de souches bactériennes résistantes (Palumbi, 2001; Randall *et al.*, 2003 ; Jenkins *et al.*, 2008). La résistance aux antibiotiques est aussi ancienne que les antibiotiques eux-mêmes et les bactéries résistantes existent naturellement dans l'environnement. En effet, cette résistance apparaît souvent *via* la sélection naturelle puisque les bactéries peuvent présenter une résistance naturelle, constitutive ou inductible vis-à-vis d'un antibiotique que les bactéries produisent elles-mêmes pour éliminer d'autres bactéries compétitrices (Howell et Stipanovic, 1979). Cependant, les bactéries peuvent également acquérir des résistances à plusieurs classes d'agents antimicrobiens et ce, par des phénomènes de mutation ou *via* l'acquisition de gènes de résistances provenant d'autres organismes (transfert horizontal de gènes) (Woodford et Ellington, 2007). C'est ainsi que des résistances peuvent apparaître contre des molécules synthétiques produites par l'industrie et affecter l'agriculture, la santé animale et la santé publique (OIE, 2012).

Alors que cette résistance était originairement restreinte et marginale, l'utilisation abusive d'antibiotiques, ainsi que leur mauvaise utilisation chez l'homme et les animaux ont entraîné une pression de sélection trop forte et trop rapide favorisant l'émergence de souches de bactéries mutantes multi-résistantes contre les antibiotiques conventionnels (Andersson et Hughes, 2010; Spellberg, 2010; FDA, 1972; Hays, 1977). Par ailleurs, une accélération de la diffusion des bactéries multi-résistantes de par le monde est enregistrée suite à la mondialisation et à l'accélération des transports ainsi que par le transfert de l'antibiorésistance à l'homme *via* certains aliments (OIE, 2012; Shah, 2005; Talbot *et al.,* 2006; Saleem *et al.,* 2009; WHO, 2000). Par ces faits, la multi-résistance bactérienne est devenue très courante dans les centres de santé, si bien que les antibiotiques censés être utilisés en dernier recourt deviennent inefficaces au bout d'environ une décennie. A titre d'exemple, des bactéries à Gram négatif telles que *Klebsiella pneumoniae* et *Acinetobacter baumanni,* résistantes aux carbapenèmes par la production d'une enzyme de type *New Delhi métallo-β-lactamase,* ont été identifiées dans différents pays entre 2009 et 2013 (Yong *et al.,* 2009; Kumarasamy *et al.,* 2010; Bonnin *et al.,* 2013), alors que cette classe d'antibiotiques est considérée comme le dernier recours contre les infections sérieuses lorsque d'autres antibiotiques n'ont pas donné satisfaction (Hawkey et Livermore, 2012).

De ces constats, l'OMS (Organisation Mondiale de la Santé) a classé la résistance bactérienne parmi l'une des trois premières menaces pour la santé humaine (WHO, 1998 ; Spellberg, 2010), reconnaissant ainsi l'antibiorésistance comme un problème majeur en termes de santé humaine et animale au niveau international (WHO, 2012; Walker *et al.,* 2009). Malgré cette priorisation de la lutte contre l'antibiorésistance, force est de constater que la crainte de l'apparition inéluctable de résistance pour chaque nouvel antibiotique incite de plus en plus les industries pharmaceutiques à se retirer de la recherche et du développement de nouveaux antibiotiques (Arias, 2009; Spellberg, 2010). En effet, déjà durant les 50 dernières années, seulement deux classes d'antibiotiques (oxazolidinones et lipopeptides) ont été découvertes et introduites sur le marché (Velkov, 2002). Par ailleurs, aux USA, le nombre de molécules découvertes et approuvées par la FDA (Food and Drug Administration, Agence fédérale américaine des produits alimentaires et médicamenteux) diminue chaque décennie (Boucher *et al.,* 2013). Toutefois, depuis le début de ce $3^{ème}$ millénaire, les laboratoires de recherche fondamentale n'ont pas cessé de mettre en évidence des propriétés antimicrobiennes de nouveaux composés d'origine naturelle (González-Lamothe *et al.,* 2009; Saleem *et al.,* 2009). En effet, de nombreux métabolites naturels à activité antimicrobienne tels que des acides phénoliques et des polyphénols (Nikitina *et al.*, 2007), des phénanthrènes (Okwu et Nnamdi, 2011), des flavonoïdes (Cushnie et Andrew, 2005) et des terpénoïdes (Inouye *et al.*, 2001) ont été décrits avec une activité antimicrobienne intéressante *in vitro* et à des concentrations minimales d'inhibition (CMI) de l'ordre du nanomolaire (Saleem *et al.*, 2009). Cependant, de telles molécules présentent toujours le risque de devenir inefficace par la pression sélective trop forte qu'elles peuvent engendrer si elles sont utilisées de façon intempestive et non raisonnée. En effet, tous ces agents antimicrobiens ont la vocation de tuer ou d'inhiber la croissance bactérienne ; leurs mécanismes d'action principaux rejoignent toujours ceux des antibiotiques connus avec les deux cibles d'action majeures qui sont la paroi et le métabolisme basal bactérien. Cinq modes d'action principaux sont ainsi possibles : (1) inhibition de la synthèse de peptidoglycane ; (2) altération de la paroi ; (3) inhibition de la synthèse des protéines ; (4) inhibition de la synthèse des acides nucléiques et (5) inhibition du métabolisme intermédiaire (Neu, 1992 ; Kaufman, 2011; Kohanski *et al.*, 2010).

Chez les organismes supérieurs (plantes et animaux), les bactéries pathogènes entraînent des infections graves grâce à leur capacité d'invasion et de colonisation de l'hôte, d'une part, et par la production de nombreux facteurs de virulence engendrant des dommages tissulaires délétères, d'autre part (Bricha *et al.*, 2009). Les bactéries ont la capacité de se développer en communautés multicellulaires bactériennes adhérentes, entre elles et à une surface, et fréquemment incluses dans une matrice de polymères exocellulaires, adhésive et protectrice contre les agressions extérieures : il s'agit du biofilm (Characklis, 1990; Costerton *et al.*, 1994; Donlan, 2002; Kokare *et al.*, 2009; Vu *et al.*, 2009). Cette propriété protectrice du biofilm représente un véritable obstacle dans la lutte contre les infections bactériennes (Bricha *et al.*, 2009). En effet, la majorité des infections bactériennes, chez l'homme et chez les plantes, est liée à la capacité des bactéries à former des biofilms (Chicurel, 2000; Ramey *et al.*, 2004); ces derniers les protègent contre des défenses immunitaires (phagocytose et anticorps) de l'organisme infecté (Bricha *et al.*, 2009) et diminuent l'efficacité des antibiotiques reconnus actifs sur des souches planctoniques (Costerton *et al.*, 2003; Wagner et Iglwelski, 2008).

Suite aux obstacles et aux inquiétudes que présente l'antibiothérapie, des approches alternatives ont émergé. Ces dernières cherchent à réduire le pouvoir pathogène des bactéries au lieu de les détruire (Cegelski *et al.*, 2008). Cette approche éviterait une pression de sélection trop forte tout en permettant au système immunitaire de l'hôte d'avoir le temps de se défendre naturellement. Il s'agit là des thérapies ciblant spécifiquement un ou des facteurs de virulence produits par les bactéries (antitoxines) ou encore de certaines thérapies vaccinales immobilisant l'agent pathogène (Kaplan *et al.*, 2004; Patel *et al.*, 2004; Talbot *et al.*, 2004). Dans cette même optique, une approche similaire, tendant à gagner l'intérêt des chercheurs consiste à interférer avec le mécanisme qui contrôle de façon générale la pathogénicité des bactéries (Smith *et al.*, 2004; Gonzalez et Keshavan, 2006). En effet, l'expression des facteurs de virulence des bactéries est orchestrée par un mécanisme de communication intercellulaire appelé ***quorum sensing*** **(QS)** basé sur la notion de « perception du quota » et de « masse critique » (Bassler, 1999; Winzer et Williams, 2001; Williams, 2007). Ainsi, l'interférence avec cette communication intercellulaire aura pour conséquence une inhibition ou une réduction de l'expression de ces facteurs de virulence. La découverte de molécules perturbant le mécanisme de QS et/ou la formation de biofilm sans effet sur la croissance bactérienne ouvre des perspectives prometteuses dans la lutte contre les bactéries pathogènes (Hentzer *et al.*, 2002).

Depuis une quarantaine d'années, ce mécanisme de QS des bactéries a fait l'objet de nombreuses études. Le modèle bactérien le plus connu et le plus étudié dans ce domaine est celui du pathogène opportuniste *Pseudomonas aeruginosa* (Jimenez *et al.*, 2012). Dans les faits, des molécules inhibant le mécanisme de QS de *P. aeruginosa* et la formation du biofilm sont connues depuis longtemps (Kociolek, 2009; Galloway *et al.*, 2011; Lasarre et Federle, 2013). Certaines furanones, reconnues comme inhibiteur du QS chez *P. aeruginosa*, ont également la propriété d'inhiber la formation de biofilm (Hentzer *et al.*, 2002). En présence de furanones (10 µM), les bactéries dans les biofilms deviennent alors plus accessibles aux antibiotiques (Hentzer *et al.*, 2003). Il a été également démontré qu'à une concentration subinhibitrice de la croissance (2 µg.ml$^{-1}$), l'antibiotique azythromycine inhibe la formation de biofilm chez *P. aeruginosa via* le mécanisme de QS (Molinari *et al.*, 1993; Tateda *et al.*, 2001; Nalca *et al.*, 2006).

Le premier chapitre de cet ouvrage est consacré à une synthèse des connaisances concernant le quorum sensing des bacteries, plus particulierement de *P. aeruginosa* ainsi que sa consideration en tant que cible dans la lutte anti-bactérienne. Le deuxième chapitre relate l'identification d'une molécule commercialement disponible, la naringénine, et montrant une activé inhibitrice sur le QS chez *P. aeruginosa* sans affecter sa croissance et sa viabilité. Le dernier chapitre rapporte le criblage d'extraits de différentes espèces de *Dalbergia* sp. pour leur effet sur l'expression des gènes impliqués dans le mécanisme de QS et sur la production des facteurs de virulence. Ces investigations ont amené à la mise en evidence d'activité anti-virulence de la plante *Dalbergia trichocarpa,* la considerant comme une source potentielle de composés bioactifs qui affectent à la fois le mécanisme de quorum sensing et la formation de biofilm chez *P. aeruginosa* PAO1.

# CHAPITRE 1 :

## Le mécanisme de quorum sensing : une synthèse de la littérature

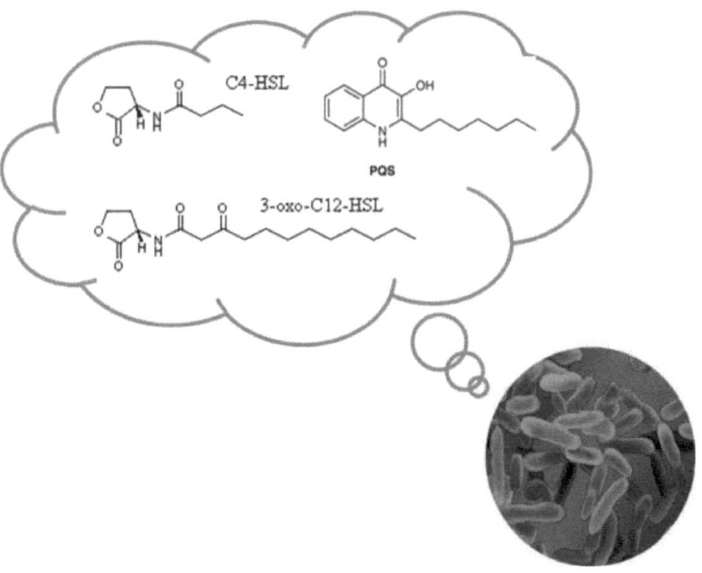

## I. Introduction

La « communication » est un processus de transmission d'informations qui existe au sein de toute population et représente le fondement même d'une communauté (Robert, 1969). Elle peut être considérée comme un processus de mise en commun d'informations et de connaissances qui permet aux individus d'adapter de manière concertée les comportements sociaux au sein de la population. Dans l'évolution des espèces, la sélection naturelle intervient dans ce processus et permet d'expliquer comment l'environnement influence l'évolution des populations (Williams, 1992). Cette sélection naturelle est un mécanisme agissant au niveau individuel en sélectionnant les individus les plus adaptés à leur environnement. Puisque les processus évolutifs semblent agir au niveau individuel, il devient alors important que les individus d'une même espèce puissent échanger des informations utiles pour assurer le maintien de la population au sein d'une communauté, qu'elle soit procaryote ou eucaryote. N'étant pas connectées en permanence entre elles, les bactéries ont développé une manière particulière d'établir un contact et de communiquer entre elles. A cette fin, elles produisent de petites molécules diffusibles, assimilables à des phéromones, afin de faciliter la communication entre les cellules. Elles peuvent interagir de manière coopérative dans des contextes de symbiose, d'adaptation à une niche, de production de métabolites secondaires, de résistance aux défenses des organismes supérieurs, ou de manière à coexister sous forme de biofilms (Bassler et Losick, 2006).

L'infection bactérienne n'est autre qu'un processus d'occupation d'une niche viable d'un organisme hôte mais perçue comme néfaste pour ce dernier (Signore, 2013). La communication inter-bactérienne prend une place importante dans l'instauration d'un processus infectieux puisqu'elle permet à une communauté bactérienne de coordonner l'invasion et la libération de facteurs de virulence afin d'assurer la bonne colonisation de l'hôte. Essentiellement basée sur le mécanisme de « *quorum sensing* », cette communication permet également de coordonner et de concentrer une action commune au moment opportun afin d'optimiser son efficacité.

Ainsi, perturber cette communication représente un moyen de lutte antibactérien afin de déstabiliser la mise en route de l'arsenal d'invasion des bactéries. Depuis ces dernières décennies, de plus en plus de composés isolés des procaryotes et des eucaryotes sont découverts pour leur propriété anti-QS chez des bactéries pathogènes et notamment chez *P. aeruginosa* (Kociolek, 2009; Galloway *et al.*, 2011; Lasarre et Federle, 2013). Les plantes et les plantes endémiques de Madagascar, représentent une source potentielle, encore peu explorée, de composés inhibant l'expression des facteurs de virulence des bactéries (Rajaonson *et al.*, 2011 ; Vandeputte *et al.*, 2010 ; Koh *et al.*, 2013).

Afin d'illustrer l'importance du mécanisme du QS lors des interactions bactéries-bactéries et bactéries-eucaryotes, nous développerons, en premier lieu la communication intercellulaire bactérienne et son importance au cours de l'infection. Dans cette revue, le pathogène opportuniste *P. aeruginosa* sera développé car il constitue l'un des modèles bactériens le plus étudié, notamment en ce qui concerne son mécanisme de QS et la régulation de ses facteurs de virulence (Jimenez *et al.*, 2012). Nous évoquerons ensuite les cibles potentielles des inhibiteurs du QS et les principaux composés anti-QS d'origine naturelles.

## II. Communication inter-cellulaire chez les bactéries

Un grand nombre de bactérie utilise un mécanisme de communication inter-cellulaire appelé « quorum sensing » (QS) basé sur la perception du « quota » et de « masse critique » (Waters et Bassler, 2005 ; Van Bodman *et al.*, 2008). Dans ce processus, les bactéries communiquent entre-elles par l'intermédiaire de molécules signal appelées « auto-inducteurs » synthétisées au niveau intracellulaire et diffusées dans le milieu extracellulaire. Au départ, les bactéries produisent ces molécules signal de façon basale dans l'environnement et, au fur et à mesure que la population bactérienne augmente, la concentration d'auto-inducteur dans l'environnement augmente également. Ainsi, la concentration de ces molécules signal dans le milieux extérieur permet aux bactéries d'évaluer leur densité dans un environnement donné et d'initier des actions communes lorsqu'un certain seuil de population est atteint (ce que l'on appelle généralement « *quorum* ») (Juhas *et al.*, 2005). En général, le mécanisme de QS facilite la coordination du comportement de toute la population bactérienne afin d'améliorer l'accès aux nutriments, de se défendre collectivement contre un organisme spoliateur/compétiteur ou d'échapper ou survivre à une menace ou à un environnement inapproprié (Miller et Bassler, 2001; Waters et Bassler, 2005; Dickschat, 2010). A cet égard, les bactéries coordonnent, *via* ce mécanisme, l'expression d'un certain nombres de gènes tels que les gènes impliqués dans la mobilité, la production de bioluminescence, la production d'antibiotique et surtout la production de facteurs de virulence et la formation de biofilm (De Kievit et Iglewski, 2000; Decho *et al.*, 2010; Quinones *et al.*, 2005; Hibbing *et al.*, 2009; Raina *et al.*, 2009).

### II.1. Le mécanisme de QS chez les bactéries

Le QS est un mécanisme de régulation globale qui a été décrit pour la première fois dans les années 80 chez *Vibrio fischeri* (Engebrecht *et al.*, 1983). L'hypothèse du QS a été évoquée en observant l'émission de luminescence par *V. fisheri* lorsque cette bactérie atteint une forte densité dans des organes particuliers du calamar, *Euprymna scolopes,* alors qu'à l'état libre dans l'eau de mer (correspondant à une concentration bactérienne faible), cette bactérie n'émet pas de lumière. De plus, cette émission de lumière est observée lorsque *V. fisheri* se retrouve concentré dans l'organe luminescent spécialisé d'*E. scolopes* à une concentration de l'ordre de $10^{10}$ à $10^{11}$ UFC.ml$^{-1}$. Cette concentration est atteinte cycliquement à chaque tombée de la nuit puisque le calamar rejette le lendemain 95 % des bactéries présentes (Boettcher *et al.*, 1996). Cette symbiose entre les calamars et *V. ficheri* permet aux calamars d'échapper à leurs prédateurs à la tombée de la nuit (Ruby et Asato, 1993) et, aux chercheurs d'avancer le concept d'autoinduction et de communication inter-bactérienne (Engebrecht et Silverman, 1987 ; Kaplan et Greenberg, 1985). Depuis, le mécanisme de QS a été identifié chez des espèces bactériennes à Gram négatif et à Gram positif (Withers *et al.*, 2001 ; Lazdunski *et al.*, 2004 ; Sifri, 2008).

## II.2. Les acteurs principaux du mécanisme de QS

La détection du « *quorum* » fait intervenir trois acteurs principaux : un signal appelé « auto-inducteur », un mécanisme permettant la synthèse de ce signal et un régulateur transcriptionnel. Ces acteurs sont très différents entre les groupes bactériens à Gram positif et à Gram négatif de même qu'entre les bactéries du même groupe. Par ailleurs, des nuances existent entre les bactéries du même genre. Toutefois, ils peuvent être classés en trois groupes systèmes (Henke et Bassler 2004, Lazdunski *et al.*, 2004) (voir Figure 1) :

- le système LuxI/R chez les bactéries à Gram négatif qui utilise généralement des *N*-acyl homosérines lactones (AHL) comme auto-inducteur,
- le système des bactéries à Gram positif qui utilise des oligopeptides modifiés comme molécule signal,
- les systèmes hybrides qui utilisent des dérivés de tétrahydroxytétrahydrofurane considérés par ailleurs comme un système de communication inter-espèce.

| | Gram négatif : LuxI/R | Gram positif : Oligopeptides | Hybride |
|---|---|---|---|
| Organisation du système | 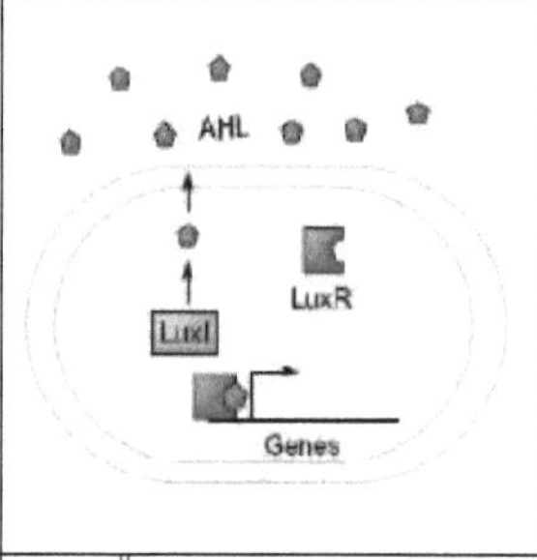 AHL / LuxI / LuxR / Genes | 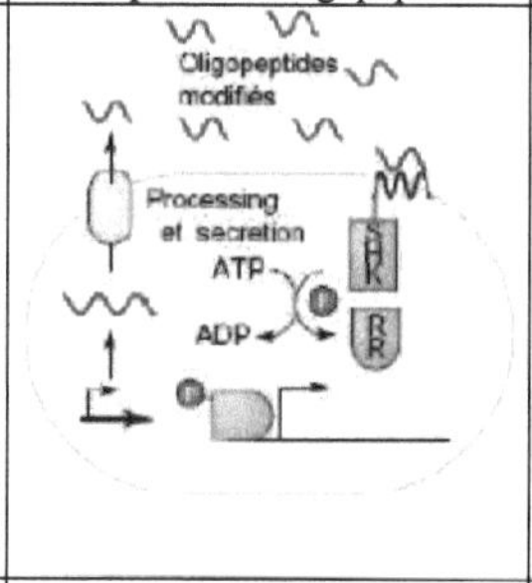 Oligopeptides modifiés / Processing et secretion / ATP / ADP | 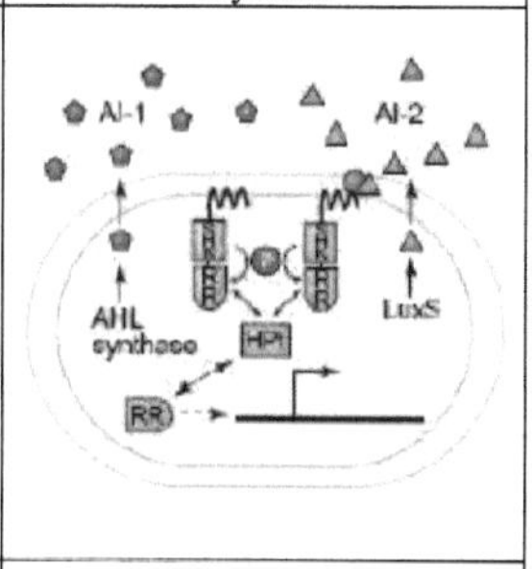 AI-1 / AI-2 / AHL synthase / LuxS / HPt / RR |
| Structure des auto-inducteurs | 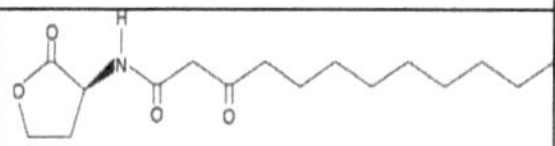 3-oxo-C12-HSL/lasI *P. aeruginosa* 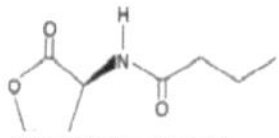 <br><br> C4-HSL/RhlI *P. aeruginosa* 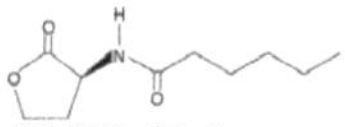 <br><br> C8-HSL/TraI *A. tumifasciens* 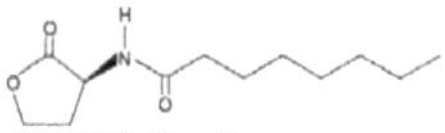 <br><br> C6-HSL/LuxI *V. fischeri* | ERGMT <br> CSF/*phrC* <br> *B. subtilis* 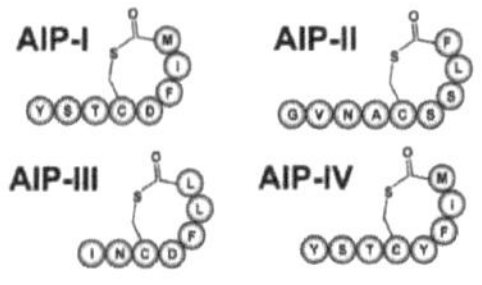 <br><br><br> AIP-I, AIP-II, AIP-III, AIP-IV <br> AIP I-IV <br> *S. aureus* | 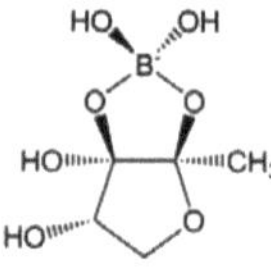 AI-2/LuxS *V. harveyi* 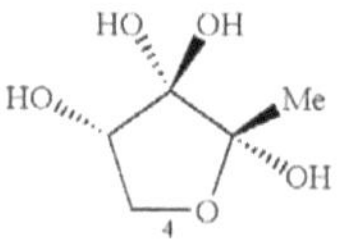 <br><br><br><br> AI-2/LuxS *S. typhimirium* |
| Système régulé | • *P. aeruginosa* : Elastase, rhamnolipides, autres facteurs de virulence. <br> • *V. fischeri* : Bioluminescence. <br> • *E. carotovora* : Exoenzyme (virulence). Production d'antibiotique. <br> • *A. tumefaciens* : Conjugaison | • *B. subtilis* : Compétence, sporulation <br> • *S. aureus* : Virulence, biofilms | • *V. harveyi* : Luminescence <br> • *V. cholera*: Virulence, biofilm <br> • *V. anguillarum* : Protéase |

**Figure 1.** Les trois principaux groupes de QS : LuxI/R, oligopeptides et systèmes hybrides.

Les pentagones représentent les *N*-acyl-homosérines lactones (AHLs); les lignes serpentées représentent les oligopeptides et les triangles l'auto-inducteur de type 2 (AI-2). Les principaux auto-inducteurs et systèmes ou gènes contrôlés par le QS, les plus étudiés sont exposés comme exemple sous chaque groupe. HPt, histidine phosphotransférase; P, phosphate ; RR, régulateur de réponse; SHK, senseur histidine kinase (Henke et Bassler, 2004).

Dans ces trois systèmes, différentes familles de molécules signal ont été identifiées dont la plupart sont soit de petites molécules organiques (< 1000 Da) soit des peptides de 5 à 20 acides aminés (Lazazzera, 2001; Chhabra *et al.*, 2005; Williams, 2007). Globalement, elles peuvent être regroupées en quatre familles : les auto-inducteurs de type 1 (AI-1 correspondant aux AHLs, les auto-inducteurs de type 2 (AI-2) correspondant aux dérivés de tétrahydroxytétrahydrofurane, les auto-inducteurs peptidiques (AIPs) et les autres auto-inducteurs. Cependant, cette subdivision est complexe car les molécules signal utilisées ne sont pas circonscrites à un groupe bactérien. En effet, bien que les familles de molécules chez les bactéries à Gram négatif soient en majorité les AI-1, on y retrouve aussi les 2-alkyl-4-quinolones (AQs), les acide gras à longues chaines (DSF ou diffusible signal factor) et les méthyle-esters d'acides gras (acide 3-hydroxypalmitique méthyle-ester) et même les auto-inducteurs AI-2 (De Kievit & Iglewski 2000; Whitehead *et al.*, 2001; Williams, 2007) et les auto-inducteurs AI-3 (Sperandio *et al.*, 2003 ; Walters *et al.*, 2006). Les auto-inducteurs AI-2 semblent plus universels puisque certaines bactéries à Gram négatif et à Gram positif les utilisent, bien que ces dernières aient plus d'affinités pour les chaines linéaires modifiées ou des peptides cycliques tels que les AIPs de *Staphylococcus* (Lyon et Novick, 2004). A l'inverse, les bactéries filamenteuses à Gram positif *Streptomycetes* synthétisent le c-butyrolactones, une molécule signal appartenant à la classe des butanolides dans laquelle on retrouve les AHLs (Williams, 2007).

Enfin, le mécanisme de QS peut également être distingué par rapport au site de perception des molécules signal qui peut être intracellulaire (*ie.* AHLs, AQs, les Phr peptides de *Bacillus subtilis* et les phéromones *d'Enterococcus faecalis*) ou au niveau de la membrane bactérienne (*ie.* AIPs de *Staphyloccocus*, DSF de *Xanthomonas campestris*) (Williams, 2007).

## II.2.1. Mécanisme de QS chez les bactéries à Gram négatif

Le modèle type de mécanisme de QS chez les bactéries à Gram négatif est le système LuxI/R présenté chez *V. fisheri* comme étant le paradigme de la communication intercellulaire chez ce groupe bactérien (Fuqua *et al.*, 1994). Ce système est retrouvé chez de nombreuses proteobactéries à Gram négatif (Boyer et Wisniewski-Dye, 2009).

### II.2.1.1. Le système LuxI/R

Le système LuxI/R est médié par des AHLs produites par une auto-inducteur synthase (I) et reconnues par une protéine régulatrice (R). Cette protéine régulatrice possède deux domaines fonctionnels. Le domaine N-terminal interagit avec l'auto-inducteur alors que le domaine C-terminal est impliqué dans la liaison avec l'ADN et l'activation transcriptionnelle (Hanzelka et Greenberg, 1995, Henikoff *et al.*, 1990).

A faible densité cellulaire, l'auto-inducteur synthase est faiblement exprimé et très peu d'AHLs sont alors synthétisées. Au fur et à mesure de la croissance bactérienne, les AHLs vont s'accumuler dans le milieu extracellulaire et, lorsque leur concentration atteint un seuil, elles vont interagir avec leur récepteur spécifique (Figure 2). La formation du complexe récepteur/AHL entraîne la modulation de l'expression des gènes cibles par la fixation de ce complexe au promoteur des gènes cibles dont le gène de la synthase, d'où le nom d'auto-inducteurs donnés aux AHLs (Kaplan et Greenberg, 1985, Engebrecht et Silverman, 1987). Cette boucle d'auto-induction conduit à l'activation du système chez les bactéries voisines, expliquant la notion de réponse coordonnée de l'ensemble de la population et permettant ainsi l'accomplissement de tâche commune à l'instar de véritables organes multicellulaires. Le système de type LuxI/R est retrouvé chez de nombreuses bactéries à Gram négatif (Tableau 1) (Boyer et Wisniewski-Dye, 2009).

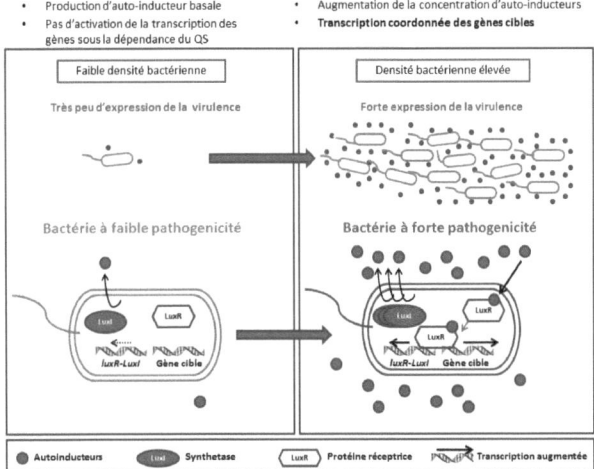

**Figure 2.** Mécanisme de QS pour le système de type LuxI/R induisant l'expression de la virulence (adaptée de Gonzalez et Keshavan, 2006).

### II.2.1.1.1. Auto-inducteurs de type 1 : *N*-acyl-homosérines lactones (AHLs)

De nombreuses AHLs sont produites par les bactéries, et se différencient par la longueur de la chaine *N*-acyl (de 4 à 16 carbones) et la substitution par un –OH, un –O ou un –H en position 3 du noyau lactone (Fuqua et Greenberg, 2002) (Figure 3). Le mode de transport vers le milieu extracellulaire différerait en fonction de la longueur de la chaîne acyl. Ainsi, pour le cas de *V. fischeri,* les AHLs (3-oxo-C6-HSL) sont synthétisées grâce au produit du gène *luxI* et diffusent librement à travers la membrane de la bactérie. C'est également le cas pour le C4-HSL de *P. aeruginosa*, la molécule signal 3-oxo-C12-HSL faisant l'objet d'un transport actif par le biais de pompes d'efflux (Pearson *et al.*, 1999).

**Tableau 1.** Les différents systèmes homologues à LuxI/R, les AHLs majeurs synthétisés et les phénotypes régulés correspondants chez diverses espèces bactériennes (adapté de De Kievit et Iglewski, 2000).

| Espèces | Homologues LuxR/I | AHL majeur | Phénotypes régulés | Références |
|---|---|---|---|---|
| Aeromonas hydrophila | AhyR, AhyI | C4-HSL | Protéase extra-cellulaire, formation du biofilm | (Swift et al., 1997) |
| Aeromonas salmonicida | AsaR, AsaI | C4-HSL | Protéase extra-cellulaire | |
| Agrobacterium tumefaciens | TraR, TraI | 3-oxo-C8-HSL | Conjugaison | (Fuqua et al., 1994) |
| Burkholderia cepacia | CepR, CepI | C8-HSL | Protéase, sidérophore | (Lewenza et al., 1999) |
| Chromobacterium violaceum | CviR, CviI | C6-HSL | Antibiotiques, violacéine, exoenzymes, cyanure | (McClean et al., 1997) |
| Erwinia carotovora subsp carotovora | CarR, ExpR ExpI (CarI) | 3-oxo-C6-HSL | Carbapenème, exoenzymes | (McGowan, S. et al., 1995) |
| Erwinia chrysanthemi | ExpR, ExpI (EchR, EchI) | 3-oxo-C6-HSL | Pectinases | (Nasser et al., 1998) (Reverchon et al., 2002) |
| Escherichia coli | SdiA | Inconnue | Division cellulaire | (Surette et Bassler, 1998) |
| Pantoea stewartii | EsaR, EsaI | 3-oxo-C6-HSL | Exopolysaccharide | (von Bodman et al., 1998) |
| Pseudomonas aeruginosa | LasR, LasI, RhlR, RhlI | 3-oxo-C12-HSL, C4-HSL | Exoenzymes, formation du biofilm, RhlR, espaces inter-cellulaires Exoenzymes, cyanure, RpoS, lectines, pyocyanine, rhamnolipide, pili de type IV | (Jimenez et al., 2012) |
| Pseudomonas aureofaciens | RhzR, PhzI | C6-HSL | Phénazine | (Wood et al., 1997) |
| Pseudomonas fluorescens | RhzR, PhzI | Inconnue | Phénazine | (Mavrodi et al., 1997) |
| Ralstonia solanacearum | SolR, SolI | C8-HSL | Inconnue | (Flavier et al., 1997b) |
| Rhizobium etli | RaiR, RaiI | Inconnue | Restriction du nombre de nodules | (Wisniewski-Dye et al., 2002; Cubo et al., 1992) |
| Rhizobium leguminosarum | RhiR, RhiI | 3-hyrdoxy-7-C14-HSL | Nodulation, bactériocine, survie en phase stationnaire | |
| Serratia liquefaciens | SwrR, SwrI | C4-HSL | Mobilité de type swarming, protéase | (Eberl et al., 1996) |
| Vibrio anguillarum | VanR, VanI | 3-oxo-C10-HSL | Inconnue | (Milton et al., 1997) |
| Vibrio ficheri | LuxR, LuxI | 3-oxo-C6-HSL | Bioluminescence | (Lupp et al., 2003) |
| Yersinia enterocolitica | YenR, YenI | C6-HSL | Inconnue | (Atkinson et al., 2006) |
| Yersinia pestis | YpeR, YpeI | Inconnue | Inconnue | |
| Yersinia pseudotuberculosis | YpsR, YpsI YtbR, YtbI | 3-oxo-C6-HSL C8-HSL | Mobilité | |
| Yersinia rukeri | YukR, YukI | Inconnue | Inconnue | |

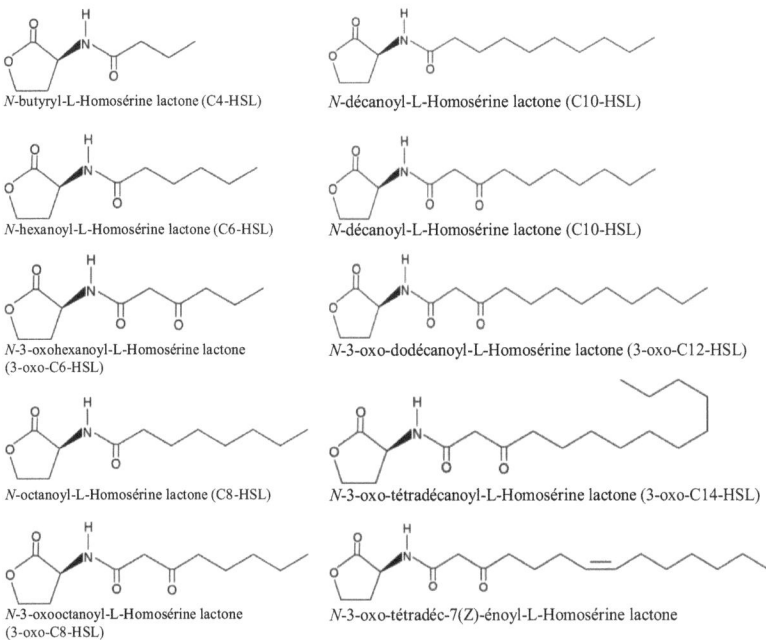

**Figure 3.** Structure de quelques AHLs. (d'après « Quorum sensing site », http://www.nottingham.ac.uk/quorum/AHLs.htm.)

### II.2.1.1.2. Auto-inducteurs synthase

Trois familles de synthases d'AHL ont été décrites en fonction de leur homologie de séquence. Chaque classe ne présente aucune homologie avec les autres.

- La classe I regroupe les enzymes possédant une similarité avec LuxI de *V. fischeri* (Fuqua et Greenberg, 1998).
- La classe II regroupe les enzymes LuxM, AinS et VanM retrouvées respectivement chez *V. harveyi, V. fisheri et V. anguillarum* (Milton *et al.*, 2001).
- La classe III est représentée uniquement par HdtS, isolé de *P. fluorescens* (Laue *et al.*, 2000).

Le mécanisme de synthèse des AHLs est globalement identique, quelle que soit l'enzyme considérée (Williams, 2007). Les enzymes de type LuxI forment les AI-1 à partir de la S-adénosyl-méthionine (SAM) et de protéines acyl-acyl-transporteurs spécifiques (Acyl-ACP) (Figure 4).

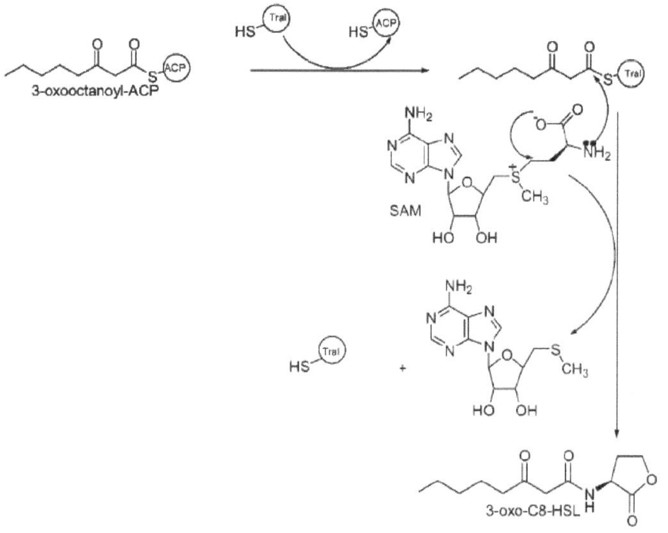

**Figure 4.** Biosynthèse des AHLs : exemple du 3-oxo-C8-HSL (William *et al.*, 2007).

### II.2.1.1.3. Régulateurs du QS

Deux classes de régulateurs ont été décrites:
- Classe I ou de la famille LuxR (*V. fischeri*) qui agit sous forme dimérique. La liaison AHL/régulateur induit une modification de structure de la protéine, rendant le domaine régulateur accessible et fonctionnel (Fuqua *et al.*, 1994 ; Fuqua et Greenberg, 2002).
- Classe II qui semble être présente uniquement chez le genre *Vibrio* et constituée de protéines homologues aux senseurs-régulateurs hybrides intervenant dans les systèmes de régulation à deux composants (Milton *et al.*, 2001).

Les systèmes de type LuxI/R paraissent relativement spécifiques à l'espèce (Schuster *et al.*, 2003 ; Schuster *et al.*, 2004). En effet, une petite modification de la molécule peut induire une absence de reconnaissance par le senseur voire une inhibition : les AHLs modifiées au niveau du noyau lactone inhibent le système LuxI/R (Galloway *et al.*, 2011).

### II.2.1.2. Le système médié par des auto-inducteurs non-AHLs

Deux bactéries à Gram négatif, *Ralstonia solanacearum et Xanthomonas campestris* utilisent des molécules autres qu'AHLs et AI-2 pour la communication intercellulaire. Bien que *R. solanacearum* possède un système LuxI/R appelé SolI/R, celui-ci n'est pas directement utilisé pour le contrôle de facteurs de virulence mais intervient dans l'expression d'un gène *aidA* de fonction inconnue (Flavier *et al.*, 1997b). Le contrôle de la virulence passe plutôt par l'utilisation d'acide 3-hydroxypalmitique méthyle-ester (3OH-PAME) et un système de régulation à deux composants similaire aux systèmes LuxS de *V. harveyi* (Flavier *et al.*, 1997a). *X. campestris* utilise des acides gras à longues chaînes (DSF) et un système de régulation à deux composants similaires à celui des bactéries à Gram positif (Dow *et al.*, 2000). Cette production de DSF apparait comme limitée aux genres *Xanthomonas* (Barber *et al.*, 1997). Toutefois, *Burkholderia cenocepacia,* un bacille à Gram négatif apparenté à *X. campestris,* possède des senseurs kinases capables de percevoir des molécules de la famille de DSF, alors qu'il utilise en priorité les AHLs comme molécules signal (McCarthy *et al.*, 2010).

### II.2.2. Mécanisme de QS chez les bactéries à Gram positif

Le mécanisme de QS chez les bactéries à Gram positif fait principalement intervenir des oligopeptides modifiés comme molécules signal à la place des AHLs ; Ceux-ci sont obtenus à partir d'un précurseur protéique et sécrétés *via* un transporteur ABC (ATP Binding Cassette) (Miller et Bassler, 2001 ; Waters et Bassler, 2005). Les bactéries à Gram positif utilisent principalement un système de régulation à deux composants constitué d'un senseur kinase transmembranaire et d'un régulateur intracellulaire (Kleerebezem *et al.*, 1997; Dunny et Leonard, 1997). Lorsque le seuil de stimulation dans le milieu est atteint, une interaction entre l'oligopeptide et le senseur provoque l'autophosphorylation et l'activation de celui-ci transférant alors un groupement phosphate sur le régulateur (Figure 5). Le régulateur phosphorylé active alors la transcription des gènes cibles. Toutefois, certains oligopeptides peuvent-être activement transportés à l'intérieur de la bactérie *via* une oligopeptide perméase (Lazazzera, 2001) : ils se lient alors à une protéine régulatrice et le complexe formé active la transcription des gènes cibles. Les deux voies peuvent-être retrouvées chez *Bacillus subtilis* (Hamoen *et al.*, 2003). Le QS chez les bactéries à Gram positif est impliqué aussi bien dans l'acquisition de la compétence (pour la conjugaison), comme pour *B. subtilis*, que pour la virulence chez *S. aureus* (Hamoen *et al.*, 2003 ; Thoendel *et al.*, 2011). Comme chez certaines bactéries à Gram négatif, l'auto-inducteur AI-2 est également utilisé en tant que signal chez certaines à Gram positif (Federle et Bassler, 2003).

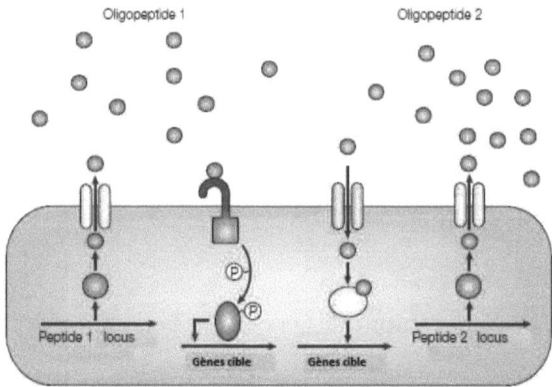

**Figure 5.** Mécanisme de QS chez les bactéries à Gram positifs (Lazdunski *et al.*, 2004).

## II.2.3. Les systèmes hybrides

Un troisième système de communication, diffèrent du système *luxIR* de *V. fischeri* (Bassler *et al.*, 1993 ; Cao et Meighen, 1989), a été mis en évidence chez *V. harveyi*. Cette bactérie utilise deux mécanismes de signalisation faisant intervenir deux molécules signal pour contrôler la bioluminescence. La première est une AHL (AI-1) synthétisée par la protéine LuxM, la deuxième est une molécule signal dénommée auto-inducteur AI-2 et correspondant au furanosyl borate diester (Chen *et al.*, 2002), synthétisée par la protéine LuxS (Schauder *et al.*, 2001). Ces deux molécules signal sont détectées par des senseurs kinase transmembranaires à deux composants, LuxN pour AI-1 et LuxPQ pour AI-2. En l'absence de molécules signal, ces senseurs agissent comme une kinase et entrainent la phosphorylation de la protéine régulatrice LuxO dont l'action réprime la transcription de *luxCDABE*, gènes codant pour la luciférase. La liaison des auto-inducteurs à leur senseur respectif entraîne une déphosphorylation de LuxO qui perd son action de répression. Une protéine LuxR, différente du système de type LuxI/R, active alors l'expression de *luxCDABE* (Figure 6). Les molécules AI-2 dérivent également de la SAM (Xavier et Bassler, 2003). De nombreuses méthyltransférases agissent sur la SAM et transfèrent un groupe méthyle sur des substrats variés aboutissant à la formation de S-adénosylhomocystéine (SAH). La Pfs nucléosidase hydrolyse l'adénine de la SAH pour former la S-ribosylhomocystéine. Ensuite, LuxS agit sur la S-ribosylhomocystéine et produit la 4,5-dihydroxy-2,3-pentanedione et l'homocystéine. La 4,5-dihydroxy-2,3-pentanedione se cyclise pour former le pro-AI-2, auquel est ajouté un atome de bore pour former l'AI-2 (Figure 7). Chez les bactéries ne possédant pas LuxS, la SAH est détoxifiée grâce à une hydrolase qui la convertit en adénosine et homocystéine (William, 2007). Ce système hybride est également rencontré chez *V. cholerae*. Chez cette espèce, la co-existence de deux systèmes, Cholera AI-1 et AI-2, contrôle la phosphorylation et déphosphorylation de LuxO. Lorsque la densité cellulaire est faible, il y a phosphorylation de LuxO qui, en retour, active un répresseur X (inconnu) réprimant l'expression de *hapR* (homologue de *luxR* de *V. harveyi*). En conséquence, *V. cholerae* exprime un phénotype virulent et forme des biofilms (Hammer et Bassler, 2003). Inversement lorsque la densité cellulaire (donc la quantité d'auto-inducteurs) est importante, les voies de signalisation entraînent une déphosphorylation de LuxO : *hapR* est alors activé et *V. cholerae* exprime un phénotype non virulent et incapable de former des biofilms, mais exprime en revanche une hémagglutinine protéase impliquée dans la destruction des cellules hôtes ce qui contribue à la colonisation. Ce type de signal (AI-2) a été décrit aussi bien chez des bactéries à Gram positif que chez des bactéries à Gram négatif, avec une voie de synthèse identique et toujours la nécessité de la présence de la protéine LuxS (Tableau 2). Par ailleurs, des arguments génétiques et biochimiques suggèrent que les auto-inducteurs AI-1 sont utilisés pour une communication intra-espèces alors que les AI-2 sont médiateurs d'une communication inter-espèces (cf Section II.2.4) (Bassler *et al.*, 1997; Federle et Bassler, 2003).

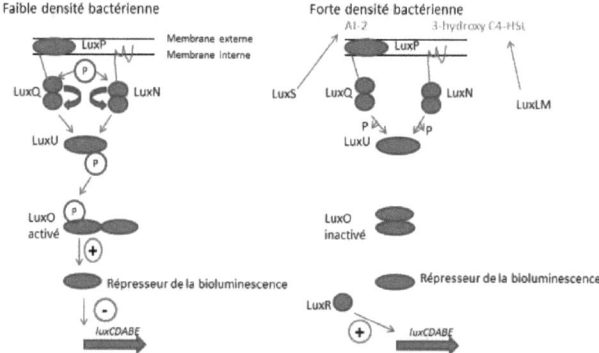

**Figure 6.** Régulation de l'expression de la bioluminescence chez *V. harveyi* (D'après http://www.nottingham.ac.uk/quorum/harveyi3.htm).

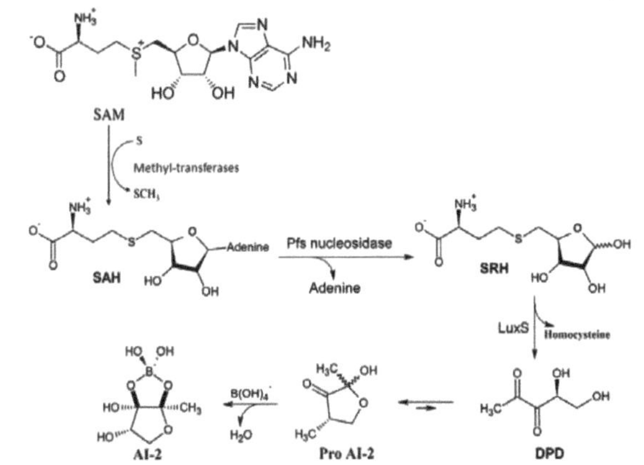

**Figure 7.** Synthèse des auto-inducteurs de type 2 (Federle et Bassler, 2003).

**Tableau 2.** Phénotypes et gènes régulés par LuxS (AI-2) chez un certain nombre d'espèces bactériennes (Xavier et Bassler, 2003).

| Espèce | Fonctions régulées par *luxS* | Gènes régulés par *luxS* | Références |
|---|---|---|---|
| *Agregatibacter (Actinobacillus) Actinomycetemcomitans* | Facteurs de virulence: leucotoxine, acquisition du fer | *afuA* | (Fong *et al.*, 2001; 2003) |
| *Campylobacter jejuni* | Mobilité | | (Elvers et Park, 2002) |
| *Clostridium perfringens* | Facteurs de virulence: toxines alpha, kappa, théta | *pfo* | (Ohtani *et al.*, 2002) |
| *Escherichia coli* W3110 | Division cellulaire, réplication de l'ADN, forme de la cellule et morphologie | 242 gènes | (DeLisa *et al.*, 2001) |
| *Escherichia coli* EHEC (O 157:H7) | Facteurs de virulence: sécrétion de type II, toxine Shiga, flagelles, mobilité, division cellulaire | Opéron LEE, *stx, ptsN, sulA, flhD fliA, fliC, motA, qseA, qseBC*, 404 gènes | (Sperandio *et al.*, 1999; 2001) |
| *Escherichia coli* EPEC (O 127:H6) | Mobilité (expression du flagelle) | | |
| *Neisseria meningitides* | Bactériémie | | Winzer *et al.*, 2002 |
| *Photorhabdus luminescens* | Biosynthèse du carbapénème | *cpm* | (Derzelle *et al.*, 2002) |
| *Porphyromonas gingivalis* | Facteurs de virulence: protéase, hémagglutinine, acquisition de l'hémine | *uvrB, hasF* | (Chung *et al.*, 2001) |
| *Salmonella typhi* | Biofilms | | (Prouty *et al.*, 2002) |
| *Salmonella typhimurium* | Système de transport AI-2 ABC | | (Surette *et al.*, 1999) |
| *Shigella flexneri* | Facteur de transcription impliqué dans la virulence | *virB* | (Day *et al.*, 2001) |
| *Streptococcus pyogenes* | Facteurs de virulence: hémolysine protéase | *speB, sagA* | (Lyon *et al.*, 2001) |
| *Streptococcus mutans* | Facteurs de virulence, biofilm | | (Merritt *et al.*, 2003) |
| *Streptococcus pneumoniae* | Facteurs de virulence | | (Stroeher *et al.*, 2003) |
| *Vibrio cholerae* | Facteurs de virulence: toxine cholérique, pilus | *tcpP, tcpA, ctxAB*. 70 gènes de virulence (puce ADN) | Miller *et al.*, 2002) |
| *Vibrio harveyi* | Production de lumière, morphologie des colonies | *luxCDABE* | (Mok *et al.*, 2003) |

## II.2.4. Communication inter-espèces et inter-règne

En dehors de la communication entre bactéries de même espèce, il semble que les bactéries communiquent aussi leur présence aux autres bactéries d'espèce et de genre différents. Surette *et al.,* (1999) ont mis en évidence pour la première fois l'existence d'un système de communication inter-espèces (entre *E. coli, S. typhimurium* et *V. harveyi*). L'existence de cette communication serait liée au fait que ces bactéries répondent au même signal AI-2 et, contrairement aux autres signaux QS, la voie de synthèse et les intermédiaires pour la production de AI-2 sont tous identiques chez les bactéries produisant ce signal. Il serait impliqué dans la formation de biofilms mixtes et dans la régulation de facteurs de virulence entre espèces puisque de nombreuses espèces isolées à partir de cet écosystème sont capables de sécréter des Al-2 (Fong *et al.,* 2001). L'exemple type est représenté par deux bactéries orales, *Streptococcus gordonii*, une espèce commensale, et *Porphyromonas gingivalis*, un pathogène associé à la periodontite. Ces deux bactéries sont connues pour former un biofilm mixte. Si la présence de *luxS* n'est pas nécessaire pour la formation de biofilm mono espèce, son expression est requise chez au moins une des deux espèces pour la formation d'un biofilm mixte (McNab *et al.,* 2003). La communication inter-espèce peut également être observée chez les bactéries partageant le même système de type LuxI/R : c'est le cas de *P. aeruginosa* et de *B. cenocepacia* au sein d'un biofilm. En effet, *B. cenocepacia* perçoit les AHLs produites par *P. aeruginosa,* bien que cela ne soit pas réciproque (Riedel *et al.,* 2001).

Outre la communication inter-espèces chez les bactéries partageant le même système, les bactéries utilisant des systèmes différents semblent également être sensibles et réceptives à la présence des unes et des autres dans un même environnement. En effet, Duan *et al.,* (2003) ont observé, lors d'infections pulmonaires par *P. aeruginosa* chez le rat, des lésions plus importantes en présence de flore oropharyngée. Ceci était dû à la présence d'AI-2 produit par ces dernières qui induit l'expression de facteur de virulence chez *P. aeruginosa* malgré le fait qu'il ne présente pas de système LuxS. Il a également été démontré que l'une des AHLs (3-

oxo-C12-HSL) produite par *P. aeruginosa* interférait avec le mécanisme de QS de *S. aureus*, réduisant l'expression de certains de ses facteurs de virulence (Qazi *et al.*, 2006).

Bien que les molécules signal du QS soient destinées principalement aux cellules procaryotes, des études rapportent qu'elles modifient également le comportement des cellules eucaryotes : champignons, algues, plantes et animaux (Telford *et al.*, 1998; Gardiner *et al.*, 2001; Bauer et Mathesius, 2004; Dudler et Eberl, 2006; Schuhegger *et al.*, 2006). A titre d'exemple, à forte concentration (200 µM) la 3-oxo-C12-HSL supprime la filamentation de *Candida albicans* (Hogan *et al.*, 2004), inhibe la prolifération lymphocytaire et la production de TNF-α (Tumour necrosis factor α) chez les macrophages (Telford *et al.*, 1998), et inhibe la contraction des muscles du vaisseau sanguin porcin (Lawrence *et al.*, 1999). Chez les plantes, la perception et la réaction aux molécules signal ont été rapportées dans certaines études. En effet, selon Mathesius *et al.*, (2003), la présence d'AHLs nanomolaire induit la production et l'accumulation de plusieurs protéines dans les racines de *Medicago truncatula* Gaertn dont 25% ont un rôle dans la défense de l'hôte. De plus, la production d'analogue AHLs par la plante est observée après l'exposition aux AHLs. D'après une analyse par puce à ADN, la tomate réagit à l'injection d'AHLs au niveau des racines par l'augmentation d'activité des gènes impliqués dans la défense (Hartmann *et al.*, 2004). Par ailleurs, la présence d'AHL favorise la croissance des racines d'*Arabidopsis thaliana* (L.) Heynh (Von Rad *et al.*, 2008).

## III. Facteurs de virulence et QS chez *P. aeruginosa*

*P. aeruginosa* constitue l'un des modèles de bactérie opportuniste responsable de diverses infections le plus étudié, notamment en ce qui concerne son mécanisme de QS et la régulation de l'expression des facteurs de virulence (Jimenez *et al.*, 2012).

## III.1. *P. aeruginosa*, un modèle bactérien

### III.1.1. Caractéristiques bactériologiques

*P. aeruginosa* est une bactérie à Gram négatif, aérobie, très mobile capable de se développer dans un large spectre de température (+4°C à +42°C). Il possède un génome d'environ 6,3 Mb (Stover *et al.*, 2000). De nombreux gènes sont impliqués dans des systèmes de régulation et des fonctions métaboliques, expliquant le caractère ubiquitaire de cette bactérie et sa capacité à se développer dans des systèmes pauvres en nutriments. En effet, cette bactérie vit à l'état saprophyte dans le sol, dans l'eau et sur les plantes. De plus, elle peut évoluer, soit à l'état planctonique, soit de façon sessile en biofilm.

C'est un pathogène opportuniste des plantes, des animaux et de l'homme (D'Argenio *et al.*, 2001; Walker *et al.*, 2004; Rahme *et al.*, 1995 ; Ran *et al.*, 2003). Chez l'homme, la bactérie est normalement inoffensive chez les personnes dites « saines » mais peut être responsable d'infection aigüe et chronique chez les personnes présentant une déficience immunitaire, telles que les grands brulés, les patients en soins intensifs, ou les personnes atteintes de mucoviscidose (Chugani et Greenberg, 2007; Bielecki *et al.*, 2008; Mena et Gerba, 2009). Chez ces derniers, *P. aeruginosa* est la principale cause de mortalité et de morbidité (Lyczak *et al.*, 2002; Zemanick *et al.*, 2011). En effet, il entraîne une infection pulmonaire chronique caractérisée par la formation de biofilm dans les voies aériennes profondes, des dommages pulmonaires et une défaillance respiratoire menant à la mort (Wagner et Iglewski, 2008). De même, par sa grande capacité d'adaptation, il peut coloniser nombre de tissus et être ainsi responsable d'infection sur tout l'organisme de l'homme (dermatites, méningites, septicémies et endocardites, par exemple chez des patients abusant de drogues intraveineuses), d'infections nosocomiales du tractus urinaire et d'infections ophtalmologiques, oto-rhino-laryngologiques, ostéo-articulaires, neuro-méningées et digestives (Bodey *et al.*, 1983 ; Salyers *et al.*, 2002).

Chez les animaux, il est la cause d'infections de la peau chez le mouton (Kingsford et Raadsma, 1997), d'infections chroniques des glandes mammaires chez les bovins (McLennan *et al.*, 1997), d'infections placentaires chez le cheval (Hong *et al.*, 1993), de pneumonies hémorragiques chez le vison (Hammer *et al.*, 2003), et d'otites externes chez le chien (Farrag & Mahmoud, 1953). Il constitue également un agent pathogène puissant chez certains modèles animaux de laboratoire tels que *Caenorhabditis elegans* (Mahajan-Miklos *et al.*, 1999 ; Martinez *et al.*, 2004), *Drosophila* sp.(D'Argenio *et al.*, 2001) et *Galleria mellonella* (Miyata *et al.*, 2003).

Chez les plantes, il peut être un pathogène occasionnel. En effet, *P. aeruginosa* induit des symptômes de pourriture molle chez l'arabette des dames (*Arabidopsis thaliana* (L.) Heynh) et la laitue (*Lactuca sativa* L.) (Rahme *et al.*, 1995 ; 1997). Toutefois, vu la grande réactivité des plantes envers les attaques pathogènes, une tolérance peut s'installer entre les deux espèces (Cryz *et al.*, 1984. Walker *et al.*, 2004).

### III.2. Pathogénicité de *P. aeruginosa*

La pathogénicité de *P. aeruginosa* est liée à l'expression des gènes de virulence au site de l'infection. En effet, la réussite d'une infection nécessite la production de facteurs de virulence dans les différentes étapes du processus infectieux pour permettre à *P. aeruginosa* de coloniser son hôte. La virulence de *P. aeruginosa* dépend de facteurs *(i)* « cellulaires » ou « membranaires » (c'est-à-dire associés à la bactérie et principalement impliqués dans l'adhérence et la mobilité); *(ii)* et « extracellulaires », correspondant aux toxines et protéases sécrétées, qui provoquent des lésions tissulaires et facilitent la multiplication et la dissémination bactérienne dans les tissus de l'hôte. La virulence dépend aussi de sa capacité à former un biofilm protecteur (Figure 8).

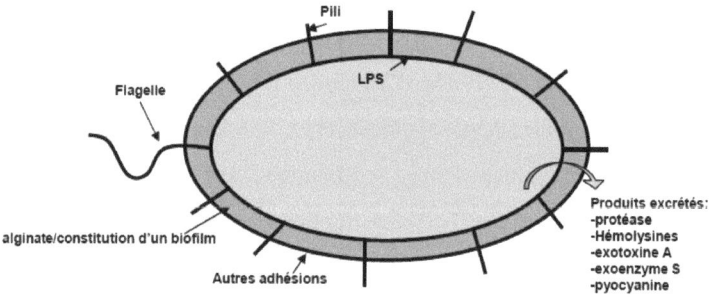

**Figure 8.** Facteurs de virulence de *P. aeruginosa*.
Des facteurs liés à la cellule comme les flagelles, le pili, lipopolysaccharide [LPS] et autres adhésines, alginate/constitution d'un biofilm. Des facteurs excrétés comme les protéases, hémolysines, exotoxine A, exoenzyme S et pyocyanine (Van Delden et Iglewski, 1998).

### III.2.1. Les facteurs de virulence membranaires

Ces facteurs de virulence membranaires sont impliqués dans l'adhérence et la mobilité de *P. aeruginosa*. L'adhérence des bactéries à la cellule eucaryote cible ou à la surface tissulaire est un phénomène spécifique, qui requiert la participation de deux facteurs : un récepteur eucaryote et une adhésine bactérienne. Cette dernière est typiquement constituée par des structures macromoléculaires assemblées à la surface bactérienne comme le flagelle, les pili de type IV, les fimbriae et les exopolysaccharides. Cette adhésine bactérienne est capable d'interférer avec le système immunitaire, de participer à l'introduction de molécules toxiques dans la cellule hôte et de favoriser l'invasion bactérienne. Les récepteurs sont généralement des glycoprotéines et glycolipides spécifiques de la cellule eucaryote (Klemm et Schembri, 2000).

#### III.2.1.1. Flagelles et pili

La mobilité en relation avec les variations de l'environnement est un phénomène primordial dans le processus de colonisation et d'infection. Les bactéries sont ainsi dotées d'appendices cellulaires, flagelles et pili (ou fimbriae), leur permettant de « sonder » les surfaces et de se déplacer dans le milieu. Ces constituants bactériens sont nécessaires pour l'expression de la virulence de *P. aeruginosa* dans un certain nombre de modèles infectieux (Cryz *et al.*, 1984, Feldman *et al.*, 1998; Holder, 1985; Tang *et al.*, 1995; 1996).

### III.2.1.1.1. Flagelles

Le flagelle polaire confère à la bactérie la capacité de se déplacer, non seulement en milieu aqueux, mais également sur des surfaces semi-solides (condition correspondant à un milieu de culture avec de l'agar entre 0,4 à 1%) que l'on définit par la mobilité de type « swarming » (Kohler *et al.*, 2000). Le flagelle est impliqué non seulement dans la reconnaissance et l'adhérence aux surfaces épithéliales (Simpson *et al,.* 1992) et abiotiques mais aussi dans la formation de microcolonies et le développement « normal » d'un biofilm (O'Toole et Kolter, 1998a). Il se compose d'une partie enchâssée dans la membrane et d'une partie libre. Cette dernière est constituée en partie de monomères de flagelline (FlicC) (Bardy *et al.*, 2003). La flagelline est ainsi capable d'interagir avec les glycolipides (Feldman *et al.*, 1998) et les mucines (Lillehoj *et al.*, 2002) présentes à la surface de l'épithélium bronchique. Son importance dans la pathogenèse semble établie puisqu'il a été démontré que des souches mutantes dépourvues de flagelle ont une virulence atténuée et étaient moins invasives que les souches mobiles (Feldman *et al.*, 1998; Tang *et al.*, 1996). De plus, le flagelle participe à la virulence en induisant une réponse inflammatoire dépendante de NFκB (nuclear factor-kappa B) *via* les récepteurs Toll-like (TLR5 et TLR2) et une production d'Interleukine-8 (Adamo *et al.*, 2004; Di Mango *et al.*, 1995). La nature antigénique du flagelle est impliquée dans les réponses de l'hôte et l'utilisation d'anticorps anti-flagellaires permet de réduire la symptomatologie lors de pneumonies à *P. aeruginosa* chez le rat (Landsperger *et al.*, 1994). Cependant, lors d'infections chroniques, et notamment au cours de la formation du biofilm, des mutants non-flagellés de *P. aeruginosa* peuvent échapper aux défenses de l'hôte (Mahenthiralingam *et al.*, 1994).

### III.2.1.1.2. Pili de type IV

La mobilité de *P. aeruginosa* implique également les pili de type IV constitués essentiellement de monomères de piline (PilA). Ces pili de type IV, qui sont rétractables, sont aussi impliqués dans un mécanisme de déplacement particulier, indépendant du flagelle, appelé la mobilité de type «twitching» qui prédomine dans les mouvements à l'interface de surfaces solides humidifiées (Wall et Kaiser, 1999). Toutefois, les pili participent également aux mobilités de type swarming, permettant une dispersion sur les surfaces humides (Mattick, 2002) et jouent un rôle crucial dans l'adhérence aux surfaces muqueuses et dans leur colonisation (Hahn *et al*, 1997). En effet, une altération de ces pili conduit à une diminution de l'adhérence aux cellules épithéliales *in vitro* (Comolli *et al.*, 1999; Hahn, 1997).

### III.2.1.1.3. Facteur d'attachement de type fimbriae (ou Cup)

Chez *P. aeruginosa,* les fimbriae, qui sont principalement composés de piline et adhésine, sont essentiels pour l'adhérence aux surfaces abiotiques, comme le verre et le plastique, mais également dans la formation du biofilm (Vallet *et al.*, 2001).

### III.2.1.2. Lipopolysaccharide (LPS)

Le LPS, localisé dans la membrane externe des bactéries à Gram négatif, est d'une part, connu pour son rôle protecteur contre la lyse provoquée par le sérum et, d'autre part, pour son activité endotoxique. De plus, le LPS couvre la totalité de la surface de la bactérie par la présence d'un polysaccharide ramifié appelé antigène O. Celui-ci est fortement impliqué dans la stimulation de la réponse inflammatoire et dans les interactions avec les tissus hôtes. L'endotoxine est responsable d'une stimulation excessive du système immunitaire pouvant provoquer un choc septique et conduire à la mort (Lynn et Golenblock, 1992). Le LPS intervient également dans l'adhésion de *P. aeruginosa* sur l'épithélium respiratoire et joue un rôle important dans la pathogénie, notamment chez les personnes atteintes de mucoviscidose (Pier *et al.*, 1996).

### III.2.2. Les facteurs de virulence extracellulaires

Ils interviennent dans la dissémination de la bactérie au niveau des tissus, la destruction et l'atténuation des défenses de l'hôte.

#### III.2.2.1. Les lectines solubles

Parmi les facteurs de virulence sécrétés par la bactérie, deux lectines solubles dépendantes du calcium ont été identifiées et détectées au niveau du cytoplasme ainsi qu'au niveau de la membrane externe de la bactérie. La lectine PA-IL (ou galactophilic LecA) interagit spécifiquement avec le D-galactose (Garber *et al.*, 1992). Elle fixe ainsi un grand nombre de glycoprotéines et de glycosphingolipides et elle facilite la formation d'agrégats ou de colonies bactériennes par l'intermédiaire des dérivés de galactose présents sur les LPS (Sadovskaya *et al.*, 1998), protégeant de ce fait les bactéries des défenses immunitaires. Elle serait impliquée dans la formation et la stabilisation du biofilm (Diggle *et al.*, 2006). De plus, elle est directement cytotoxique pour les cellules épithéliales respiratoires (Bajolet-Laudinat *et al.*, 1994). La lectine PA-IIL (ou fucophilic LecB) présente une forte affinité pour le L-fucose (Garber *et al.*, 1987) et, de manière moindre, pour le L-galactose, le D-arabinose et le D-fructose. La lectine LecB inhibe le battement ciliaires des cellules pulmonaires (Chemani *et al.*, 2009) et participe également à la formation du biofilm (Tielker *et al.*, 2005). En s'associant aux glycoprotéines présents à la surface de la bactérie, elle participerait aux interactions bactérie-hôte ou bactérie-bactérie (Tielker et al., 2005).

### III.2.2.2. Les exotoxines

La production d'exotoxines est induite par un contact cellule bactérienne/cellule eucaryote et par un milieu environnant pauvre en $Ca^{2+}$. L'exotoxine A est la protéine la plus toxique produite par *P. aeruginosa* (Wolf et Elsasser-Beile, 2009). Dans le cytoplasme de la cellule hôte, cette toxine inhibe la synthèse des protéines par ADP-ribosylation du facteur d'élongation cellulaire, entraînant la mort des cellules par nécrose (Wolf et Elsasser-Beile, 2009). Cette exotoxine est responsable de dommages tissulaires au site inflammatoire, de l'invasion bactérienne et d'une activité immunosuppressive. D'autres exotoxines (ExoY, ExoS, exoT et exoU) seraient impliquées dans la dissémination et la destruction des tissus au site inflammatoire en induisant l'apoptose cellulaire (Kaufman et al., 2000). Cependant, toutes les souches de *P. aeruginosa* n'expriment pas l'ensemble de ces toxines (Feltman et al., 2001). Ces facteurs de virulence, extracellulaires ou sécrétés, sont responsables des symptômes présentés sur les modèles eucaryotes de laboratoire infectés par *P. aeruginosa* (Hauser et al., 1998; Holder, 1985; Nicas et Iglewski, 1985; Sawa et al., 1998).

### III.2.2.3. Les protéases

*P. aeruginosa* sécrète un certain nombre de protéases qui contribuent à sa virulence (Malloy et al., 2005). La protéase alcaline (*aprA*), l'élastase A (*lasA*), l'élastase B (*lasB*) et la protéase IV sont les protéases les plus importantes dans la pathogénicité de *P. aeruginosa* (Kida et al., 2008).

- La protéase AprA et l'élastase LasB présentent un certain nombre d'activités similaires comme la dégradation des éléments du système immunitaire, tels que les composants du complément (C1q et C3), l'immunoglobuline A, l'interféron γ ou le TNF-α (Thibodeaux *et al.* 2007).

- L'élastase LasB est une protéase qui dégrade l'élastine, elle est également capable d'inactiver de nombreuses protéines comme les IgA et les IgG, des composants du complément (Hong et Ghebrehiwet, 1992), la fibrine et le collagène (Heck *et al.*, 1986), interférant ainsi avec les mécanismes de défense de l'hôte.

- L'élastase LasA est une protéase qui coupe l'élastine, et la rend ainsi plus accessible à l'action d'autres protéases comme LasB, la protéase alcaline, l'élastase du neutrophile (Galloway, 1991) et d'autres facteurs de virulence tels que les LPS (Toder *et al.*, 1994; Azghani *et al.*, 2000; Kida *et al.*, 2008). L'élastase LasA joue également un rôle important dans la maladie du poumon et de la cornée chez l'homme (Coin *et al.*, 1997; Preston *et al.*, 1997).

- La protéase IV purifiée présente une activité protéase et peut digérer un certain nombre de protéines biologiquement importantes, notamment les immunoglobulines, les composants du complément, le fibrinogène et le plasminogène (Engel *et al.*, 1998).

### III.2.2.4. Les phospholipases C

Les phospholipases C sont des enzymes extracellulaires thermolabiles, synthétisées dans des conditions de carence en phosphate. Elles ont pour cible la partie lipidique de la membrane des cellules eucaryotes. Par ailleurs, certaines présentent une activité hémolytique et jouent un rôle dans la mobilité de type « twitching » (Barker *et al.*, 2004). Elles sont capables de supprimer la réponse oxydative des neutrophiles (Terada *et al.*, 1999). Les poumons des humains et des animaux étant recouverts de surfactant composé en grande partie de phospholipides, la phospholipase C serait en partie à l'origine des dommages tissulaires des poumons lors de leur infection (Berka et al., 1981).

### III.2.2.5. Les rhamnolipides

Les rhamnolipides sont des glycolipides extracellulaires thermostables issus de l'expression des gènes *rhlA*, *rhlB* et *rhlC*, qui peuvent émulsionner les phosphates membranaires grâce à leur activité détergente (biosurfactante) (Sobéron-Chàvez et al., 2005a, 2005b). Ils perturbent le transport mucociliaire et les mouvements ciliaires de l'épithélium respiratoire humain (Read et al., 1992). De plus, ils inhibent la phagocytose et sont également impliqués dans la structuration du biofilm, notamment dans la croissance des microcolonies, le maintien de l'architecture des biofilms et le détachement des bactéries du biofilm (Sobéron-Chàvez et al., 2005a). L'extrait total de rhamnolipides est composé de mono- et di-rhamnolipides et de leurs précurseurs les acides 3-(3-hydroxyalkanoyloxy) alkanoïque (HAAs) (Chrzanowski et al., 2012). *rhlA* code pour la synthèse de précurseurs HAAs (Déziel et al., 2003), tandis que *rhlB* code pour la rhamnosyltransférase catalysant le transfert d'une molécule de L-rhamnose désoxythymidine diphosphate (dTDP-L-rhamnose) sur les HAAs, pour former les monorhamnolipides (Ochsner et al., 1994). Enfin, *rhlC* est responsable de la catalyse du transfert d'une molécule additionnelle de rhamnose pour donner les dirhamnolipides (Rahim et al., 2001).

### III.2.2.6. Les chromophores

Ces pigments ayant des propriétés antibiotiques sont sécrétés par *P. aeruginosa* dans son environnement pour contrôler les autres organismes compétiteurs (Dietrich et al., 2006).
Les chromophores les plus connus sont la pyocyanine et la pyoverdine.
La pyocyanine, un pigment de couleur bleu-vert dérivé de phénazine, est toxique pour les cellules eucaryotes et procaryotes. Elle est impliquée dans de

nombreux mécanismes de pathogénicité (Lau *et al.*, 2004). La cytotoxicité de la pyocyanine est liée à son cycle rédox-actif et à sa capacité à produire des dérivés réactifs de l'oxygène (Reactive Oxygen Species) qui tuent les cellules eucaryotes et procaryotes (Hassett *et al.*, 1992; Ahmad *et al.*, 2011).

**Figure 9.** Culture de *P. aeruginosa* en milieu liquide. (a) *P. aeruginosa* PAO1 produisant la pyocyanine ; (b) *P. aeruginosa* PA3477 incapable de produire de la pyocyanine (source : ce travail).

La pyoverdine, caractérisée par sa couleur jaune vert fluorescente, est un capteur et un transporteur de fer. Ce chromophore est produit *in vivo* lors de la colonisation des poumons des patients atteints de fibrose kystique (Hass *et al.*, 1991). La pyoverdine est importante pour l'acquisition du fer dans le poumon, favorise la croissance bactérienne et participe à la synthèse de la protéase IV et de l'exotoxine A (Lamont *et al.*, 2002).

Comme toutes les bactéries à Gram négatif, *P. aeruginosa* utilise les systèmes de sécrétion de types I, II et III. Cependant, la plupart de ces enzymes et toxines impliquées dans la pathogénicité de la bactérie sont sécrétées par le système de sécrétion de type II et III. Le système de sécrétion de type II produit des exo-produits (toxines et enzymes) dans l'environnement proche des cellules. Le système de sécrétion de type III, est par contre activé lors du contact cellulaire et permet une injection des toxines directement dans le cytoplasme de la cellule hôte (Kipnis *et al.*, 2006).

### III.2.3. Le biofilm chez *P.aerigunosa*

Dans la nature, *P. aeruginosa* peut se développer sous deux états, planctonique et sessile. L'état planctonique est rencontré lorsque *P. aeruginosa* évolue de façon libre dans une suspension liquide tandis que, sur les surfaces naturelles ou synthétiques, *P. aeruginosa* forme des amas adhérents en remaniement permanent et marqués par la sécrétion d'une matrice adhésive et protectrice (Filloux et Vallet, 2003). Cet ensemble de communauté bactérienne adhérente à une surface et fréquemment incluse dans une matrice essentiellement composée de polysaccharides complexes définit le biofilm (Characklis, 1990; Costerton *et al.*, 1994 ; Donlan, 2002 ; Kokare *et al.*, 2009 ; Vu *et al.*, 2009). Ce comportement des bactéries apparaît comme une réponse adaptative à un environnement plus ou moins inadapté à une croissance sous forme planctonique. *P. aeruginosa* entraîne des infections graves liées à sa capacité à produire de nombreux facteurs de virulence engendrant des dommages tissulaires importants, mais aussi à son aptitude à adhérer, à coloniser et à former un biofilm le protégeant des défenses immunitaires (phagocytose et anticorps) de l'organisme infecté (Bricha *et al.*, 2009). En effet, ces biofilms forment une barrière physique réduisant l'entrée d'agents antimicrobiens (Costerton, 2001), et sont classiquement retrouvés dans les infections pulmonaires chroniques chez les patients atteints de mucoviscidose (Costerton, 2001; Hall-Stoodley *et al.*, 2004; Singh *et al.*, 2000).

### III.2.3.1. Description et composition du biofilm

Le biofilm est constitué d'une communauté de micro-organismes fixés à une surface et généralement inclus dans une matrice extracellulaire (Carpentier et Cerf, 1993) représentant 85 % du volume total (Filloux et Vallet, 2003). Il est admis que dans un écosystème donné, le nombre de bactéries attachées aux surfaces est 1000 à 10 000 fois plus important que le nombre de bactéries planctoniques (Watkins et Costerton, 1984). La matrice extracellulaire est principalement constituée de protéines, d'acides nucléiques, de lipides et d'exopolysaccharides (EPS). Ces derniers représentent 50 à 90 % de la matière organique totale (Häussler et Parsek, 2010 ; Flemming et Wingender, 2010). *P. aeruginosa* produit au moins trois types d'EPS (Alginate, Pel et Psl) qui sont nécessaires à la formation et à l'architecture du biofilm (Ryder *et al.*, 2007 ; Ghafoor *et al.*, 2011). Chez les souches dites mucoïdes, les EPS sont majoritairement caractérisés par la présence d'alginate, polysaccharide linéaire également produit par certaines algues brunes. L'alginate est constitué d'acides L-guluronique et D-mannuronique liés par des liaisons β-1,4 (Evans et Linker, 1973). Il participerait à la structuration du biofilm (Hentzer *et al.*, 2001; Boyd et Chakrabarty, 1995), mais son importance réelle est encore controversée (Wozniak *et al.*, 2003) puisque certains auteurs affirment qu'il n'est pas indispensable (Stapper *et al.*, 2004). Toutefois, la surexpression d'alginate protège *P. aeruginosa* de la phagocytose, des agents antimicrobiens et des réponses de l'hôte (Leid *et al.*, 2005). D'autres exopolysaccharides riches en glucose et mannose ont été mis en évidence (Friedman et Kolter, 2004a, 2004b) chez des souches de *P. aeruginosa* non « mucoïdes » telles que la souche de référence PAO1, dérivée de la souche originelle PAO isolée d'une blessure infectée (Holloway, 1975). L'alginate est même considéré comme peu produit chez ces souches aux dépends des exopolysaccharides Pel et Psl, lesquels ont été décrits comme plus importants dans la formation et le maintien du biofilm (Vasseur *et al.*, 2005; Vasseur *et al.*, 2007 ; Ma *et al.*, 2006; 2009; Colvin *et al.*, 2011a; 2011b ; Yang *et al.*, 2011).

### III.2.3.2. Formation du biofilm

Au cours de la formation du biofilm, il existe 4 étapes principales (Figure 10):
- une étape réversible d'adhésion initiale aux surfaces (I),
- une étape irréversible d'adhésion aux surfaces (II),
- une étape de prolifération aboutissant à la formation de microcolonies (III) et
- une étape de structuration et de maturation du biofilm (IV).

Toutefois, une étape de dispersion (V) est considérée comme partie intégrante de l'évolution d'un biofilm formé.

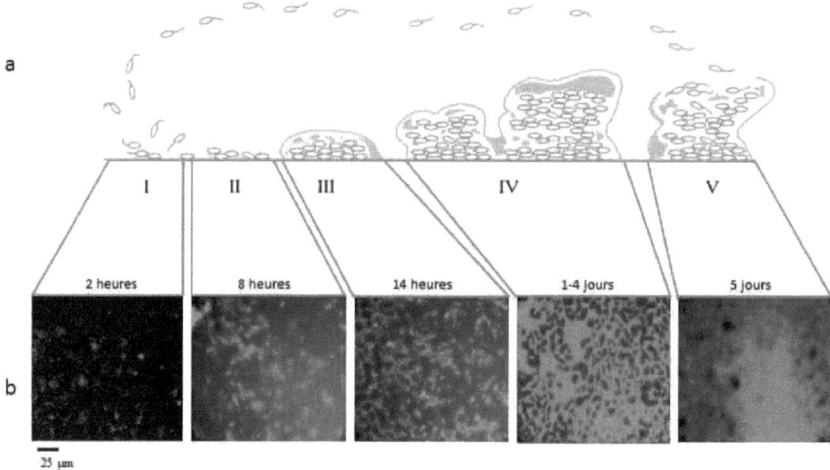

**Figure 10.** Les différentes phases de formation d'un biofilm par *P. aeruginosa*.
(a) Représentation schématique les différentes phases de son développement et (b) visualisation en microscope à fluorescence. *P. aeruginosa* PAO1 sont cultivés statiquement à 37°C pendant 5 jours sur un milieu minimum (source de carbone glucose). Les zones vertes représentent des bactéries colorées au Syto9 (Source : ce travail).

### III.2.3.2.1. Adhésion initiale réversible

Les premières étapes de l'interaction des bactéries avec une surface constituent l'adhésion réversible. Théoriquement, une agitation importante du milieu ou une variation de sa composition et même une modification de la température peuvent éloigner la bactérie du support. L'adhésion initiale est la résultante de différents types de forces exercés entre la surface inerte et la surface de la bactérie elle-même : (1) forces d'attraction de Van der Waals, (2) forces électrostatiques (souvent répulsives car la plupart des bactéries et des surfaces inertes sont chargées négativement), (3) interactions hydrophobes entrainant une attraction ou une répulsion, (4) interactions stériques répulsives. La faible énergie de ces liaisons explique la notion de «réversibilité» par simples mouvements browniens des bactéries. Le processus de formation du biofilm est initié lorsque les paramètres environnementaux qui déclenchent le passage de la croissance planctonique à la vie sur une surface sont réunis (O'Toole et Kolter, 1998b ; Nyvad et Kilian, 1990; Poulsen *et al.*, 1993; Wang *et al.*, 1996). Les signaux environnementaux qui contrôlent cette transition varient considérablement selon les organismes. Ainsi *P. aeruginosa* est capable de former des biofilms dans la plupart des conditions qui permettent la croissance (O'Toole, 2003) contrairement à certaines souches d' *E. coli* qui ne peuvent pas former de biofilm en milieu minimum (Pratt et Kolter, 1998). *P. aeruginosa* est connu comme étant une bactérie très habile à former un biofilm quelque soient les conditions (Costerton *et al.*, 1999).

### III.2.3.2.2. Adhésion initiale irréversible

Le rapprochement de la bactérie du support va conduire à la mise en place d'autres types d'interactions conduisant à une adhésion irréversible de la bactérie. La notion d' «irréversibilité » est ici liée aux multiples points d'interaction créés à ce stade, aboutissant à une liaison de forte énergie. L'adhésion irréversible des bactéries implique que les organismes immobilisés soient vivants (condition non nécessaire dans l'étape réversible), capables de reconnaître leur position proche d'une surface (sans doute à l'aide d'osmorécepteurs comme le système EnvZ-OmpR) (Vidal *et al.*, 1998), et de synthétiser en particulier une grande quantité d'exopolymères organiques impliqués dans « l'ancrage irréversible » des bactéries à leur support (Davies *et al.*, 1993; Stoodley *et al.*, 1994). Les bactéries ne peuvent se détacher de la surface que grâce à une force capable de rompre ces exopolymères ou de les dégager de leurs multiples points d'interaction avec le matériau.

Cette étape est dépendante du temps et nécessite la capacité des microorganismes à exprimer un certain nombre de gènes impliqués dans l'acquisition de nouvelles structures adhésives. Ces éléments sont également importants dans la mise en place des interactions entre bactéries et dans la structuration du biofilm. Ces gènes ont été caractérisés chez de nombreuses espèces bactériennes, incluant des bactéries à Gram positif telles que *Staphylococcus epidermidis* (McKenney *et al.*, 2000) et des bacilles à Gram négatif tels que *E. coli, P. aeruginosa* (Davies *et al.*, 1993), *V. cholerae* (Wai *et al.*, 1998). Flagelle, pili et LPS constituent des éléments clés dans la mise en place de la phase d'adhésion irréversible de *P. aeruginosa* aux cellules épithéliales, étape initiale indispensable à la colonisation de l'épithélium respiratoire (Vallet *et al.*, 2001). Parmi ces structures, les exopolymères nouvellement synthétisés par la bactérie jouent également un rôle clé. L'immobilisation de la bactérie sur une surface (matériau ou cellule) détermine l'expression de gènes spécifiques comme l'*algC* qui code pour l'enzyme phosphomannomutase intervenant dans la synthèse des EPSs chez *P. aeruginosa* (Davies *et al.*, 1993). Des modifications micro-environnementales telles que les fortes concentrations en NaCl et la déshydratation au niveau des poumons mucoviscidosiques peuvent activer la synthèse d'alginate par *P. aeruginosa (*May *et al.*, 1991).

### III.2.3.2.3. Microcolonisation de la surface

L'adhésion irréversible va conduire à la présence de cellules isolées, voire d'agrégats, à la surface du matériau ou de la muqueuse. Cette étape de colonisation consiste en une accumulation plus ou moins intense et rapide par division cellulaire des bactéries adhérées. Parallèlement, un recrutement continu de bactéries planctoniques est réalisé. Ce processus correspond donc à une occupation progressive de la surface disponible et à un développement en épaisseur, conduisant à la formation typique de microcolonies. Au cours de cette phase, la quantité d'EPS produit ainsi que la nature et les propriétés de ces EPSs varient en fonction des conditions environnementales: quantité de nutriments, présence de biocides, conditions hydrodynamiques (Michaud *et al.*, 2003; Olofsson *et al.*, 2003). Parmi les polysaccharides, les acides uroniques et les acides hexuroniques peuvent être retrouvés en proportions variables. L'EPS et l'alginate sont considérés comme des facteurs importants dans la structuration du biofilm de *P. aeruginosa* et dans certaines de ses propriétés (Ryder *et al.*, 2007). Cependant, la présence d'alginate ne serait pas cruciale pour le développement d'un biofilm par *P. aeruginosa* (Wozniak *et al.*, 2003). D'autres types de macromolécules sont retrouvés dans cette matrice extracellulaire: lipides, protéines, acides nucléiques, en quantités et en proportions variables suivant les biofilms étudiés (Flemming et Wingender, 2001).

### III.2.3.2.4. Maturation du biofilm

Au bout de 24 h, le biofilm va donc acquérir une structure tridimensionnelle caractéristique et bien décrite dans le cas de *P. aeruginosa*. Les unités de base ont été décrites comme des structures en forme de « champignons » (Dunne, 2002), dans lesquelles les bactéries ne représentent que 10 à 25 % associées à 75 % à 90 % de matrice extracellulaire (Costerton *et al.*, 1999). Tout au long du processus de formation du biofilm, l'expression génomique est modifiée (Costerton *et al.*, 2003).

Les bactéries adhérentes sont caractérisées par un taux de croissance faible qui serait corrélé à l'existence d'une masse active en « surface » du biofilm et d'une masse peu active en son sein (Nguyen *et al.*, 1989; Jacquelin *et al.*, 1994). Les microcolonies formées, véritables entités structurales et biologiques, pourraient également exprimer une immunogénicité spécifique. Au sein du biofilm, l'activité métabolique globale est ralentie et une modification de l'architecture est observée. En effet, des canaux aqueux se créent entre les colonies, permettant une circulation des nutriments, enzymes et déchets.

Un gradient de nutriments et d'oxygène se forme ; les cellules les plus proches du support sont les moins alimentées mais les mieux protégées vis-à-vis des agressions extérieures.

Différentes phénotypes de *P. aeruginosa* sont retrouvés au sein d'un biofilm mature (Xavier, 2011). Dans la partie la plus externe du biofilm, les *P. aeruginosa* sont métaboliquement très actifs et expriment des phénotypes très virulents en produisant beaucoup d'EPS et de facteurs de virulence. De plus, des phénotypes de bactéries hypermutables et en état de compétence génétique sont rencontrés (Blazquez, 2003; Velkov, 2002). Dans la partie en profondeur, les *P. aeruginosa* sont métaboliquement peu actifs et effectuent alors peu d'échanges avec le milieu extérieur, ce qui rend peu sensibles aux antibiotiques (Mah *et al.*, 2003). Encore plus enfouies, des souches très résistantes aux antibiotiques, appelées bactéries persistantes, sont retrouvées et considérées comme responsables de la récidive des infections sous biofilm (Keren *et al.*, 2004 ).

En fonction de la source de carbone dans le milieu de culture, l'aspect architectural du biofilm peut varier. En effet, en présence de glutamate ou de succinate, le biofilm présente un aspect plat, compacté et uniforme sur toute la surface d'adhérence alors qu'en présence de glucose le biofilm est plutôt formé par la confluence des microcolonnies (Shrout *et al.*, 2006).

Les échanges avec le milieu environnant sont maintenus, conduisant à un remaniement constant de l'expression des gènes et donc du comportement et de la structure du biofilm. Bien qu'en perpétuelle remaniement, le biofilm devient de plus en plus résistant aux agressions extérieures qu'elles soient de nature physique ou chimique (défenses immunitaires de l'hôte, traitements antimicrobiens,...) (Gray *et al.*, 1984; Duguid *et al.*, 1992; Costerton, 1984; Campanac *et al.*, 2002).

### III.2.3.2.5. Dispersion du biofilm et mort cellulaire

Chez *P. aeruginosa,* le détachement des cellules du biofilm est un phénomène complexe, peu exploré, faisant intervenir de nombreux mécanismes simultanément, notamment ceux du QS impliqué dans la régulation de l'expression des gènes codant pour la synthèse des rhamnolipides (Davey *et al.*, 2003).

La diminution de la quantité de nutriments pourrait aussi entraîner un détachement des cellules dans une tentative d'envahir d'autres surfaces plus riches en nutriments.

Selon Allison *et al.*, (1998) la diminution de la quantité de nutriments, dans un biofilm constitué de l'espèce *P. fluorescens*, entraîne la sécrétion d'une polysaccharide lyase qui dégrade la matrice du biofilm, facilitant ainsi la libération des bactéries. C'est également le cas de *P. aeruginosa* qui produit dans cette phase un certain nombre d'enzymes comme la phosphodiestérase DipA pour dégrader une partie du biofilm (Sauer *et al.*, 2004; Roy *et al.*, 2012). En fait, l'action de la phosphodiestérase DipA est liée à sa capacité à dégrader le second messager c-di-GMP (bis-(3', 5')-cyclic-di-guanidine monophosphate), une petite molécule signal qui contrôle la transition entre l'état motile et l'état sessile de *P. aeruginosa* (D'Argenio et Miller, 2004). En effet, le c-di-GMP intracellulaire favorise la formation de biofilm en raison de leur rôle en tant que co-facteurs pour la synthèse de plusieurs types de polysaccharides extracellulaires, y compris les Pel et alginates. Leur dégradation entraînerait ainsi une diminution des exoplysaccharides (Lory *et al.*, 2009).

Un mécanisme original régissant l'autorégulation de la population des biofilms est proposé par Webb *et al.*, (2003). Les auteurs ont observé que, dans un biofilm constitué de l'espèce *P. aeruginosa*, la mort d'un grand nombre de cellules intervient régulièrement. Par ailleurs, le biofilm n'est pas une structure figée. En effet, plusieurs études montrent que les bactéries peuvent s'y déplacer. Stoodley *et al.*, (1994) ont observé en microscopie confocale, que, dans un biofilm polymicrobien, soumis à un régime d'écoulement turbulent, des microcolonies se déplaçaient à une vitesse maximale de 800 µm/h à la surface du biofilm. Le même type d'observation a été fait par Rice *et al.*, (2003) sur un biofilm de *P. aeruginosa*, sous un régime d'écoulement laminaire. De plus, certaines cellules métaboliquement plus actives migraient à une vitesse de 1,5 µm/h. L'échange de matériel génétique entre espèces au sein du biofilm est également fréquent. Il contribuerait à la stabilisation du biofilm (Molin et Tolker-Nielsen, 2003) et à la diffusion de la résistance aux traitements antibiotiques ou de désinfection (Schwartz *et al.*, 2003a, 2003b).

## III.3. Régulation des facteurs de virulence chez *P. aeruginosa*

La régulation de l'expression des principaux gènes de virulence chez *P. aeruginosa* est sous le contrôle du mécanisme du QS qui en amplifie et coordonne l'expression par activation de leur transcription. Ce mécanisme contrôle environ 6 à 10 % des gènes de *P. aeruginosa* dont la plupart sont des gènes de virulence ; il s'agit d'un mécanisme de régulation clé dans l'adaptation écologique et la pathogénie de la bactérie (Schuster *et al.*, 2003; Wagner *et al.*, 2003; Wagner *et al.*, 2007 ; Wagner et Iglewski, 2008; Hentzer *et al.*, 2003).

### III.3.1. Mécanismes de QS chez *P. aeruginosa*

La transcription de la plupart des gènes impliqués dans la production des facteurs de virulence chez *P. aeruginosa* est sous le contrôle de trois systèmes du QS : le système *las* et le système *rhl*, deux systèmes de type LuxI/R utilisant les molécules signal de la famille des AHLs, et le système PQS qui utilise des molécules de la classe des 2-alkyl-4-quinolones comme molécules signal (Pesci *et al.*, 1997; Pesci *et al.*, 1999; Dekimpe et Deziel, 2009; Williams et Camara, 2009; Heeb *et al.*, 2010). En amont de ces trois systèmes, d'autres régulateurs peuvent influencer positivement ou négativement l'ensemble du QS. Le schéma représentant le mécanisme du QS chez *P. aeruginosa* est résumé dans la Figure 11 tandis que les principales fonctions régulées par les systèmes QS et impliquées dans la pathogénie de *P. aeruginosa* sont présentées dans le Tableau 3 (Juhas *et al.*, 2005).

#### III.3.1.1. Le système *las*

Il représente premier système à avoir été décrit comprend le gène *lasR* et le gène *lasI* (Gambello et Iglewski 1991; Pesci *et al.*, 1997). Le gène *lasR* code pour la protéine régulatrice LasR, qui appartient à la famille du régulateur transcriptionnel de type LuxR (Subramoni et Venturi, 2009) tandis que le gène *lasI* code pour une enzyme synthase LasI, nécessaire à la synthèse de la *N*-(3- oxododécanoyl)-L-homosérine lactone (ou 3-oxo-C12-HSL) (Duan et Surette, 2007; Steindler *et al.*,

2009). Dans le système *las*, le complexe LasR/3-oxo-C12-HSL se forme lorsqu'un seuil critique de concentration en 3-oxo-C12-HSL est atteint dans l'environnement où évolue la bactérie. Il en résulte une activation de l'expression du gène *lasI*, d'où l'installation d'une boucle de rétroaction positive du complexe LasR/3-oxo-C12-HSL (Steindler *et al.*, 2009; Williams et Camara, 2009). Parallèlement, ce complexe active l'expression des gènes de virulence et augmente la production des facteurs de virulence tels que les protéases (élastase LasB, protéase LasA, alkaline protéase Apr et exotoxine A) (Jimenez *et al.*, 2012). De même, le système *las* influence positivement les gènes *rhlI* et *rhlR* du système *rhl*. Cette relation hiérarchique entre *las* et *rhl* est dépendante de la croissance bactérienne (Latifi *et al.* 1996; Wagner *et al.*, 2007). Notons que *P. aeruginosa* est capable de produire d'autres AHLs tels que 3-oxo-C6-HSL, 3-oxo-C8-HSL, 3-oxo-C10-HSL et 3-oxo-C14-HSL mais en très faible quantité et à faible capacité d'activation de son QS (Pearson *et al.*, 1994; Winson *et al.*, 1995; Geisenberger *et al.*, 2000 ; Charlton *et al.*, 2000).

En termes de virulence, la 3-oxo-C12-HSL présente chez l'hôte une activité immuno-modulatrice (Telford *et al.*, 1998 ; Ritchie *et al.*, 2003). La 3-oxo-C12-HSL joue un rôle dans l'infection en inhibant la prolifération lymphocytaire, en réduisant la production de TNF-α induite par le lipopolysacharide de *P. aeruginosa* et en stimulant la vasodilatation. De plus, il a été démontré *in vivo* et *in vitro* que la 3-oxo-C12-HSL accélère l'apoptose des macrophages et des polynucléaires neutrophiles (Tadeta *et al.*, 2003). En conséquence, la 3-oxo-C12-HSL n'exerce pas uniquement un rôle de régulation de la virulence dépendant du QS mais agit aussi directement sur les défenses de l'hôte pour augmenter les chances de survie des bactéries.

### III.3.1.2. Le système *rhl*

Le système *rhl* comprend le gène *rhlR*, codant pour la protéine régulatrice RhlR, et le gène *rhlI*, codant pour la synthase RhlI nécessaire à la synthèse de la *N*-butanoyl-L-homosérine lactone (C4-HSL) (Duan et Surette, 2007; Steindler *et al.*, 2009). Comme évoqué précédemment, l'expression des gènes *rhlR* et *rhlI* est régulée positivement par le complexe LasR/3- oxo-C12-HSL mettant le système *las* en premier dans la hiérarchie du mécanisme du QS chez *P. aeruginosa* (Wagner *et al.*, 2007; Dekimpe et Deziel, 2009; Williams et Camara, 2009). Par ailleurs, l'expression de *rhlR* induit à la fois l'expression de *rhlI* et la production de la protéine régulatrice RhlR. Lorsque la concentration en C4-HSL atteint un seuil critique, une molécule de C4-HSL se lie à deux protéines RhlR et le complexe $(RhlR)^2$/C4-HSL active la transcription de plusieurs gènes, notamment l'opéron *rhlAB* nécessaire à la production de rhamnolipides, l'opéron *phzABCDEFG* nécessaire à la production de pyocyanine, les gènes *lasA* et *lasB* nécessaires à la production de l'élastase, le gène *aprA* nécessaire à la production de protéases ainsi que gènes des lectines cytotoxiques et l'acide cyanhydrique (Choy *et al.*, 2008; Bjarnsholt *et al.*, 2010a ; Schuster *et al.*, 2003, Wagner *et al.*, 2003; Winzer *et al.*, 2000).

### III.3.1.3. Le système PQS

Chez *P. aeruginosa*, ce système utilise un auto-inducteur appartenant à la classe des 2-alkyl-4-quinolone (AQ), la 2-heptyl-3-hydroxy-4-quinolone appelé également PQS d'où le nom de système PQS (Deziel *et al.*, 2004).

Les molécules PQS sont produites à la fin de la phase exponentielle de croissance de la souche sauvage de *P. aeruginosa*. La synthèse de PQS est sous le contrôle de deux opérons : *pqsABCDE* et *phnAB*. L'expression de ces deux opérons est régulée positivement par le facteur transcriptionnel associé à la virulence PqsR connu sous l'ancien nom de MvfR (Deziel *et al.*, 2005). L'opéron *phnAB* permet la synthèse de l'anthranilate *via* l'anthranilate synthase. L'action des protéines PqsA, B, C et D sur l'anthranilate génère la molécule 4-hydroxy-2-heptylquinoline (HHQ). Cette dernière est transformée en PQS suite à une oxydation par PqsH dont l'expression est contrôlée par LasR (Deziel *et al.*, 2004). D'une part, PqsR forme un complexe avec HHQ et se lie au promoteur de *psqA* entraînant une augmentation majeure de PQS. D'autre part, le PQS forme également un complexe avec PqsR et se lie aux promoteurs de *pqsA, rhlR* et *phnA,* régulant positivement leur expression. Le

PQS agit donc comme un co-inducteur de PqsR (Wade et al., 2005). Le système PQS intervient comme une voie de liaison entre les deux systèmes précédents, surtout lors des situations de stress (McKnight et al., 2000). La synthèse et la bioactivité de PQS dépendent respectivement des systèmes *las* et *rhl* (Pesci et al., 1999). En effet, la transcription des gènes nécessaire à la synthèse de PQS est régulée positivement par LasR et négativement par le système *rhl* (Diggle et al., 2003) puisque le complexe (RhlR)$^2$/C4-HSL régule négativement la transcription de PqsA et PqsR (Xiao et al., 2006). Toutefois, ce troisième système peut contrôler l'activation du système *rhl* indépendamment du système *las* (Diggle et al., 2003; Skindersoe et al., 2008a). L'opéron *pqsABCDE* contient également un gène qui code pour une protéine PqsE qui n'est pas requise pour la biosynthèse de PQS mais qui est un effecteur majeur de virulence du système PQS en augmentant le niveau de production de plusieurs facteurs de virulence tels que pyocyanine, lectine, rhamnolipides et acides cyanhydriques (Farrow et al., 2008). Additionnellement, le PqsE seul suffit à réguler les gènes de virulence *via* le système *rhl* et la protéine RhlR (Farrow et al., 2008). Ainsi, une mutation du gène *pqsA* ou *pqsE* réduit significativement la virulence de *P. aeruginosa* dans un modèle infectieux sur plantes et animaux (Deziel et al., 2005; Rampioni et al., 2010).

### III.3.1.4. Les régulateurs positifs et négatifs en amont de *las* et *rhl*

Le QS est complexe et implique d'autres voies de régulation, outre le système *las*, *rhl* et PQS. Les systèmes QS chez *P. aeruginosa* eux-mêmes et leurs gènes cibles sont soumis à des niveaux supplémentaires de régulation, tant au niveau transcriptionnel que post-transcriptionnel (Venturi, 2006). Ces régulateurs sont le Vfr (Albus et al., 1997; Beatson et al., 2002), le facteur sigma de la phase stationnaire RpoS (Schuster et al., 2004), le facteur sigma alternatif RpoN (Heurlier et al., 2003), une protéine de réponse au stress RelA (Van Delden et al., 2001; Erickson et al., 2004), les régulateurs post-transcriptionnels RsmA (Pessi et al., 2001; Heurlier et al., 2004) et DksA (Jude et al., 2003), les régulateurs de transcription RsaL (De Kievit et *al.*, 1999; Rampioni *et al.*, 2006), le MvaT impliqué dans la régulation dépendante de la phase de croissance (Diggle *et al.*, 2002), le régulateur anaérobie ANR (Pessi et Haas, 2000), le VqsM un régulateur global de type AraC (Dong *et al.*, 2005a), deux régulateurs homologues à LuxR, appelés QscR et VqsR, qui ne sont pas génétiquement liés à un gène de synthase de l'AHL (Chugani *et al.*, 2001) ainsi que deux systèmes à deux composants, à savoir GacS/GacA (Reimmann *et al.*, 1997) et PprA/PprB (Dong *et al.*, 2005b). Tous ces régulateurs influencent la production d'AHLs en fonction de l'état trophique du milieu et des conditions environnementaux.

### III.3.1.4.1. Les régulateurs positifs

Les deux principaux régulateurs positifs du QS de *P. aeruginosa* sont des systèmes à deux composants impliquant les protéines LemA (GacS, senseur kinase) et GacA (Reimmann *et al.*, 1997) et un système utilisant l'AMPc (Vfr) (Albus *et al.*, 1997). GacA est un régulateur de réponse globale, appartenant au système à deux composants GasS/GasA. Ce système contrôle l'expression des trois gènes *lasR*, *rhlR* et *qscR* et la production de nombreux facteurs de virulence en fonction des signaux de l'environnement. Vfr, la protéine régulatrice du récepteur de l'AMPc (Albus *et al.*, 1997) active l'expression de *lasR* (Albus et al., 1997) et *rhlR* (Croda-Garcia *et al.*, 2011). Le circuit de régulation dépendant de l'AMPc et de Vfr implique parallèlement que la régulation des gènes du QS soit également sous la dépendance du statut énergétique et métabolique de la cellule (Bleves *et al.*, 2005).

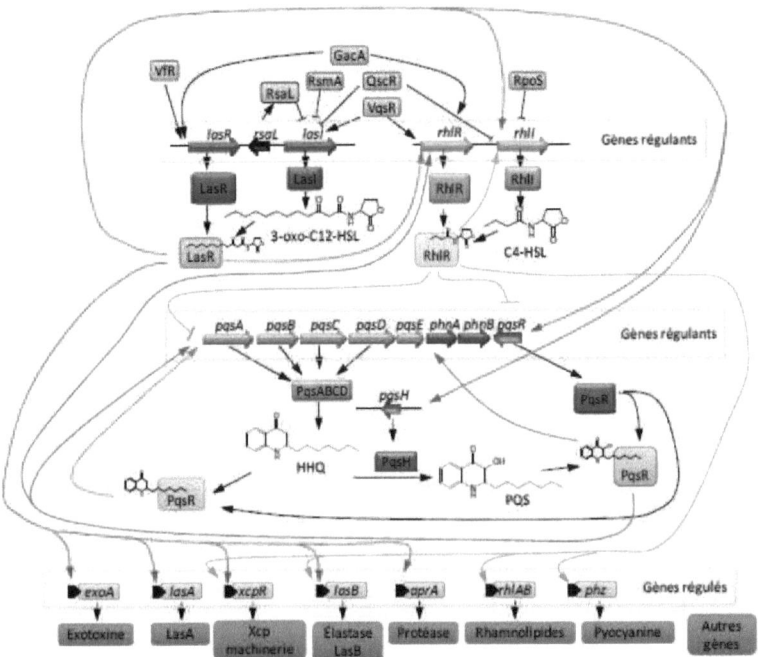

**Figure 11.** Mécanisme moléculaire du QS chez *P. aeruginosa*. Trois systèmes de QS ont été identifiés chez *P. aeruginosa* : les systèmes *las, rhl* et PQS. Le système *las* est constitué d'un gène régulateur *lasR* codant pour la protéine LasR, d'un gène *lasI* codant pour une synthase LasI participant à la synthèse d'une molécule signal de la famille des acyl-homosérines lactones : la 3-oxo-C12-HSL. Le complexe LasR/3-oxo-C12-HSL est un activateur transcriptionnel de gènes de virulence (indiqué en bas de la figure) et de *lasI*. Selon le même modèle, le système *rhl* est constitué de gènes *rhlR, rhlI* et d'une autre AHL qui est la C4-HSL. Ce système active des gènes en commun avec le système *las* et également des gènes spécifiques, comme ceux codant pour la synthèse de rhamnolipides. Le système *las* contrôle le système *rhl*. Le troisième système PQS est intercalé entre les deux systèmes principaux. Le système *las* est contrôlé négativement entre-autre par le produit du gène *rsaL*, le gène homologue *qscR*, la protéine QslA, et contrôlé positivement par GacA et Vfr. (Rajaonson, 2011; Ruimy et Andremont, 2004 ; Jimenez *et al.*, 2012).

**Tableau 3.** Fonctions régulées positivement par le QS chez *P. aeruginosa*.

| Contrôlé par *las* (Schuster *et al.*, 2004 ; Passador *et al.*, 1993 ; Jimenez *et al.*, 2012) | Contrôlé par *rhl* (Schuster *et al.*, 2003 ; Juhas *et al.*, 2004 ; Jimenez *et al.*, 2012) | Contrôlé par PQS (Diggle *et al.*, 2003 ; Gallagher *et al.*, 2002 ; Jimenez *et al.*, 2012) |
|---|---|---|
| Synthèse PQS Système *rhl* | Synthèse PQS | Système *rhl* |
| Rhamnolipides *via rhl* | Rhamnolipides | Rhamnolipides |
| Formation de Biofilm | Formation de Biofilm | Formation de Biofilm |
| Protéase alcaline | Protéase alcaline | |
| Elastase | Elastase | |
| Pyocyanine *via rhl* | Pyocyanine | Pyocyanine |
| Lipase | Lipase | |
| Lectines A et B | Lectines A et B | |
| | Acide cyanhydrique | Acide cyanhydrique |
| Sécrétion de Xcp | Sécrétion de Xcp | |
| Chitinase | | |
| RpoS | | |
| Exotoxine A | | |
| Neuraminidase | | |
| Endoprotéase | | |
| Catalase | | |
| Superoxyde dismutase | | |
| Aminopeptidase | | |
| Swimming | | |
| | Exoenzyme S | |
| | Swarming | |
| | Twitching | |

Un deuxième système à deux composants, constitué de la protéine réceptrice du signal PprA et du régulateur de réponse PprB, est également impliqué dans la régulation du QS chez *P. aeruginosa* (Dong *et al.*, 2005a). En effet, l'inactivation du gène *pprB* diminue l'expression des gènes *lasI*, *rhlI* et *rhlR*, empêchant l'expression de fonctions régulées par le QS telles que la virulence et la mobilité de la bactérie. Des études complémentaires ont montré que ce système régulait positivement la production d'AHL en modulant le transport actif intracellulaire des 3-oxo-C12-HSL synthétisées par LasI, influençant ainsi la mise en place de la boucle d'autorégulation positive du gène *lasI*. L'expression de *lasI* est régulée par un autre gène homologue, le *vqsR* codant une protéine régulatrice VqsR appartenant à la famille des LuxR (Juhas *et al.*, 2004). En effet, son inactivation supprime la production de 3-oxo-C12-

HSL indiquant son importance dans la transcription de *lasI* (Juhas *et al.*, 2004). De plus, une mutation dans le gène *vqsR* entraîne l'abolition de signal d'AHL et une diminution de la production de facteurs de virulence ainsi qu'une pathogénicité réduite (Juhas *et al.*, 2004, Juhas *et al.*, 2005). De la même manière, les deux gènes *gacA* et *vqsR* régulent également l'expression de *rhlR* (Reimmann *et al.*, 1997; Juhas *et al.*, 2004). Enfin, il faut souligner le rôle du facteur de transcription sigma alternatif RpoS qui est mis en jeu à l'entrée en phase stationnaire de croissance et lors de différents stress. RpoS est activé par le complexe (RhlR)$^2$/C4-HSL et stimule en retour la transcription de *lasR* et de *rhlR* (Schuster *et al.*, 2004).

### III.3.1.4.2. Les régulateurs négatifs

Ces régulateurs ont pour principale fonction d'éviter une expression trop importante qui épuiserait inutilement l'énergie ainsi que de réguler l'expression dans le temps en évitant une activation précoce et en assurant la synchronisation correcte de la réponse QS (Rampioni *et al.*, 2007) . Bien que l'autorégulation du gène *lasI* entraînerait en théorie une augmentation massive de LasI, la quantité du produit LasI reste relativement constante (Williams et Camara, 2009). En fait, l'expression du gène *lasI* est régulée négativement par le gène *rsaL* qui est situé juste en aval du gène *lasR* (Rampioni *et al.*, 2007) ce qui contribue à l'homéostasie de la production de 3-oxo-C12-HSL. Le répresseur transcriptionnel RsaL se lie sur le promoteur bidirectionnel *rsaL-lasI* et empêche ainsi la transcription de *lasI* et de *rsaL* (Rampioni *et al.*, 2006; Rampioni *et al.*, 2007). Par conséquent, cette réaction génère une boucle de rétroaction négative qui s'oppose à la boucle de rétroaction positive médiée par le complexe LasR/3-oxo-C12-HSL, (Rampioni *et al.* 2007; Williams et Camara, 2009). Les complexes LasR/3-oxo-C12-HSL n'entrent pas en compétition pour le même site de liaison, mais occupent des sites adjacents au niveau du promoteur *rsaL-lasI* de sorte que, lorsque les deux protéines sont liées à l'ADN, la répression exercée par RsaL est dominante sur l'activation par LasR (Rampioni *et al.*, 2007).

Un autre régulateur homologue, QscR, réprime l'expression des gènes QS-dépendant en phase exponentielle de croissance (Chugani *et al.*, 2001) en formant des dimères avec LasR et RhlR (Ledgham *et al.*, 2003). QscR est un homologue de LuxR qui n'est pas génétiquement lié à une synthèse du signal (Chugani *et al.*, 2001), mais partage le signal 3-oxo-C12-HSL avec LasR. Une analyse du transcriptome a montré que QscR contribue à la régulation de l'expression génique (Lequette *et al.*, 2006) par une activation médiée par une liaison directe de QscR/3-oxo-C12-HSL à l'ADN. QscR réprime l'expression de *lasI* à des densités cellulaires faibles, probablement par la formation d'hétérodimères inactifs avec LasR et RhlR (Ledgham *et al.*, 2003, Chugani *et al.*, 2001).

Au niveau post-transcriptionnel, DksA contrôle la production de facteurs de virulence QS-dépendant en affectant l'efficacité de translation de deux gènes QS-régulés, à savoir *lasB* et *rhlAB* (Jude *et al.*, 2003). Le système de régulation à deux composants GasS/GasA influence aussi l'expression du gène QS en activant un petit ARN régulateur, *RsmZ* qui, à son tour, a un effet antagoniste sur la protéine de liaison à l'ARN, RsmA (Lapouge *et al.*, 2008). RsmA réprime *lasI* et régule négativement la production de métabolites (pyocyanine, acide cyanhydrique), éventuellement en accédant à la commande du site de liaison du ribosome pour modifier la stabilité de l'ARNm (Pessi *et al.*, 2001) . QteE et QslA sont des protéines anti-activatrices qui bloquent le QS à de faibles densités bactériennes par des interactions protéine-protéine. QteE réduit la stabilité des protéines LasR sans en affecter la transcription ou la traduction (Siehnel *et al.*, 2010) et QslA affecte la concentration du signal C4-HSL et les niveaux de RhlR (Seet et Zhang, 2011). Un autre facteur sigma alternatif semble être impliqué dans la régulation du QS. Il s'agit de RpoN, responsable de l'adaptation du métabolisme lors d'une carence en azote, qui régulerait négativement le QS en fonction de l'environnement nutritionnel (Heurlier *et al.*, 2003). Ceci conduirait à une régulation de certains gènes impliqués dans la virulence, dont la formation des pili ou la production d'alginate (Ishimoto et Lory, 1989; Kimbara et Chakrabarty, 1989). D'autres systèmes pourraient être impliqués dans la régulation du QS, comme le système de signalisation impliquant les polyphosphoguanosines synthétisées par la protéine RelA (Van Delden *et al.*, 2001). Whiteley *et al.*, (2000) ont également rapporté une régulation négative de RhlI par RpoS, indiquant que RpoS peut également fonctionner dans la première phase logarithmique en réprimant la production de C4-HSL.

Enfin, la régulation négative peut venir de la modification de la perméabilité des membranes bactériennes et de la sécrétion de lactonases capables de dégrader les AHLs (Fagerlind *et al.*, 2003; Aendekerk *et al.*, 2005).

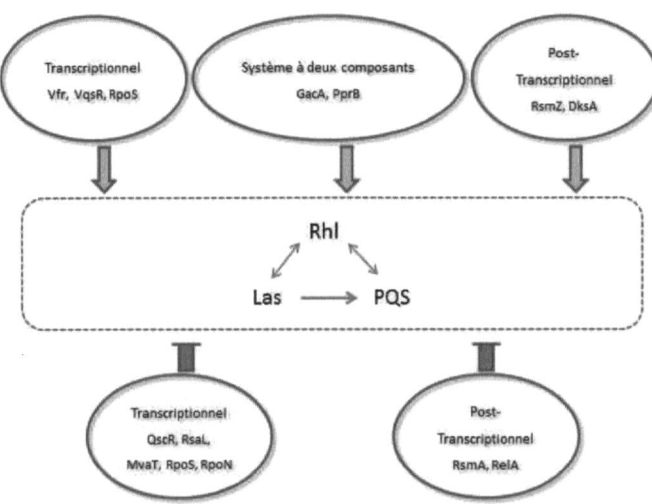

**Figure 12**. Schéma récapitulatif des régulateurs positifs et négatifs, transcriptionnels et post-transcriptionnels, en amont du système de QS de *P. aeruginosa* (d'après Williams *et al.*, 2007).

### III.3.1.5. Rôle du QS dans la formation du biofilm chez *P. aeruginosa*

La capacité de *P. aeruginosa* à former des biofilms *in vitro* et *in vivo* a conduit à considérer ce mode de vie comme crucial dans certains processus infectieux notamment les infections liées à la présence de cathéter intravasculaire, de cathéter urinaire, d'appareils orthopédiques et d'instruments de dialyse (Ruimy et Andremont, 2004 ; Costerton et Stewart, 2001 ; Stewart et Costerton, 2001 ; Costerton *et al.*, 1999). Récemment, les infections chroniques telles que les otites moyennes récurrentes et les infections pulmonaires chez les patients atteints de mucoviscidose ont été démontrées comme des infections liées à la présence de bactéries encapsulées dans le biofilm (Govan et Deretic, 1996 ; Donlan et Costerton, 2002 ; Costerton, 2002). Cette capacité de *P. aeruginosa* à former des biofilms représente la principale cause de persistance des pneumopathies chez les patients mucoviscidosiques (Costerton *et al.*, 1999).

Différents travaux ont mis en évidence le lien entre QS et pathologie liée à *P. aeruginosa* sous forme de biofilm. De manière globale, une réduction de la virulence est observée chez les mutants des gènes du QS. En effet, dans le modèle de pneumopathie à *P. aeruginosa* chez la souris nouveau-née, la souche sauvage PAO1 produit des lésions pulmonaires inflammatoires avec un infiltrat de polynucléaires alors que le mutant *lasR* est responsable d'une pneumonie moins sévère, avec une mortalité réduite (Pearson *et al.*, 2000; Tang *et al.*, 1996). La même implication du QS est notée pour des modèles d'infection cutanée à *P. aeruginosa* (Rumbaugh *et al.*, 2000). Davies *et al.*, (1998) ont démontré que les mutants *lasI* et *rhl* de *P aeruginosa* étaient capables d'adhérer au support et de former des micro-colonies semblables à celles observées avec la souche sauvage. Par contre, pendant la phase de maturation seul le mutant *rhl* formait des biofilms semblables à ceux observés avec la souche sauvage, alors que le mutant *las* formait des biofilms moins épais, très sensibles à l'action du sodium dodécyl sulfate (SDS) 0,2 % ; et que l'addition d'AHLs appropriées dans le milieu restaure le phénotype sauvage. Lors de la description des différentes étapes du développement de biofilm en milieu minimum, Sauer *et al.*, (2002) ont démontré que l'expression de *lasI* est plus importante dans les étapes de maturation du biofilm. En effet, le mutant *lasI* présente une matrice exopolysaccharidique nettement différente de celle observée chez la souche sauvage avec de l'exopolyasaccharide essentiellement disposé en surface des cellules, ne remplissant pas les espaces interstitiels du biofilm. L'étude de Davey *et al.*, (2003) apporte des explications à ces observations en démontrant que la différenciation du biofilm en une forme mature "vascularisée" grâce à la formation de canaux aqueux serait due à la sécrétion de rhamnolipide (biosurfactante) par *P. aeruginosa*. Les rhamnolipides ne seraient pas nécessaires à la formation de canaux ; par contre, ils empêcheraient la colonisation de ces canaux par les cellules en phase planctonique et pourraient avoir un rôle dans le détachement de microcolonies du biofilm. La production de rhamnolipides serait d'ailleurs importante, non seulement lors de cette phase de maturation mais aussi lors de la phase d'adhésion irréversible et de dispersion. Les mobilités de type swarming et de type twitching ont été démontrées comme étant impliquées dans la formation de biofilm, surtout dans la phase d'adhésion réversible et irréversible (Klausen *et al.*, 2003a ; O'Toole et Kolter, 1998b). Les travaux de Favre-Bonté *et al.*, (2003) démontrent que la production de C4-HSL est aussi nécessaire à la formation de biofilm chez *P. aeruginosa*. En effet, la réduction de production de C4-HSL ou l'absence de production, comme dans le cas des mutants *rhlI*, réduit de 40 à 70 % le biofilm formé en comparaison à celui de la souche de *P. aeruginosa* sauvage. Par ailleurs, un ratio C4-HSL/3-oxo-C12- HSL supérieur à 100 au niveau des bronches infectées de patients mucoviscidosiques souligne l'importance de la production de C4-HSL. Enfin, il a été également démontré que le système à deux composants GacS/GacA régule positivement la production de Pel et Psl polysacharride de même qu'il régule le QS chez *P. aeruginosa* (Ryder *et al.*, 2007). L'implication des gènes du QS dans la formation du biofilm est résumée dans la Figure 13.

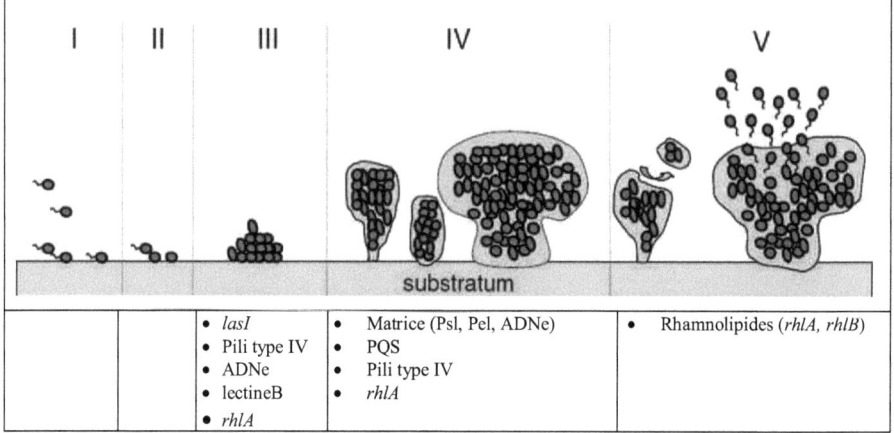

**Figure 13.** Implication des gènes du QS dans les différentes étapes de formation du biofilm chez *P. aeruginosa* (Wagner et Iglewski, 2008).

### III.3.2. Systèmes de régulation à deux composants

Les systèmes à deux composants sont des systèmes de détection et de transduction de signaux qui permettent à un organisme de réagir rapidement à une multitude de signaux environnementaux. Ces systèmes sont impliqués dans une grande variété de réponses régulatrices, comme par exemple la détection de l'hôte et l'invasion. Le système le plus simple comporte deux protéines qui communiquent par transfert de phosphate d'un module « transmetteur » à un module « receveur », assurant ainsi la transduction du signal (Rodrigue *et al.*, 2000).
Ces deux protéines sont :
- Une protéine histidine kinase dite « senseur », qui est souvent localisée dans la membrane cytoplasmique. Cette protéine est constituée d'un module de détection dans sa région N-terminale. En réponse au stimulus, cette protéine initie la transduction du signal en s'autophosphorylant sur un résidu histidine conservé du domaine transmetteur.

- Un régulateur de réponse cytoplasmique qui est une phosphotransférase « effectrice » dans son extrémité C-terminale. Le domaine receveur est phosphorylé sur un résidu aspartate conservé, par phosphotransfert à partir du senseur. Cette phosphorylation va réguler l'activité du ou des domaines effecteurs et produit une réponse adaptée, généralement une modification de l'expression des gènes.

De nombreuses protéines putatives de systèmes de régulations à deux composants, avec 55 senseurs, 89 régulateurs de réponse et 14 hybrides senseur-régulateur de réponse ont été recensées chez *P. aeruginosa* (Rodrigue *et al.*, 2000). Le nombre important de systèmes à deux composants putatifs chez *P. aeruginosa* pourrait permettre à ce microorganisme de détecter et de s'adapter à de nombreux changements d'environnement (Rodrigue *et al.*, 2000).

Le système à deux composants le plus connu, modulant le mécanisme de QS, est le système GacS/GacA que nous avons déjà développé précédemment. Un deuxième système, BqsS-BqsR, a été également démontré comme régulant la dégradation du biofilm de *P. aeruginosa* en modulant la biosynthèse de molécules signal (C4-HSL et PQS) et des rhamnolipides (Dong *et al.*, 2008). Un autre système à deux composants, PhoP/PhoQ, est connu pour jouer un rôle dans l'expression des protéines inter-membranaires, comme OprH par exemple (Macfarlane *et al.*, 1999), pour la résistance aux antibiotiques peptidiques et aux aminoglycosides (Macfarlane *et al.*, 2000). Chez *P. fluorescens* 2P24, ce système régule également des facteurs de virulence incluant la production de lipase, la mobilité de type swarming et la formation de biofilm (Yan *et al.*, 2009). Enfin, la production d'alginate est également contrôlée par un système à deux composants AlgZ/AlgR dans lequel AlgZ représente le senseur kinase et AlgR et AlgB les protéines de réponse qui, une fois activées, se lient au promoteur du gène *algD* impliqué dans la biosynthèse de l'alginate (Mohr *et al.*, 1991; 1992;Yu *et al.*, 1997; Wozniak *et al.*, 1994).

# IV. Inhibiteurs du QS : Outils thérapeutiques potentiels contre les infections bactériennes

La plupart des bactéries pathogènes pour l'homme présentent maintenant des souches multi-résistantes aux antibiotiques, à cause de la forte pression de sélection d'antibiotique et/ou d'une mutation adaptative (Woodford et Ellington, 2007). Le cas de *P. aeruginosa* est toutefois particulier car il s'agit d'une bactérie naturellement très résistante aux antibiotiques et s'adaptant rapidement aux attaques médicamenteuses (Hancock et Speert, 2000). En effet, même sans la pression de sélection par des antibiothérapies, *P. aeruginosa* n'est sensible qu'à quelques antibiotiques comme la ticarcilline (seule ou associée à de l'acide clavulanique), la gentamicine, la ciprofloxacine, la ceftazidine, et la pipéracilline (seule ou associée à du tazobactam) (Carmeli *et al.*, 1999). Ainsi, si l'infection survient chez un patient qui a récemment reçu plusieurs antibiotiques, la bactérie sera vraisemblablement encore plus résistante et plus dangereuse. Pour ces raisons, il n'est jamais recommandé de traiter une infection par *P. aeruginosa* en monothérapie. La résistance de *P. aeruginosa* aux antibiotiques est liée à l'existence ou à l'apparition de différents mécanismes : production de β-lactamases, sélectivité ou modification des porines, pompes d'efflux notamment dans sa forme biofilm qui expulse activement les composants antimicrobiens (Aeschlimann, 2003; De Kievit *et al.*, 2001; Poole, 2001).

Le traitement conventionnel des maladies infectieuses est basé sur les composés qui visent à tuer ou empêcher la croissance bactérienne planctonique. Les antibiotiques actifs contre *P. aeruginosa* sont les carbapénèmes, certains fluoroquinolones (ciprofloxacine à forte dose par exemple), certains aminoglycosides ainsi que certaines céphalosporines de 3ème génération (par exemple la ceftazidime) (Carmeli *et al.*, 1999). Les problèmes majeurs de cette approche résident dans le développement fréquent de la résistance aux composés antimicrobiens et dans l'inadéquation entre l'efficacité observée *in vitro* sur bactéries planctoniques et *in vivo* sur bactéries en biofilm. Comme nous l'avons discuté, la matrice exopolysaccharidique du biofilm peut en effet exclure et/ou influencer la pénétration des agents antimicrobiens (Darouiche *et al.*, 1994; Nichols, 1991). Il a également été démontré que la partie abiotique du biofilm joue un rôle dans la résistance, en raison de son effet de neutralisation sur beaucoup de composés (Simões *et al.*, 2010 ; Chen et Stewart, 1996). Ainsi, l'absence de réponse à un traitement théoriquement adapté doit laisser suspecter une perte de sensibilité des bactéries sous forme biofilm. Cette résistance des bactéries en biofilm réduit considérablement la marge de manœuvre de l'antibiothérapie puisqu'elle rend inefficace aussi bien les défenses immunitaires que les traitements antimicrobiens chimiques (antibiotiques, antiseptiques, désinfectants) ou physiques (UV, température,...) (Watkins & Costerton, 1984 ; Costerton, 1984; Wai *et al.*, 1998). Ce phénomène de résistance concerne tous les types de biofilms de l'adhésion à la maturation (Saby *et al.*, 2001 ; Tresse *et al.*, 1998). La structuration finale du biofilm ou sa maturation semble également jouer un rôle primordial dans la résistance. Par exemples, Davies *et al.*, (1998) notent un détachement du biofilm *P. aeruginosa* mutant *lasI* après 5 minutes de contact avec 0,2 % de SDS, alors que ce traitement n'a aucun effet sur le biofilm formé par la souche sauvage.

Cette notion de résistance des bactéries en biofilm, et notamment de *P. aeruginosa* lors de la colonisation progressive des poumons de patients atteints de mucoviscidose, explique le développement de nouvelles approches (Cegelski *et al.*, 2008). De plus, l'autre limite de l'antibiothérapie est présentée par son absence d'action sur les facteurs de virulence solubles une fois ceux-ci libérés. Des approches vaccinales ont été envisagées vis-à-vis de nombreux facteurs de pathogénicité exprimés par *P. aeruginosa* (Hahn *et al.*, 1997 ; Kipnis *et al.*, 2006). Dans une telle approche, basée sur l'anti-virulence, le rôle central du QS dans l'expression de ces facteurs a conduit à considérer celui-ci comme une cible thérapeutique de choix (Le Berre *et al.*, 2006).

## IV.1. Cibles potentielles des inhibiteurs du QS

En fonction du système QS de la bactérie, on peut envisager différentes cibles potentielles. Nous ne développerons ici que les cibles du mécanisme QS de type LuxI/R avec celui de *P. aeruginosa* pour exemple dominant. Par la connaissance du mécanisme de QS chez *P. aeruginosa*, trois cibles potentielles peuvent être évoquées (Ruimy et Andremont, 2004):

- la synthèse et l'activité des acyl-homosérine lactones (AHLs) ;
- la formation des complexes LasR et RhlR avec les AHLs correspondantes ;
- la transcription de *lasI/lasR* et *rhlI/rhlR*.

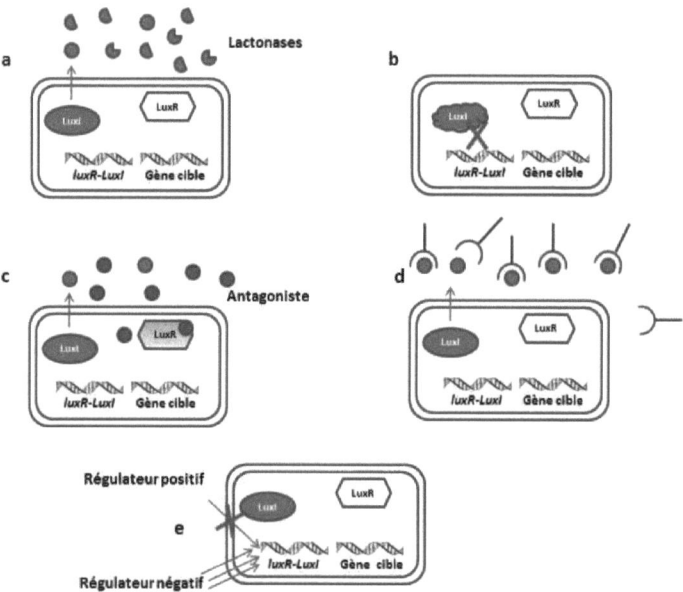

**Figure 14.** Cibles potentielles des inhibiteurs du QS.
Inhibition de l'activation et de la synthèse des AHLs (a) par dégradation ou (b) par défaut de synthèse; Inhibition de la formation des complexes LuxR avec les AHLs (c) par des molécules antagonistes ou (d) par utilisation d'anticorps; (e) Inhibition de la transcription de LuxI/R par modulation de l'expression de régulateurs globaux positifs ou négatifs (adapté de Smith et Iglewski, 2003).

### IV.1.1. Inhibition de l'activation et de la synthèse des AHLs

Trois mécanismes différents ont été rapportés concernant la dégradation des AHLs : chimique, métabolique ou enzymatique.

La dégradation chimique est liée au pH du milieu. En effet, les AHLs sont des molécules instables, même au pH physiologique, et deviennent inactives lorsque le pH du milieu augmente. Cette inactivation des AHLs passe par une ouverture du cycle appelée « lactonolyse ». Certaines plantes ont développé des mécanismes capables de jouer sur la stabilité des AHLs dans le but de réduire la virulence des bactéries qui les infectent. Par exemple, quand le pathogène *E. carotovora* infecte une plante, cette dernière réagit en augmentant son pH à 8,2 ce qui entraine l'inactivation des molécules signal et donc une réduction de l'expression des facteurs de virulence (Byers *et al.*, 2002).

La dégradation enzymatique est liée à la présence d'AHL-lactonases, d'AHL-acylases, d'enzymes lactonase-like (paraoxonases) et d'oxidoréductases. Plusieurs espèces bactériennes, comme *Bacillus* spp., possèdent des lactonases clivant le cycle des AHLs (Dong *et al.*, 2002),ce qui les inactive totalement (Dong *et al.*, 2000; 2002 ; 2004; Lee *et al.*, 2002; Park *et al.*, 2003; Ulrich 2004; Thomas *et al.*, 2005; Dong et Zhang, 2005; Bai *et al.*, 2008; Riaz *et al.*, 2008; Uroz *et al.*, 2009). Ainsi *Bacillus* spp. peut par exemple dégrader les AHLs de *V. harveyi* (Dong *et al.*, 2002; Bai *et al.*, 2008). Ces enzymes sont spécifiques des AHLs puisqu'elles ne dégradent pas les nonacyl-lactones et les esters non-cyclique alors qu'elles dégradent une large variétés d'AHLs avec différentes substitutions à la position C3 (Wang *et al.*, 2004). Chez *P. aeruginosa*, la présence de ces lactonases réduit considérablement la synthèse des C4-HSL et des 3-oxo-C12-HSL actives de telle sorte qu'elles ne peuvent plus déclencher la transcription des gènes de virulence. Ces enzymes sont également synthétisées par de nombreuses espèces bactériennes du sol, incluant *A. tumefaciens, Arthrobacter* sp., *Klebsiella pneumoniae, Commomamonas* sp., *Rhodococcus* sp. et *Streptomyces* sp. (Uroz *et al.*, 2003; Carlier *et al.*, 2003; Park *et al.,* 2003 ; 2005) ; elles sont probablement nécessaire à ces dernières pour la survie et la compétition dans un écosystème naturel.

Au niveau métabolique, certaines bactéries, telles que *Variovorax paradoxus* et *P. aeruginosa* PAI-A, sont capables de métaboliser les AHLs circulantes, ce qui leur permet de supprimer les AHLs des autres bactéries pour gagner en compétitivité (Leadbetter et Greenberg 2000; Huang *et al.,* 2006). Il est peu intéressant de bloquer l'activité des enzymes indispensables à la synthèse d'AHL à partir des acyl-ACP et *S*-adenosylméthionine (SAM). En effet, ces enzymes, telles que l'énoyl-ACP réductase, sont également utilisées par la bactérie pour d'autres fonctions mais aussi utilisés par les cellules eucaryotes. Ainsi, interférer avec ces réactions pourrait affecter la viabilité, non seulement de la bactérie, mais aussi de l'hôte en agissant plutôt comme des biocides (Hoang et Schweizer, 1999). Toutefois, il est envisageable de trouver des substrats analogues aux précurseurs des AHLs qui pourraient réduire l'activité des enzymes. Des analogues de SAM ont été déjà démontrés comme étant des inhibiteurs potentiels de RhlI synthétase chez *P. aeruginosa*. En effet, des composés tels que L/D-*S*-adénosylhomocystéine, sinéfungine, butyryl-SAM, et L-*S*-adénosylcystéine sont capables de réduire l'activité de RhlI jusqu'à 97 % (Parsek *et al.,* 1999). Par ailleurs, la présence de mutations au niveau des enzymes impliquées dans le métabolisme des acides gras, précurseurs des AHLs, entraîne une synthèse importante d'acides gras à chaînes courtes (Hoang et Schweizer, 1999). En conséquence, l'enzyme LasI se trouve saturée d'acyl à courte chaîne et réduit la synthèse de 3-oxo-C12-HSL. Dans ces conditions, la virulence de la souche de *P. aeruginosa* est significativement atténuée.

### IV.1.2. Inhibition de la formation des complexes LuxR /AHLs

La liaison des protéines LuxR avec leurs AHLs correspondantes entraîne une activation de la transcription de plusieurs gènes suite à une activation de la transcription par ce complexe. Chez *P. aeruginosa*, le complexe LuxR/AHL se lie en amont du gène cible par le domaine N-terminal de la protéine. L'inhibition de la liaison LasR/AHL et/ou RhlR/AHL par une AHL antagoniste est actuellement l'approche en développement puisque plusieurs antagonistes ont été identifiés et leurs actions évaluées sur la virulence de *P. aeruginosa* (Smith *et al.*, 2003 ; Antunes *et al.*, 2009). Cette inhibition peut être soit par pur antagonisme de compétition, soit une véritable modification de la conformation de la protéine régulatrice si bien qu'elle ne reconnaîtra plus son AHL d'origine ou que le complexe devient inapte à interagir avec la région régulatrice des gènes cibles. Ces molécules antagonistes peuvent être obtenues sur la base d'une substitution au niveau de la chaîne acyl ou d'une modification de la lactone (Castang *et al.*, 2004 ; Persson *et al.*, 2005; Schaefer *et al.*, 1996) ou un remplacement du noyau lactone (Reverchon *et al.*, 2002). Cependant, elles peuvent être totalement différentes d'une molécule AHL (Figure 15).

Enfin, l'utilisation d'anticorps anti-3-oxo-C12-HSL a été rapportée comme approche innovante de blocage des AHLs (Smith et Iglewski, 2003). Ces anticorps se lient aux AHLs extracellulaires, les rendant incapables de diffuser librement de bactérie à bactérie et les empêchant d'exercer leur activité de molécule signal.

### IV.1.3. Inhibition de la transcription de LuxI/R

La modulation de l'expression des gènes LuxI/R peut se faire *via* des régulateurs globaux positifs ou négatifs. Dans le cas de *P. aeruginosa,* elle se fait par l'inhibition des activateurs *gacA* et *vfr* ou par l'activation des répresseurs comme *rsal* et *qscR*. En effet, la délétion des gènes qui contrôlent la transcription de *lasR* et de *rhlR,* comme *gacA* et *vfr,* réduirait *in vitro* la production des protéines LasR et RhlR et la production de facteurs de virulence (Reimmann *et al.*, 1997 ; Albus *et al.*, 1997). Cette approche a été mise en évidence pour *gacA* sur un modèle de brûlures de la souris infectée à *P. aeruginosa.* Des études, fondées sur l'analyse transcriptionnelle du génome de *P. aeruginosa,* ont mis en évidence que, lorsque la densité bactérienne est faible, l'apport d'AHL exogène ne permet pas d'activer le QS (Hentzer, 2003; Latifi *et al.*, 1996). Ces études suggèrent donc que d'autres facteurs doivent être impliqués pour le déclenchement du QS. Ainsi, l'inhibition de ces facteurs en amont du QS ouvre une voie potentielle pour l'inhiber. De la même manière, la surexpression de régulateurs négatifs, comme *rsal et qscR,* peut être envisagée. Enfin, l'utilisation d'oligonucléotides antisens pouvant s'hybrider aux ARNm des gènes *lasR, lasI, rhlR* et *rhlI* pourrait également inhiber l'expression du QS (Smith et Iglewski, 2003). A la différence des eucaryotes, cette technologie n'a encore été beaucoup utilisée chez les bactéries. Elle reste cependant une voie potentielle d'inhibition du QS puisque des études menées sur *S. aureus, M. tuberculosis,* et *E. coli* ont démontré avec succès que les oligonucléotides antisens peuvent spécifiquement lier les transcrits cibles et inhiber l'expression de gènes (Harth *et al.,* 2000 ; Ji *et al.,* 2001).

### IV.2. Quelques composés anti-QS d'origine naturelle

Dans les écosystèmes naturels, un grand nombre d'organismes coexistent et il est maintenant bien établi que les bactéries communiquent principalement pour coopérer entre elles et rivaliser avec les autres. Dans ce scénario, la concurrence fonctionne notamment grâce à la désactivation du système QS à travers une large gamme de composés. Ainsi, un certain nombre de composés naturels ont été identifiés comme inhibiteurs du QS chez *P. aeruginosa*.

### IV.2.1. Anti-QS issus de Procaryotes

Les microorganismes connus comme ayant des capacités à produire des enzymes anti-QS sont encore limités à quelques bactéries dans lesquelles on retrouve la famille des (i) Actinobacteria - *Rhodococcus et Streptomyces*, (ii) Firmicutes- *Arthrobacter, Bacillus, and Oceanobacillus*, (iii) cyanobactéries - *Anabaena*, (iv) Bacteroidetes – *Tenacibaculum* ( v) Proteobacteria - *Acinetobacter , A. tumefaciens , Alteromonas , Comomonas , Halomonas , Hyphomonas , Klebsiella pneumoniae, P. aeruginosa , Ralstonia , Stappia et Variovorax paradaoxus* (Dong et Zhang, 2005; Huma *et al.,* 2011; . Kalia et Purohit, 2011; Kang *et al.,* 2004a ; 2004b ; Park *et al.,*

2003; Romero *et al.,* 2011; Uroz *et al.,* 2009). Quatre types d'enzymes ont été démontrées comme ayant une capacité à dégrader les AHLs : Les AHL-lactonases et les décarboxylases qui attaquent le cycle lactone, les AHL-acylases qui clivent la chaîne latérale acyl et les désaminases qui séparent le cycle lactone de la chaîne latérale acyl.

Les AHL-acylases présentes chez *Ralstonia* sp. XJ12B et *P. aeruginosa* PAO1 partagent seulement 39 % d'identité commune au niveau des acides aminés (Dong et Zhang, 2005; Huang *et al.,* 2003; Lin *et al.,* 2003). *P. syringae* B728a produit deux acylases, HacA et HacC qui dégradent les AHLs (Shepherd et Lindow, 2009). De même, *P. aeruginosa* produit une AHL-acylase ayant une spécificité pour la 3-oxo-C12-HSL mais qui ne dégrade pas le C4-HSL (Sio *et al.,* 2006).

La production d'AHL-lactonase a été signalée chez différents *Bacillus* spp., notamment *B. cereus, B. subtilis* et *B. thuringiensis* (Chan *et al.,* 2010; Dong *et al.,* 2000; Huma *et al.,* 2011; Liu *et al.,* 2008; Momb *et al.,* 2008). Les AHL-lactonases (AiiA) identifiées dans les espèces de *Bacillus* partagent 90 % d'identité au niveau peptidique (Dong et Zhang, 2005). Au contraire, les AHL-lactonases (AttM) produites par *A. tumefaciens* montrent une grande hétérogénéité avec seulement une identité d'acides aminés de 30 à 50 % avec celles produites par *Arthrobacter* sp. et *K. pneumoniae* (Dong et Zhang, 2005). *B. meqaterium* possède une AHL-oxydase capable de dégrader les signaux AHLs comme la C4-HSL et la 3-oxo-C12-HSL (Chowdhary *et al.,* 2007; Cirou *et al.,* 2009). D'autres enzymes ayant une large gamme de spécificité de substrat ont été signalées chez *B. megaterium*. Une mono-oxygénase du cytochrome P450 oxyde la chaîne latérale acyl pour inactiver les AHLs (Chowdhary *et al.,* 2007).

Certains métabolites secondaires produits par les bactéries: (i) le *N*-(2'-phényl-éthyl)-isobutyramide et le 3-méthyl-*N*-(2'-phényléthyl)-butyramide produits par *Halobacillus salinus* C42 et (ii) le 2-*N*-pentyl-4-quinolinol de *Alteromonas* sp. affectent la production d'antibiotique, la bioluminescence et préviennent la colonisation de surface chez différentes espèces de *Vibrio* (Long *et al.,* 2003 ; 2005 ;

Teasdale *et al.*, 2009). Sur la base de la taille moléculaire et de la structure des inhibiteurs, les phényléthylamides ont été proposés pour être des molécules faisant concurrence aux AHLs au niveau des sites de liaison aux récepteurs (Teasdale *et al.*, 2009). Le 4-méthylènebut-2-en-4-olide, connu sous le nom de protoanémonine, est naturellement produit par *Pseudomonas* sp. B13 et *P. reinekei* MT1. Il inhibe significativement les facteurs médiés par le QS chez *P. aeruginosa*, essentiellement la pyoverdine et la pyochéline (Bobadilla Fazzini *et al.*, 2012).

De récentes études ont démontré que *B. indicus*, *B. pumilus* et *B.* sp. SS4 de la baie de Palk (Golfe du Bengale) entraînent une inhibition significative des activités QS-dépendantes chez des bactéries à Gram négatif telles que *P. aeruginosa* PAO1, *Serratia marcescens et Vibrio* (Musthafa *et al.*, 2011; Nithya et Pandian, 2010; Nithya *et al.*, 2010a, b). *B. pumilus* S8-07 produit des AHL-acylases, enzymes anti-QS, qui entraînent la production de l'acide C12 (acide laurique) due à la dégradation de 3-oxo-C12-HSL (Nithya *et al.*, 2010). Les dicétopipérazines (DKP) sont des dipeptides cycliques qui partagent une similarité structurale avec les peptides de signalisation dans les tissus des mammifères (Draganov *et al.*, 2005). Elles sont produites par certaines bactéries comme *P. aeruginosa, P. mirabilis, Citrobacter freundii et Enterobacter agglomerans* (Holden *et al.*, 1999). Les DKPs agissent comme des antagonistes ou agonistes des AHLs (Holden *et al.*, 1999). Très récemment, il a été démontré que l'acide acétique et l'acide lactique, retrouvés dans le surnageant des souches probiotiques *Lactobacillus paracasei* subsp. *paracasei* CMGB, peuvent inhiber l'expression des gènes du QS chez *P. aeruginosa* à concentration subinhibitrice (Cotar *et al.*, 2013).

### IV.2.2. Anti-QS issus de champignons

Les champignons sont connus pour produire des métabolites secondaires tels que les antibiotiques. La pénicilline produite par *Penicillium* spp. a été démontrée comme étant efficace pour contrôler une infection bactérienne. Récemment, près de 33 *Penicillium* spp. ont été reconnus comme producteurs d'inhibiteurs de QS tels que la patuline et l'acide penicillique (Rasmussen *et al.*, 2005a). En effet, l'utilisation de patuline peut significativement réduire l'infection pulmonaire causée par *P. aeruginosa* sur un modèle de souris. Des pigments naturels produits par *Auricularia auricular* agissent comme anti-QS en inhibant la production de la violacéine chez *C. violaceum* (Zhu *et al.*, 2011). Enfin, des DKPs sont également produits par les levures, les champignons et les lichens (Draganov *et al.*, 2000).

### IV.2.3. Anti-QS issus d'organismes marins

Quelques études ont indiqué que les organismes marins sont une source potentielle d'anti-QS (Manefield *et al.*, 1999 ; Skindersoe *et al.*, 2008b). Les furanones halogénées produites par l'algue rouge *Delisea pulchra* inhibent les activités induites par QS chez les bactéries par compétition avec les signaux de AHLs apparentées envers leur site récepteur (LuxR) (De Nys *et al.*, 1993; Gram *et al.*, 1996; Manefield *et al.*, 2000). Cette liaison protéine-ligand se déstabilise et entraîne un recyclage rapide du récepteur (Manefield *et al.*, 1999). Le criblage de 284 extraits de l'éponge marine *Luffariella variabilis* a montré que 36 d'entre eux inhibent le QS de *P. aeruginosa* en ciblant le système *las* (Skindersoe *et al.*, 2008b). Quelques composés ont été signalés dans d'autres organismes marins, tels que les cyanobactéries, avec des capacités d'inhiber le QS de *C. violaceum* et de *P. aeruginosa*. Par exemple, la malyngolide et l'acide lyngbyoïque isolé de *Lyngbya majuscula* sont capables d'inhiber la production de violacéine chez *C. violaceum*, d'élastase et de pyocyanine chez *P. aeruginosa* (Dobretsov *et al.*, 2010; Kwan *et al.*, 2011). Deux autres composés, la malyngamide C et la 8-épi-malygamide isolées de *L. majuscula* sont capables d'inhiber la production de 3-oxo-C-12 HSL chez *P. aeruginosa* (Kwan *et al.*, 2010). Ces observations sont confortées par des études métagénomiques, qui ont montré une forte abondance de bactéries marines avec des activités potentielles anti-QS (Romero *et al.*, 2012).

### IV.2.4. Anti-QS issus d'animaux

L'acylase rénale porcine de type I inactive les signaux QS comme C6-HSL et 3-oxo-C12-HSL mais pas C4-HSL (Dong et Zhang, 2005). Cette acylase de type I réduit modérément la formation de biofilm chez *Aeromonas hydrophila* et *P. putida* (Paul *et al.*, 2009). Les cellules épithéliales humaines sont capables d'inactiver les AHLs produites par *P. aeruginosa* (Stoltz *et al.*, 2007). Cette dégradation est dépendante de la longueur de chaîne acyl, puisque seule la 3-oxo-C12-HSL est dégradée (Chun *et al.*, 2004). L'inactivation de signaux QS/3-oxo-C12-HSL a également été mise en évidence dans le sérum d'un certain nombre de mammifères : bœuf, chèvre, cheval, souris et lapin (Yang *et al.*, 2005). Le bœuf haché contient des composés qui peuvent inhiber la bioluminescence chez *V. harveyi* à plus de 90% (Soni *et al.*, 2008). Enfin, les DKPs sont également produites dans certains tissus de mammifères, et pourraient interférer avec la communication cellulaire chez les bactéries productrices d'AHLs (Prasad, 1995).

### IV.2.5. Anti-QS à base d'anticorps

Les AHLs et les complexes de signalisation sont de faible poids moléculaire et sont de nature non protéique, suggérant qu'ils ne déclenchent pas de réponse immunitaire (production d'anticorps). La génération d'anticorps anti-AHL, RS2-IG9, contre l'analogue synthétique 3-oxo-AHL RS2, montrent une interférence envers la 3-oxo-C12-HSL de *P. aeruginosa* mais pas contre les AHLs de longueur de chaîne plus courte (Kaufmann *et al.*, 2008). Des preuves sur l'efficacité des AHL-anticorps ont été obtenues par la prévention de la mort cellulaire de macrophages murins dans la moëlle osseuse (Kaufmann *et al.*, 2008). Une immunisation active de souris avec le conjugué 3-oxo-C12-HSL-BSA a généré des anticorps spécifiques dans le sérum. L'introduction intra-nasale de $3 \times 10^6$ UFC de *P. aeruginosa* PAO1chez des souris a entraîné 36 % de survie des souris vaccinés jusqu'à 4 jours par rapport aux témoins qui moururent 2 jours après l'épreuve. Chez les souris immunisées avec le conjugué 3-oxo-C12-HSL-BSA, le niveau de TNF-α a été significativement inférieur par rapport aux témoins (Miyairi *et al.*, 2006). Le mécanisme d'action potentiel semble être le blocage d'une réponse pro-inflammatoire excessive de l'hôte (Amara *et al.*, 2011; Miyairi *et al.*, 2006).

### IV.2.6. Anti-QS issus de plantes

Les interactions entre un hôte eucaryote et des bactéries pathogènes provoquent un large éventail de réactions en particulier en présence des molécules signal QS (Joint *et al.*, 2002; Williams, 2007). Les différentes réponses de plantes hôtes à des AHLs aboutissent à la production d'analogue d'AHLs servant de leurres (Bauer et Mathesius, 2004; Fekete *et al.*, 2010; Rasmussen et Givskov, 2006). Ainsi, de nombreux extraits de plantes ont été démontrés actifs comme anti-QS en raison de la similitude de structures chimiques entre certains composés synthétisés par la plante et des signaux QS (AHLs) et également en raison de leur capacité à dégrader les récepteurs de ces signaux (LuxR/LasR) (Teplitski *et al.*, 2011; Vattem *et al.*, 2007).

#### IV.2.6.1. Les extraits de plantes

Les extraits de graines de *Medicago truncatula* Gaertn. comportent des composés qui modulent l'expression des gènes de QS de différents organismes utilisant les récepteurs AhyR, CviR et LuxR (Gao *et al.*, 2003) et donc le QS de *P. aeruginosa* (Mathesius *et al.*, 2003). Les extraits de différents organes de *Combretum albiflorum* (Tul.) Jongkind, *Laurus nobilis* L. et *Sonchus oleraceus* L. ont montré des activités anti-QS (Al-Hussaini et Mahasneh, 2009; Schaefer *et al.*, 2008).

Les anti-QS à *P. aeruginosa* ont été également signalés dans l'ail (Bjarnsholt *et al.*, 2005b ; Rasmussen *et al.*, 2005b) et dans certaines plantes médicinales (Adonizio *et al.*, 2008). Un criblage d'anti-QS à partir de ces dernières comme *Imperata cylindrica* (L.) P.Beauv. (tige souterraine), *Nelumbo nucifera* Gaertn. (feuille), *Prunella vulgris* L. (plante entière), et *Punica granatum* L. (écorce) ont montré une activité inhibitrice de la production de violacéine chez *C. violaceum* CV026 mais pas de pyocyanine chez *P. aeruginosa* PA01 (Koh et Tham, 2011).

Des extraits aqueux de plantes et de fruits d'*Ananas comosus* Merr., *Musa paradiciaca* L., *Manilkara zapota* (L.) P. Royen. et *Ocimum sanctum* L. se sont avérés être des anti-QS puisqu'ils inhibent la production de violacéine chez *C. violaceum* et la production de pyocyanine, de protéase, et d'élastase ainsi que la formation de biofilm chez *P. aeruginosa* PAO1 (Musthafa *et al.*, 2010).

Récemment, des extraits de plantes de la famille des *Meliaceae, Melastomataceae, Lepidobotryaceae* et *Sapindaceae* provenant des forêts néotropicales du Costa Rica, ont présenté d'importante activité anti-QS chez *C. violaceum* et/ou une inhibition de la formation de biofilm par *P. aeruginosa* PA14 (Ta *et al.*, 2014). Parmi les espèces qui présentent à la fois les deux activités d'inhibition, *Chukrasia tabularis* A. Juss. (*Meliaceae*) a montré un niveau d'inhibition élevé. Bien qu'aucune information phytochimique sur les extraits testés n'ait été communiquée, les auteurs suggèrent que les composés actifs peuvent être des polyphénols semblables à l'acide tannique ou à d'autres composés polaires (Ta *et al.*, 2014).

### IV.2.6.2. Les composés déjà connus

De nombreux composés phénoliques et dérivés ont été isolés des plantes avec des activités anti-QS. Le cinnamaldéhyde (composé dominant de certaines huiles essentielles notamment chez *Cinnamomum camphora* (L.) J. Presl) et ses dérivés touchent un large éventail d'activités anti-QS telles que la formation de biofilms de *P. aeruginosa* et le QS médiée par l'AI-2 (Brackman *et al.*, 2008; Niu et Gilbert, 2004; Niu *et al.*, 2006). *Curcuma longa* L. produit la curcumine, qui inhibe l'expression des gènes de virulence de *P. aeruginosa* PAO1 (Rudrappa et Bais, 2008). L'acide salicylique produit par une *Arabidopsis thaliana* (L.) Heynh. transgénique stimule l'expression de l'enzyme AHL-lactonase chez *Agrobacterium tumefasciens*, permettant à la plante de résister aux agressions de cette dernière (Yuan *et al.*, 2007).

Les flavonoïdes ont fait l'objet de recherches pour leurs rôles en tant qu'antioxydant, agents anti-inflammatoires et anti-cancéreux. En gardant en vue ces avantages pour la santé, les flavonoïdes tels que la naringénine, le kaempférole, la quercétine et l'apigénine ont été évalués pour leurs activités anti-QS. Tous ces flavonoïdes inhibent chez *V. harveyi* BB886 et MM32 la bioluminescence médiée par l'AHLs ou l'AI-2. La quercétine et la naringénine sont capables d'inhiber la formation de biofilms chez *V. harveyi* BB120 et *E. coli* O157: H7 (Vikram *et al.*, 2010). La flavan-3-ol catéchine, un des flavonoïdes extraits à partir de l'écorce de *C. albiflorum* (Tul.) Jongkind réduit la production de facteurs de virulence dépendants du QS, comme la pyocyanine, l'élastase et la formation du biofilm de *P. aeruginosa* PAO1 (Figure 15) (Vandeputte *et al.*, 2010).

Les furocoumarines issues du pamplemousse peuvent inhiber l'activité QS des souches *V. harveyi* BB886 et BB170 (AHL et AI-2) et la formation de biofilm chez des pathogènes comme *E. coli* O157:H7, *Salmonella typhimurium* et *P. aeruginosa* (Girennavar *et al.*, 2008). Ces furocoumarines purifiées (dihydroxybergamottine et bergamottine) causent l'inhibition des auto-inducteurs (AHL et AI-2) de 94,6 à 97,7 %.

Très récemment, il a été démontré que l'alcaloïde caféine inhibe la production d'AHL et la mobilité de type swarming chez *P. aeruginosa* PAO1 sans pour autant dégrader les AHLs (Maisarah Norizan *et al.*, 2013).

L'acide ursolique (triterpène) a été identifié comme inhibiteur de la formation de biofilm à partir de 13 000 composés purifiés à partir d'extrait de *Diospyros dendo* Welw. (Ren *et al.*, 2005). En effet, l'acide ursolique ajouté à la dose de 10 µg.ml$^{-1}$ diminue la formation de biofilm par 79 % chez *E. coli* et 57-95 % chez *V. harveyi* et *P. aeruginosa* PAO1. Cependant, l'acide ursolique n'a montré aucun effet inhibiteur sur le mécanisme de QS de *V. harveyi*.

Des composés issus du bulbe d'oignon, tels que la pantolactone et l'acide myristique (acide gras saturé), ont la capacité d'inhiber la production de facteurs de virulence (pyocyanine et protéase) chez *P. aeruginosa* sans avoir d'effet négatif sur la croissance bactérienne (Abd-Alla et Bashandy, 2012).

Les isothiocyanates produits par beaucoup de plantes sont également des inhibiteurs du QS chez *P. aeruginosa* PAO1. En effet, l'ibérine isolée de la plante raifort (*Armoracia rusticana* G. Gaertn. *et al.*) de la famille des Brassicacées bloque spécifiquement l'expression des gènes régulés par le QS chez *P. aeruginosa* PAO1 (Jakobsen *et al.*, 2012a). Le sulforaphane et l'érucine, deux autres isothiocyanates isolés du brocoli inhibent le système *las* et *rhl* de *P. aeruginosa* PAO1 (Ganin *et al.*, 2013).

L'huile essentielle de *Satureja thymbra* L. ainsi qu'un de ses composés, le polytoxinol, ont montré une efficacité contre la formation de biofilm chez *Salmonella, Listeria, Pseudomonas, Staphylococcus* et *Lactobacillus* spp. (Al-Shuneigat *et al.*, 2005; Chorianopoulos *et al.*, 2008).

## V. Plantes endémiques de Madagascar : Source potentielle de composés anti-virulence

Madagascar possède une flore endémique unique au monde par son isolement géographique, la diversité de ses climats et de ses milieux naturels favorisant l'évolution et la spéciation. Sa flore est riche de 490 genres autochtones d'arbres et de grands arbustes dont 161 en sont endémiques (Schatz, 2000). Ainsi, sur les quelques 12000 à 14000 espèces de plantes à Madagascar, le taux d'endémisme avoisine les 90 % (Schatz, 2000; Phillipson *et al.*, 2006). Trois familles, *Euphorbiaceae, Fabaceae et Rubiaceae*, représentent à elles seules près d'un tiers des arbres et grands arbustes de Madagascar. Le genre *Dalbergia* de Madagascar comprend 43 espèces dont 42 sont endémiques (Bosser et Rabevohitra, 2002 ; 2005). Cette grande biodiversité et cette endémicité supposent la présence d'une multitude de composés naturels ayant des activités biologiques non encore explorées. Par ailleurs, de nombreuses plantes sont utilisées dans la médecine traditionnelle pour soigner différentes maladies, allant des maladies infectieuses ou métaboliques aux pathologies tumorales.

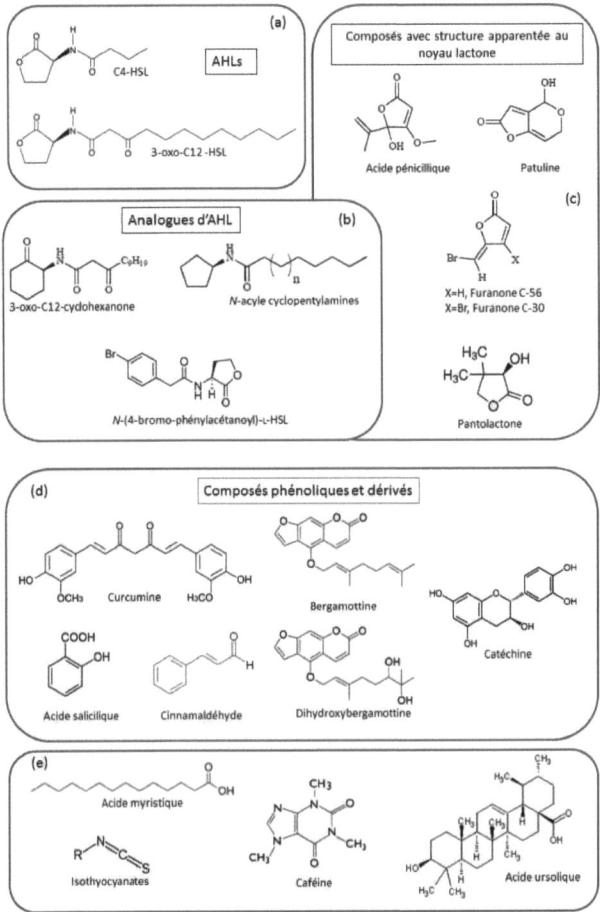

**Figure 15.** Structures de quelques composés anti-virulence QS-dépendants chez *P. aeruginosa*. (a) Structures des AHLs chez *P. aeruginosa* (C4-HSL et 3-oxo-C12-HSL). (b) Analogues d'AHLs modifiées au niveau du noyau lactone ou avec ajout de noyau secondaire. (c) Composés ayant un noyau lactone apparentée. (d) Composés phénoliques ou dérivés. (e) Composés naturels de structures diverses (alcaloïdes, acide gras, triterpènes, isothyocyanates).

Des plantes endémiques de Madagascar ont montré la présence de composés ayant un effet inhibiteur sur le QS de *P. aeruginosa* sans affecter la croissance bactérienne. C'est le cas de l'écorce de *C. albiflorum* (Tul.) Jongkind dans laquelle le flavonol catéchine réduit l'expression des facteurs de virulence sous la dépendance du QS chez *P. aeruginosa* (Vandeputte *et al.*, 2010). La catéchine présente un effet négatif important sur la production de pyocyanine et d'élastase et la formation du biofilm ainsi que sur l'expression des gènes *lasB* et *rhlA* et des principaux gènes de régulation du QS (*lasI, lasR, rhlI* et *rhlR*). L'utilisation des biosenseur RhlR et LasR indique que la catéchine pourrait interférer avec la perception du signal QS (*N*-butanoyl-L-homosérine lactone) par RhlR, conduisant à une réduction de la production de facteurs de virulence QS-dépendants. Par ailleurs, des métabolites secondaires produits par *D. pervillei* Vakte. ont été démontrés comme inhibiteurs de l'expression des facteurs de virulence de *Rhodococcus fascians*, rendant la plante résistante à cette bactérie phytopathogène (Rajaonson *et al.*, 2011). Le bioguidage a abouti à l'isolement de la perbergine, une isoflavonone prenylée qui possède la propriété d'inhiber spécifiquement l'expression du gène *attR* (codant un régulateur transcriptionnel de type LysR) qui est indispensable pour le passage de *R. fascians* d'un état épiphyte à un état pathogène, sans avoir d'effet sur sa croissance ou sa viabilité (Rajaonson *et al.*, 2011). Cette même équipe a réalisé un criblage préliminaire de quatre espèces de *Dalbergia* endémiques de Madagascar en utilisant des souches rapportrices de gènes QS-dépendants chez *P. aeruginosa*. Elle a démontré que la feuille de *D. trichocarpa* Baker. réduit l'expression des gènes de virulence de *P. aeruginosa* (*lasB* et *rhlA*) et la production de pyocyanine, sans avoir d'effet sur la croissance bactérienne (Rajaonson, 2011). Par ailleurs, Brijesh *et al.*, (2006) ont montré que la décoction de feuilles de *D. sissoo* Roxb. ex DC. interfère négativement avec la capacité de colonisation *d'E. coli* sur les cellules hôtes et la production d'entérotoxine diarrhéique sans aucun effet antimicrobien. Bien que cette plante ne soit pas endémique de Madagascar, cela renforce la probabilité de la présence de composés anti-virulence dans le genre *Dalbergia*.

# VI. Conclusion

L'environnement qui entoure le vaste champ du QS est parfois difficile à circonscrire et les interactions entre les paramètres environnementaux et cellulaires sont encore floues. Nous n'en sommes probablement qu'à la compréhension de la partie immergée de cet univers bactérien. Cependant, *P. aeruginosa* est le modèle bactérien le plus connu et le plus étudié en ce qui concerne le mécanisme de QS, et cela probablement à cause de son caractère ubiquitaire, son implication dans des infections graves chez l'homme et sa multirésistance naturelle. Bien que l'expression des facteurs de virulence chez les bactéries ne dépende pas toujours du mécanisme de QS, ce dernier en contrôle la majeure partie. Différentes études cliniques ont été réalisées afin de démontrer l'importance du QS dans les infections broncho-pulmonaires à *P. aeruginosa* chez des patients atteints de mucoviscidose. Storey *et al.*, (1998) ont ainsi démontré que les niveaux des transcrits dans les expectorations de *lasR* et de *lasI* sont corrélés entre eux et avec ceux de *toxA, lasA* et *lasB*. De plus, Erickson *et al.*, (2002), Geisenberger *et al.*, (2000) et Singh *et al.*, (2000) ont démontré la présence des deux AHLs dans les expectorations et les biopsies transbronchiques de la plupart des patients atteints de mucoviscidose. L'ensemble de ces données met en évidence le lien *in vivo* entre QS, formation de biofilm et pneumopathies à *P. aeruginosa* et dénote l'importance d'une nouvelle approche thérapeutique, ciblée sur le QS et/ou la formation de biofilm. De plus, cibler l'expression des gènes qui contrôlent la plupart de la virulence est une stratégie de lutte prometteuse contre les bactéries pathogènes compte tenu des problèmes d'émergence de bactéries multi-résistantes aux antibiotiques existants. En effet, respecter le métabolisme général de la bactérie diminuerait probablement le risque de mutation. Par ailleurs, l'absence d'effet délétère sur les bactéries pathogènes évite les dommages collatéraux et préserve ainsi les bactéries commensales, souvent nécessaires pour l'homéostasie de l'hôte.

Les plantes sont capables de reconnaître certains composants des bactéries tels que les flagelles et le peptidoglycane, et d'initier en conséquence différentes réactions de défense (Janeway et Medzhitov, 2002; Jones et Dangl, 2006). De la même manière, les plantes perçoivent les molécules signal des bactéries et y réagissent de diverses manières, notamment l'augmentation et/ou l'activation d'expression de gènes de défense (Mathesius *et al.*, 2003 ; Bauer et Mathesius, 2004 ; Hartmann *et al.*, 2012 ; 2014). Il est donc logique de penser que les plantes puissent réagir à cette perception par la production de composés qui inhibent le mécanisme de QS des bactéries (Figure 14). Depuis maintenant deux décennies, des molécules ayant de telles activités sont régulièrement découvertes chez les plantes. Par la mise en évidence de l'activité anti-QS de la catéchine chez *P. aeruginosa*, Vandeputte *et al.*, (2010) ont soulevé que les flavonoïdes constituaient une famille de molécules potentiellement anti-QS. Parallèlement, il semble clair que des espèces de *Dalbergia* endémique de Madagascar présentent des activités anti-QS ou inhibitrices de l'expression des gènes de virulence chez des bactéries pathogènes. Ces espèces endémiques renferment des composés probablement nouveaux ou connus, mais dont les activités anti-QS n'ont pas été explorées.

# CHAPITRE 2 :

## La flavanone naringénine réduit la production de facteurs de virulence contrôlés par le mécanisme du quorum sensing chez *Pseudomonas aeruginosa* PAO1

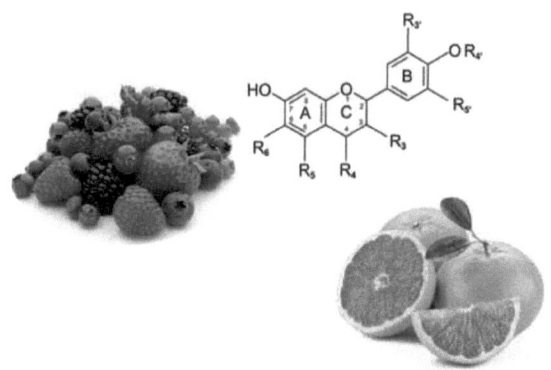

# I. Introduction

Les flavonoïdes sont des métabolites secondaires de plantes partageant tous une même structure de base ; le noyau flavane formé par deux cycles aromatiques reliés par trois carbones ($C_6$-$C_3$-$C_6$) dont la chaîne est souvent fermée en un hétérocycle oxygéné hexa- ou pentagonal (Heim *et al.*, 2002). Les flavonoïdes sont largement produits par les plantes et ont des fonctions physiologiques diverses, agissant notamment comme des signaux dans la symbiose légumineuse-rhizobium (Mandal *et al.*, 2010). Ils présentent une grande diversité structurale et affichent de nombreuses activités pharmacologiques (Buer *et al.*, 2010; Dixon et Steele, 1999; Dixon et Pasinetti, 2010; Mandal *et al.*, 2010).

Notre synthèse bibliographique nous a permis de rappeler que certains flavonoïdes tels que la catéchine, isolée de *Combretum albiflorum* (Tul.) Jongkind, a la capacité d'interférer avec le mécanisme de QS chez *P. aeruginosa* (Vandeputte *et al.*, 2010) De même, la perbergine, un isoflavonoïde prénylé isolé de *Dalbergia pervillei* Vakte., empêche l'expression des facteurs de virulence chez *R. fascians* (Rajaonson *et al.*, 2011). Les flavonoïdes semblent donc avoir des propriétés anti-virulentes en plus de leurs autres propriétés biologiques telles qu'antioxydantes (Buer *et al.*, 2010). Fort de ces arguments, un criblage d'activité anti-QS chez *P. aeruginosa* est réalisé sur un certain nombre de flavonoïdes commercialement disponibles appartenant à la classe des flavone, flavonol, flavanone et chalcone. Ces composés de structures apparentée présentent des différences au niveau de l'oxydation et de l'hydroxylation du cycle central C et des substitutions variées au niveau de leurs cycles A et B (Buer *et al.*, 2010; Dixon et Steele, 1999; Dixon et Pasinetti, 2010) (Annexe I).

Ce criblage pour la recherche de molécule anti-QS chez *P. aeruginosa*, devrait nous permettre de mettre en évidence des molécules actives dans la perspective de les utiliser comme molécules de contrôle positif et/ou négatif lors des tests biologiques.

Dans une première phase, la quantification de la production de pyocyanine sert de premier test de criblage pour détecter les flavonoïdes pouvant moduler/altérer l'expression de facteurs de virulence sous la dépendance du QS chez *P. aeruginosa*. Nous utilisons également une souche mutante de *Chromobacterium violaceium* CV026 incapable de produire de la violacéine en l'absence d'AHL exogène afin d'évaluer l'influence des différents flavonoïdes sur le mécanisme de QS de type LuxI/R.

Dans une deuxième phase, nous évaluons la capacité de ces flavonoïdes à perturber l'expression des gènes impliqués dans le mécanisme du QS chez *P. aeruginosa*, à savoir les gènes QS-régulés (*lasB* et *rhlA*) et QS-régulant *(lasR, lasI, rhlR* et *rhlI)*. L'effet de ces flavonoïdes sur l'expression du gène *aceA*, qui est un gène constitutif indépendant du mécanisme du QS chez *P. aeruginosa* (Diaz-Perez *et al.*, 2007; Kretzschmar *et al.*, 2008), est également étudié pour apprécier le caractère spécifique de l'inhibition envers les gènes de QS.

Dans une troisième phase, une quantification en spectrométrie de masse des C4-HSL et 3-oxo-C12-HSL du surnageant de *P. aeruginosa* PAO1 en présence de la flavanone naringénine et son dérivé glycosylé, la naringine, est également réalisée afin de déterminer la présence d'une anomalie éventuelle au niveau de la synthèse et de l'accumulation d'AHLs. Enfin, *(i)* une analyse de la viabilité bactérienne en fluorescence est réalisée pour vérifier que la diminution d'expression des gènes du QS ne soit pas liée à une diminution du métabolisme générale de la bactérie ; et *(ii)* une analyse d'expression des gènes *lasA* (protéase), *lasB* (élastase), *phzA1* (pyocyanine) et *rhlA* (rhamnolipides) par RT-PCRs chez *P. aeruginosa* PAO1 en présence de la naringénine pour confirmer au niveau transcriptomique l'inhibition d'expression de gènes sous le contrôle du QS.

## II. Matériels et Méthodes

### II.1. Molécules utilisées pour les tests

Tous les flavonoïdes testés dans cette étude sont fournis Sigma-Aldrich®, et dissous dans du DMSO pour une concentration finale de 4 mM. Ces flavonoïdes sont : apigénine (49,5,7-trihydroxyflavone), ériodictyol (39,49,5,7-tetrahydroxyflavanone), kaempférol (3,49,5,7-tetrahydroxyflavone), lutéoline (39,49,5,7-tetrahydroxyflavone), myricétine (3,39,49,5,59,7-hexahydroxyflavone), naringénine (49,5,7-trihydroxyflavanone), naringine (49,5,7-trihydroxyflavanone 7-rhamnoglucoside), quercétine (3,39,49,5,7-pentahydroxyflavone), taxifoline (3,39,49,5,7-pentahydroxyflavanone) et chalcone (*trans*-benzylidèneacetophenone). Les AHLs testées (3-oxo-C12-HSL et C4-HSL) proviennent de Sigma-Aldrich® et dissoutes dans 100 % de DMSO.

### II.2. Souches bactériennes, conditions de culture, conservation

#### II.2.1. Souches testées

Trois espèces de bactéries sont utilisées dans le cadre de ce travail. Il s'agit de *P. aeruginosa*, d'*E. coli* et de *C. violaceum* provenant de la collection du Laboratoire de Biotechnologie Végétale de l'Université Libre de Bruxelles, Belgique.

✓ Une souche sauvage, *P. aeruginosa* PAO1, est utilisée afin de quantifier la production d'un certain nombre de facteurs de virulence de PAO1. Des souches de PAO1 dans lesquelles sont insérés des plasmides contenant le promoteur des gènes d'intérêt fusionnés avec le gène rapporteur *lacZ*, sont utilisées afin d'évaluer leur expression dans différentes conditions de culture. Les gènes d'intérêt fusionnés avec le gène rapporteur *lacZ* (codant la β-galactosidase) sont les suivants :

- Les gènes *rhlR, rhlI, lasR, lasI, lasB* et *rhlA*, qui sont impliqués dans la régulation du mécanisme du QS chez *P. aeruginosa* (Williams et Camara, 2009).
- Le gène *aceA* qui est un gène constitutif indépendant du mécanisme du QS chez *P. aeruginosa* (Diaz-Perez *et al.*, 2007; Kretzschmar *et al.*, 2008).

✓ Quatre souches mutantes de PA01 au niveau des gènes du système *las* et *rhl* à savoir mutant *lasI,* mutant *rhlI,* mutant *lasR et* mutant *rhlR.*

✓ Une souche de *C. violaceum* CV026, bactérie mutante incapable, par elle-même, de produire de la violacéine due au fait que la bactérie est incapable de synthétiser de l'acyl-homosérine lactone. Cependant, lorsqu'une quantité suffisante d'homosérine lactone est ajoutée dans le milieu de culture contenant cette souche bactérienne, cette dernière retrouve sa capacité à produire de la violacéine.

✓ Quatre souches rapportrices d'*E. coli* JLD271, dans lesquelles sont insérés des plasmides contenant le système *las* et *rhl* fusionné au gène de la luminescence *lux,* sont utilisées afin de pouvoir quantifier le niveau d'expression de ces gènes dans des conditions exempts des deux AHLs endogènes de *P. aeruginosa*, à savoir C4-HSL et 3-oxo-C12HSL.

La description des souches rapportrices portant ces différentes fusions et des souches mutantes est détaillée dans le Tableau 4. La définition et le principe de fonctionnement des gènes rapporteurs sont décrits dans l'Annexe II.

### II.2.2. Conservation

La conservation des souches est réalisée par congélation à -80 °C en bouillon LB® additionné de 50 % de glycérol.

## II.2.3. Conditions de culture des bactéries avant les tests d'activité biologique.

Les souches de *P. aeruginosa* sont mises en culture dans le milieu liquide LB contenant 10 g.L$^{-1}$ d'acide 3-(*N*-morpholino) propanesulfonique (MOPS ; Sigma) à pH 7.0 avec les antibiotiques appropriés pendant 18 h sous agitation à 175 rpm à 37°C. Les souches d'*E. coli* JLD271 sont mises en culture dans le milieu liquide LB à pH 7.0 avec les antibiotiques appropriés pendant 18 h sous agitation à 175 rpm à 37°C.

## II.3. Analyse quantitative de la production de pyocyanine et d'élastase chez *P. aeruginosa* PAO1 et mutants

L'inhibition de la production de la pyocyanine et de l'élastase est évaluée selon les procédures décrites par Ishida *et al.*,(2007) et Muh *et al.*,(2006).

### II.3.1. Quantification de la pyocyanine

#### II.3.1.1. Préparation des suspensions bactériennes pour le test

La quantification de la production de pyocyanine est réalisée avec la souche sauvage PAO1 de *P. aeruginosa* et les souches mutantes (Tableau 4) en présence ou en absence de flavonoïdes.

Les souches stocks de *P. aeruginosa* PAO1 (500 µl) sont remises en culture dans 5 ml de LB contenant du MOPS (1 %) à 37°C sous agitation à 175 rpm. Après 18h croissance dans ce milieu la souche de *P. aeruginosa* est récupérée par centrifugation à 3220 ×*g* et lavée deux fois dans du 5mL de LB MOPS. La densité bactérienne à 600 nm est ajustée de telle sorte que la densité bactérienne de départ dans chaque condition testée soit entre 0,02 et 0,03. Les suspensions bactériennes sont alors distribuées dans les plaques à 24 puits, avec ou sans les échantillons à tester, pour un volume total de 1ml/puits.

**Tableau 4.** Souches bactériennes utilisées dans cette étude.

| Souches | Caractéristiques | |
|---|---|---|
| *Pseudomonas aeruginosa* | | |
| PAO1 | Souche sauvage virulente | |
| PAO1::pβ01 | Contenant une fusion transcriptionnelle *lasB- lacZ*. Pousse en présence de carbénicilline (300 µg.ml$^{-1}$). | (Ishida *et al.*, 2007) |
| PAO1::pβ02 | Contenant une fusion transcriptionnelle *rhlA- lacZ*. Pousse en présence de carbénicilline (300 µg.ml$^{-1}$). | (Ishida *et al.*, 2007) |
| PAO1::pPCS223 | Contenant une fusion transcriptionnelle *lasI- lacZ*. Pousse en présence de carbénicilline (300 µg.ml$^{-1}$). | (Toder *et al.*, 1994) |
| PAO1::pPCS1001 | Contenant une fusion transcriptionnelle *lasR- lacZ*. Pousse en présence de carbénicilline (300 µg.ml$^{-1}$). | (Pesci et Iglewski, 1997) |
| PAO1::pLPR1 | Contenant une fusion transcriptionnelle *rhlI- lacZ*. Pousse en présence de carbénicilline (300 µg.ml$^{-1}$). | (Toder *et al.*, 1994) |
| PAO1::pPCS1002 | Contenant une fusion transcriptionnelle *rhlR- lacZ*. Pousse en présence de carbénicilline (300 µg.ml$^{-1}$). | (Pesci et Iglewski, 1997) |
| PAO1::pTB4124 | Contenant une fusion transcriptionnelle *aceA-lacZ*. Pousse en présence de carbénicilline (300 µg.ml$^{-1}$). | (Kretzschmar *et al.*, 2008) |
| PA1430 | Mutant *lasR* : incapable de produire de l'élastase même en présence de 3-oxo-C12- HSL. Pousse en présence de tétracycline (10 µg.ml$^{-1}$). | (Jacobs *et al.*, 2003) |
| PA1432 | Mutant *lasI* : produit de l'élastase seulement en présence de 3-oxo-C12-HSL. Pousse en présence de tétracycline (10 µg.ml$^{-1}$). | (Jacobs *et al.*, 2003) |
| PA3476 | Mutant *rhlI* : produit de la pyocyanine seulement en présence de C4-HSL. Pousse en présence de tétracycline (10 µg.ml$^{-1}$). | (Jacobs *et al.*, 2003) |
| PA3477 | Mutant *rhlR* : incapable de produire de la pyocyanine même en présence de C4-HSL. Pousse en présence de tétracycline (10 µg.ml$^{-1}$). | (Jacobs *et al.*, 2003) |
| *Escherichia coli* | | |
| JLD271::pAL101 | Souche *E. coli* K-12. Contenant le plasmide pAL101 qui code à la fois RhlR et un promoteur régulé par RhlR, PrhlI. Le promoteur RhlI est fusionné au promoteur opéron *luxCDABE*. Pousse en présence de tétracycline (10 µg.ml$^{-1}$). | (Lindsay et Ahmer, 2005) |
| JLD271::pAL102 | Souche *E. coli* K-12. Contenant le plasmide pAL102 qui code un promoteur régulé par RhlR, PrhlI. Le promoteur RhlI est fusionné au promoteur opéron *luxCDABE*. Pousse en présence de tétracycline (10 µg.ml$^{-1}$). | (Lindsay et Ahmer, 2005) |
| JLD271::pAL105 | Souche *E. coli* K-12. Contenant le plasmide pAL105 qui code à la fois lasR et un promoteur régulé par lasR, PlasI. Le promoteur LasI est fusionné au promoteur opéron *luxCDABE*. Pousse en présence de tétracycline (10 µg.ml$^{-1}$). | (Lindsay et Ahmer, 2005) |
| JLD271::pAL106 | Souche *E. coli* K-12. Contenant le plasmide pAL102 qui code un promoteur régulé par lasR, PlasI. Le promoteur LasI est fusionné au promoteur opéron *luxCDABE*. Pousse en présence de tétracycline (10 µg.ml$^{-1}$). | (Lindsay et Ahmer, 2005) |
| *Chromobacterium violaceum* | | |
| CV026 | Bactérie mutante incapable, par elle-même, de produire de la violacéine car la bactérie est incapable de synthétiser de l'homosérine lactone. | (McClean *et al.*, 1997) |

## II.3.1.2. Quantification proprement dite de la production de pyocyanine

Après 18 h d'incubation dans une plaque à 24 puits à 37°C sous agitation à 175 rpm, la suspension bactérienne est délicatement homogénéisée et 800 µl en sont transférés dans un tube Eppendorf de 1,8 ml, ensuite centrifugé à 16000 × $g$ pendant 1 min. 200 µl de la suspension restante sont directement transférés dans une plate de microtitration à fond plat afin de mesurer l'absorbance à 600 nm correspondant à la turbidité de la suspension. Puis, 700 µl de surnageant de chaque échantillon après centrifugation sont prélevés et transférés dans des tubes Eppendorfs de 2 ml ; 600 µl de chloroforme sont ajoutés dans chaque tube et le mélange est passé au vortex pendant quelques secondes pour extraire la pyocyanine. Après centrifugation, deux phases se forment et 500 µl de la phase inférieure, qui contient la pyocyanine, sont transférés dans un nouveau tube Eppendorf de 1,8 ml. Ensuite, 250 µl d'une solution d'acide chlorhydrique à 0.2 N sont ajoutés dans chaque tube pour extraire de nouveau la pyocyanine. L'utilisation d'une phase acide entraîne un virage de coloration de la pyocyanine du bleu turquoise au rose. En effet, dans la nature la pyocyanine est de couleur bleue, mais il est montré que dans un milieu acide, la pyocyanine change de configuration structurale et vire au rose (Warren *et al.,* 1990). Après centrifugation, deux phases apparaissent de nouveau avec la pyocyanine dans la phase supérieure. Enfin, 200 µl de cette phase supérieure sont récupérés et l'absorbance de cette solution est mesurée à 380 nm pour quantifier la pyocyanine produite par la bactérie. Les expériences sont réalisées trois fois et les données sont analysées statistiquement en effectuant des tests *t* de *Student* (chaque test est comparé au DMSO) et une valeur de $p \leq 0,01$ est considérée comme étant significative.

## II.3.2. Mesure de l'activité élastase

La quantification de la production d'élastase est réalisée avec la souche sauvage PAO1 de *P. aeruginosa* en présence ou en absence des flavonoïdes par la mesure de l'activité de l'élastase à l'aide d'Elastine-Rouge Congo (Ishida *et al.,* 2007;

Muh *et al.,* 2006). En effet, la présence de l'élastase produite par une souche de *P. aeruginosa* est évaluée par la capacité d'une suspension bactérienne à dégrader l'élastine liée au Rouge Congo. Ainsi, après 18 h d'incubation dans une plaque à 24 puits à 37°C sous agitation à 175 rpm, la suspension bactérienne est délicatement homogénéisée et 800 µl en sont transférés dans un tube Eppendorf de 1,8 ml puis centrifugés à 16000 ×$g$ pendant 1 min. 200 µl de la suspension restante sont directement transférés sur une plaque de microtitration à fond plat afin de mesurer l'absorbance à 600 nm correspondant à la turbidité de la suspension. Puis 100 µl de surnageant de chaque échantillon sont prélevés et transférés dans des tubes Eppendorfs de 2 ml ; 900 µl de d'Elastine-Rouge Congo à 5 mg.ml$^{-1}$ dissous dans du Tampon Tris-HCL (Tris-HCL 100mM pH=7,5 + CaCl2 1mM) sont ajoutés dans chaque tube et le mélange est incubé à 37°C pendant 3h. Au cours de cette incubation, la dégradation de l'élastine entraine une solubilisation du Rouge Congo, colorant la solution en rouge alors que le complexe Elastine-Rouge-Congo non dégradé reste insoluble dans l'eau. Après une centrifugation de l'Eppendorf à 16000 ×$g$ pendant 1 min pour séparer la partie non soluble, 200 µl de surnageant sont transférés sur une plaque de microtitration à fond plat afin de mesurer l'absorbance à 595nm qui sera proportionnelle à l'activité de dégradation de l'élastine du surnageant bactérien consécutive à la présence d'élastase. Les expériences sont réalisées trois fois et les données sont analysées statistiquement en effectuant des tests *t* de *Student* (chaque test est comparé au DMSO) et une valeur de $p \leq 0,01$ est considérée comme étant significative.

## II.4. Analyse quantitative de la production de violacéine chez *C. violaceum*

L'inhibition de la production de violacéine chez *C. violaceum* CV026 par les flavonoïdes commerciaux est testée par dosage direct de milieu de culture selon les protocoles précédemment rapportés par Blosser et Gray, (2000) et McClean *et al.,* (1997). La production de violacéine est induite chez *C. violaceum* CV026 en ajoutant *N*-hexanoyl-L-homosérine lactone (HHL) (3 µM concentration finale) en présence ou en absence des flavonoïdes (4mM concentration finale). Après une incubation de 18 heures à 28°C, la croissance bactérienne est évaluée ($A_{600nm}$) et la proportion de la violacéine quantifiée par la mesure de l'absorbance à 575 nm. La production de la violacéine est calculée par le rapport entre $A_{575nm}$ et $A_{600nm}$. Les expériences sont réalisées trois fois et les données sont analysées statistiquement en effectuant des tests *t* de *Student* (chaque test est comparé au DMSO) et une valeur de $p \leq 0,01$ est considérée comme étant significative.

### II.5. Test d'activité LacZ (β-galactosidase)

Dans ce chapitre, le test d'activité LacZ est utilisé pour l'étude de l'expression des gènes impliqués dans le mécanisme du *quorum sensing* chez *P. aeruginosa* à savoir les gènes *lasB, rhlA, lasR, lasI, rhlR* et *rhlI* respectivement à partir des souches PAO1::pβ01, PAO1::pβ02, PAO1::pPCS1001, PAO1::pPCS223, PAO1::pPCS1002 et PAO1::pLPR1 de *P. aeruginosa* en utilisant le test d'activité LacZ. De la même manière, l'expression du gène *aceA* codant pour l'isocitrate lyase est évaluée. Les principes des tests sont décrits en Annexe III.

#### II.5.1. Préparation des souches bactériennes pour le test

Après croissance pendant 18 h dans le milieu LB contenant du MOPS avec les antibiotiques appropriés (carbénicilline 300 µg.ml$^{-1}$), les souches de *Pseudomonas* contenant le gène qui code la β-D-galactosidase (décrites dans le Tableau 4) sont récupérées et lavées trois fois dans un milieu frais de même nature. La densité bactérienne à 600 nm est ajustée entre 0,02 et 0,03 d'absorbance et les suspensions bactériennes sont distribuées dans les plaques à 24 puits à raison de 1 ml par puits. Cette condition est considérée comme la condition optimale d'expression des gènes impliqués dans le mécanisme du QS chez *P. aeruginosa* (Vandeputte *et al.*, 2010). Pour le test proprement dit, 10 µl d'échantillons préparés dans du DMSO sont ajoutés dans les puits contenant les suspensions bactériennes. Les flavonoïdes sont testés à une concentration finale de 4mM avec pour contrôle solvant le DMSO 1 % (concentration finale).

### II.5.2. Mesure de la densité bactérienne

Pour les différentes souches de *Pseudomonas,* après 18 h d'incubation, la suspension bactérienne est diluée au 1 : 2 avec de l'eau milliQ et l'absorbance (A) bactérienne est mesurée à 600 nm dans une plaque à 96 puits avec 200 µl de suspension par puits. La différence entre les valeurs de A à 600 nm des suspensions bactériennes et les blancs constitue la valeur réelle de la densité bactérienne.

### II.5.3. Mesure de l'activité LacZ avec les souches de *P. aeruginosa*

Après la mesure de la densité bactérienne, 100 µl de suspension bactérienne sont dilués 4, 8 et 16 fois dans un tampon de perméabilisation dans les plaques de 96 puits. Après 30 min d'incubation, 20 µl de chacune des dilutions sont transférés dans une autre plaque de 96 puits contenant 120 µl de substrat *o*NPG (*ortho*-nitrophényl-β-D-galactoside) [voir Annexe II pour la composition du tampon de perméabilisation et du substrat] (Zhang et Bremer, 1995). La plaque est incubée entre 5 et 60 min à 37°C en fonction la vitesse de la réaction. Cette dernière est ensuite stoppée avec 150 µl de solution de $Na_2CO_3$ à 1 M. L'intensité de la coloration, qui représente l'activité LacZ, est mesurée avec 200 µl du mélange à 420 et 550 nm dans les plaques 96 puits. L'activité LacZ est calculée selon la formule suivante :

$$\text{Activité LacZ (Unité Miller)} = 1000 \times \frac{A_{420} - (1.75 \times A_{600})}{t \times v \times d \times A_{550}}$$

$A_{420}$ : absorbance de l'$o$-nitrophénol,

$A_{550}$ : mesure des débris cellulaires qui, multipliée par 1,75, donne une valeur approximative de l'impact de ces débris cellulaires sur l'absorbance à 420 nm (Miller, 1972),

$t$ = temps d'incubation de la réaction en minutes,

$v$ = volume de la suspension bactérienne en ml,

$d$ = facteur de dilution,

$A_{600}$ : Densité bactérienne.

## II.6. Quantification des acyl-homosérines lactones chez *P. aeruginosa*

Les acyl-homosérines lactones (C4-HSL et 3-oxo-C12- HSL) sont extraites d'une culture de souche PAO1sauvage et quantifiées en injection directe dans un spectromètre de masse avec ionisation électrospray (ESI-MS) comme décrit par Makemson *et al.*, (2006). *P. aeruginosa* PAO1 est cultivé à 37 °C avec agitation à 175 rpm pour 8 et 18 h dans 5 ml de milieu LB-MOPS avec la naringine ou la naringénine (4 mM de concentration finale) ou le DMSO (1 %, v/v). Les cultures bactériennes sont centrifugées (3220 × g, à température ambiante, 5 min) et chaque surnageant (4 ml) est acidifié avec 80 µl d'acide acétique glacial avant d'être extrait trois fois avec de l'acétate d'éthyle grade LC-MS (4 ml). Les extraits acétate d'éthyle sont réunis, évaporés à sec et dissous dans 1 ml d'acétate d'éthyle acidifié avec 0,1 % d'acide acétique glacial (v/v). Pour la mesure de bruit de fond, des surnageants (4 ml) sont alcalinisés avec 80 µl de NaOH 4 M (au lieu d'être acidifié) avant l'extraction à l'acétate d'éthyle : cette procédure permet d'hydrolyser les cycles lactones des AHLs pour les rendre trop polaires pour l'extraction. La quantification en ESI-MS est réalisée par injection directe dans un Spectromètre de masse Finnigan LCQ DUO® dans des conditions d'ionisation douce (mode d'ionisation positive, pointe du nébuliseur fixée à 250 °C et 4,52 kV; tension de cône fixée à 5 kV; débit de gaz (azote) de la gaine : 30 unités arbitraires) qui ne permet pas de fragmenter les AHLs. Les scans sont acquis pendant 1 min et la moyenne des scans est prise en compte. Les intensités maximales pour C4-HSL (ion pseudomoléculaire m/z=172 ; produit d'addition d'ammonium m/z=189 ; produit d'addition de sodium m/z=194 ; produit d'addition de solvant m/z=260) et de 3-oxo-C12- HSL (ion pseudomoléculaire m/z=298 ; produit d'addition d'ammonium m/z=315 ; adduit sodium m/z=320 ; adduit solvant m/z=386) sont combinés et convertis en concentration en utilisant une courbe d'étalonnage générée à partir des AHLs pures mais qui ont suivi les mêmes conditions d'extraction. Avant la conversion, les valeurs de base à partir d'extrait hydrolysé sont soustraites de celles de l'extrait acide. Les données (n=3) étaient statistiquement analysées par le test $t$ de *Student* (c'est-à-dire chaque test est comparé au DMSO) et $p < 0,01$ est considérée comme significative.

### II.7. Etude de la viabilité de *P. aeruginosa*

L'évaluation de la viabilité et de la cinétique de croissance de *P. aeruginosa* PAO1 est réalisée avec le kit de viabilité *Bac*lightTM L-7012 (Molecular Probes) qui utilise deux marqueurs, à savoir le SYTO 9 (3,34 mM) et l'iodure de propidium [IP] (20 mM) qui marquent respectivement les bactéries vivantes et mortes. La technique utilisée suit le protocole décrit dans le manuel d'utilisation du kit. Le principe de ce test ainsi que la technique utilisée pour la construction d'une droite étalon, qui permette de quantifier le rapport entre bactéries mortes et vivantes, sont détaillés dans l'Annexe IV. Les *P. aeruginosa* PAO1 sont incubés avec du DMSO ou de la naringénine (4 mM final) tel que décrit ci-dessus pour 8 et 18 h. Après l'incubation, les cultures de *P. aeruginosa* PAO1 sont diluées à une $A_{600}$ entre 0,10 et 0,15, et 100 µl d'un mélange de SYTO-9 et PI est ajouté à 100 µl de la suspension bactérienne diluée. Le mélange est transféré sur une plaque 96 puits à fond noir OptiPlate-96 F microplaque (PerkinElmer) et l'intensité des fluorescences est mesurée [excitation, 485 nm; émission, 530 nm (SYTO-9) et 630 nm (PI)] sur le spectrophotomètre SpectraMax M2 (Molecular Devices). Le rapport entre la fluorescence verte et rouge

(530 nm /630 nm) est comparé pour évaluer la cytotoxicité de la naringénine. Les cultures bactériennes traitées par le DMSO sont utilisées comme témoins. Les données (n=3) sont analysées statistiquement par le test $t$ de *Student* et la valeur $p <$ 0,01 est considérée comme significative. L'effet de la naringénine sur la cinétique de croissance de *P. aeruginosa* PAO1 est également évalué en mesurant l'$A_{600}$ des *P. aeruginosa* PAO1 cultivées dans les mêmes conditions sur une période de 24 h.

## II.8. Etude de la luminescence

### II.8.1. Préparation des souches bactériennes pour le test

L'analyse de la perception des acyl-homosérines lactones dans le système *las* et *rhl* chez *P. aeruginosa* est réalisée sur les souches rapportrices d'*Escherichia coli* JLD271 contenant les plasmides pAL101, pAL102, pAL105 et pAL106. La définition et le principe de fonctionnement des gènes rapporteurs sont décrits dans l'Annexe II.

Après croissance pendant 18 h dans le milieu LB contenant du MOPS avec les antibiotiques appropriés (tétracycline 10 $\mu g.ml^{-1}$), les souches d'*Escherichia coli* JLD271 contenant le gène qui code pour la luminescence (décrites dans le Tableau 4) sont récupérées et lavées trois fois dans un milieu frais de même nature. La densité bactérienne à 600 nm est ajustée entre 0,02 et 0,03 et les suspensions bactériennes sont distribuées dans les plaques à 24 puits à raison de 1 ml par puits. Pour chaque condition testée, 10 µl d'échantillon préparé dans du DMSO sont ajoutés dans les puits contenant les suspensions bactériennes. Les flavonoïdes sont testés avec une concentration finale de 4 mM. Les AHLs appropriées pour chaque souche sont ajoutées avec trois concentrations différentes (1 µM, 10 µM et 100 µM) en même temps que les produits à tester.

### II.8.2. Mesure de la densité bactérienne

Pour les différentes souches d'*E. coli*, la suspension bactérienne est diluée au 1 : 2 avec de l'eau milliQ et l'absorbance bactérienne est mesurée à 600 nm sur l'appareil Spectramax M2 sur une plaque à 96 puits avec 200 µl de suspension par puits. L'absorbance est mesurée après 18 h d'incubation et après 2h d'induction.

### II.8.3. Mesure de la luminescence

Après la mesure de la densité bactérienne, les 200 µl de suspension bactérienne sont transférés sur une plaque à 96 puits à fond noir OptiPlate-96 F microplaque (PerkinElmer). La luminescence est mesurée directement sur un luminomètre TopcountNXT ®. La luminescence est mesurée après 18 h d'incubation et après 2 h d'induction. Les données (n=3) sont analysées statistiquement par le test *t* de *Student* et la valeur $p < 0,01$ est considérée comme significative

### II.9. Analyse de l'expression des gènes par RT-PCR

Une culture de *P. aeruginosa* PAO1 traitée avec de la naringénine (4 mM final) pendant 18 h est congelée dans de l'azote liquide. L'intégrité de la paroi bactérienne est détériorée avec des billes de verre acidifiées (425 à 600 µm) à l'aide d'un appareil MagNA Lyser (Roche Diagnostics). Le produit final est homogénéisé dans du Réactif TRI (Sigma) libérant ainsi les ADN. Après quantification sous UV, les contaminations ADN sont éliminées par un traitement à la DNase pendant 1 h (Amplification grade DNase I chez Sigma) selon les instructions du fabricant. La qualité et la quantité de l'ARN sont évalués par DNAVision (www.dnavision.be; Gosselies, Belgique) avec un Bioanalyzer 2100 (Agilent). Les ADNc sont synthétisés à partir de 250 ng d'ARN total en utilisant le système de transcription inverse (Promega) et des hexamères aléatoires selon les instructions de Promega. Les amorces (5 µM chacun) sont conçues en utilisant Primer3 (http://frodo.wi.mit.edu/cgibin/primer3/primer3_www.cgi) (Rozen et Skaletsky, 2000) et sont :

*16S*-left 5'-CTGAGAGGATGATCAGTCACACTGG-3';
*16S*-right 5'- GATTTCACATCCAACTTGCTGAACC-3';
*lasB*-left 5'- GTAGGTGTACTTGCCGATCTTCTGG-3';
*lasB*-right 5'- AATGACAAAGTGGAACTGGTGATCC-3';
*lasA*-left 5'- AAGAGCGAATACCTGGAGCACTGG-3';
*lasA*-right 5'- TGGTATTCCTCGAAACCGTAGTAGC-3';
*rhlA*-left 5'- AGACCAGGTGATTGACCTCGAAGC-3';
*rhlA*-right 5'- AGTCTGTTGGTATCGGTTTGCAAGG-3';
*phzA1*-left 5'- CGAACCACTTCTGGGTCGAGTGC-3';
*phzA1*-right 5'- GGGAATACCGTCACGTTTTATTTGC-3'.

Les intensités des produits de PCR après coloration SybrGold (Invitrogen) sont quantifiées en utilisant le logiciel ImageQuant TL (GE Healthcare Life Sciences) et normalisées par rapport aux valeurs obtenues pour l'amplification *16S*. Les valeurs normalisées sont utilisées pour calculer les taux d'expression de gènes en comparant *P. aeruginosa* PAO1 traités par le DMSO à *P. aeruginosa* PAO1 traités par la naringénine. Les données (n=3) sont analysées statistiquement en effectuant des tests *t* de *Student* (c'est à dire chaque test est comparé à l'état de DMSO) et une valeur de $p \leq 0,01$ est considérée comme étant significative.

### II.10. Présentation des résultats et analyse statistique

Chaque test biologique est réalisé avec 3 répétitions de trois tests indépendants et les résultats obtenus sont représentés par des histogrammes représentant les moyennes des répétitions avec les déviations standards correspondantes. L'analyse statistique des résultats est réalisée avec le test *t* de *Student* et une différence à $p < 0.01$ par rapport au contrôle est considérée significative.

## III. Résultats

### III.1. Effet des flavonoïdes sur la production de facteur de virulence dépendant du QS chez *P. aeruginosa* PAO1 et *C. violaceum* CV026

Plusieurs flavonoïdes disponibles dans le commerce et appartenant aux sous-classes des flavones (apigénine et lutéoline), des flavonols (kaempférol, quercétine et myricétine), des flavanones (naringénine, naringine, ériodictyol et taxifoline) et des chalcones (trans-benzylideneacetophenone) (Annexe I) sont criblés pour leur capacité à interférer avec le QS de *P. aeruginosa* PAO1 et *C. violaceum* CV026. Ces flavonoïdes sont testés à une concentration finale de 4 mM, car, à cette concentration, la catéchine (flavonol) est démontrée comme inhibiteur de la production de facteurs de virulence dépendants du QS chez ces bactéries (Vandeputte *et al.*, 2010). Comme le montre la Figure 16, plusieurs flavonoïdes ont un impact sur la production de pyocyanine ou de violacéine. En effet, à l'exception de la naringine, l'ensemble des flavonoïdes testés inhibent la production de pyocyanine (Figure 16a). Cependant, comme présenté dans la Figure 16b, l'impact négatif des flavones (apigénine et lutéoline) et des flavonols (kaempférol, quercétine et myricétine) sur la production de pyocyanine est corrélé avec une réduction significative de la densité cellulaire de *P. aeruginosa* PAO1. Visiblement, seuls les flavanones (c.-à-d naringénine, ériodictyol et taxifoline), qui ont un impact limité sur la densité bactérienne finale de PAO1, ont conduit à des réductions significatives réelles de la production de pyocyanine soit $86,8 \pm 1,4$ %, $73,2 \pm 5,2$% et $55,8 \pm 8,1$ %, respectivement (Figure 16a). La naringine, qui est un dérivé 7-*O*-rhamnoglucoside de la naringénine (Annexe I), n'a pas réduit la production de pyocyanine (Figure 16a), ce qui suggère que les effets stériques ou la présence de certaines fonctions chimiques sont des facteurs importants pour la capacité de la naringénine à réduire la production de pyocyanine. Enfin, le flavonoïde à chaîne ouverte (c.-à-d *trans*-benzylideneacetophenone [chalcone]) a un impact négatif sur la production de pyocyanine chez PAO1 (réduction de $68,3 \pm 3,7$% ; Figure 16a) sans avoir d'effet sur la densité de bactérienne finale (Figure 16b).

Les mécanismes du QS de type LuxI/R sont également impliqués dans la production de violacéine chez *C. violaceum* (McClean *et al.*, 1997), une bactérie à faible incidence sur la santé humaine, mais largement utilisée comme souche rapportrice dans le criblage du QS (Chu *et al.*, 2011). Les analyses sont effectuées en utilisant le *C. violaceum* CV026 qui est une souche rapportrice mutée dans le gène de la synthase CVII AHL et, par conséquent, cette souche n'est capable de produire de la violacéine que lorsque l'inducteur naturel *N*-hexanoyle-L-homosérine lactone (HHL) est fourni au milieu de croissance (McClean *et al.*, 1997). Comme le montre la

Figure 16c, plusieurs flavonoïdes sélectionnés ont un impact négatif sur la production de violacéine. Cependant les flavones et flavonols ont également un impact sur la croissance de CV026 (données non présentées). Les flavanones testés (naringénine, ériodictyol et taxifoline) réduisent la production de violacéine de 69 ± 2 %, 78 ± 1 % et 67 ± 10 %, respectivement, tandis que la naringine et la chalcone n'ont pas d'impact significatif sur la production de violacéine (Figure 16c). Sur base de ces criblages préliminaires, seuls les flavanones et le chalcone (sans impact sur la densité bactérienne de *P. aeruginosa* PAO1 et *C. violaceum* CV026) ont fait l'objet d'investigation ultérieure sur la régulation du QS chez *P. aeruginosa* PAO1.

### III.2. Effet des flavanones sur la production d'élastase chez *P. aeruginosa* PAO1

Afin d'évaluer l'effet des flavanones sur la production de l'élastase, les bactéries PAO1 sont incubées pendant 18 h en présence de naringénine, de naringine, d'ériodictyol et de taxifoline (4 mM concentration finale). La production de l'élastase est quantifiée par l'activité élastolyse (Ishida *et al.*, 2007; Muh *et al.*, 2006) dont le principe est développé dans la section II.3.2 et annexe V. Comme le montre la Figure 17, la naringénine, l'ériodictyol et la taxifoline entrainent une réduction de la production de l'élastase de 46 ± 1%, 62 ± 6% et 47 ± 2%, respectivement, contrairement à la naringine qui n'a aucun effet. Le *trans*-chalcone a également été testé et a montré une réduction de la production d'élastase dans les mêmes proportions que les flavanones (51 ± 5%) soutenant que ce flavonoïde particulier pourrait aussi interférer avec les mécanismes de QS.

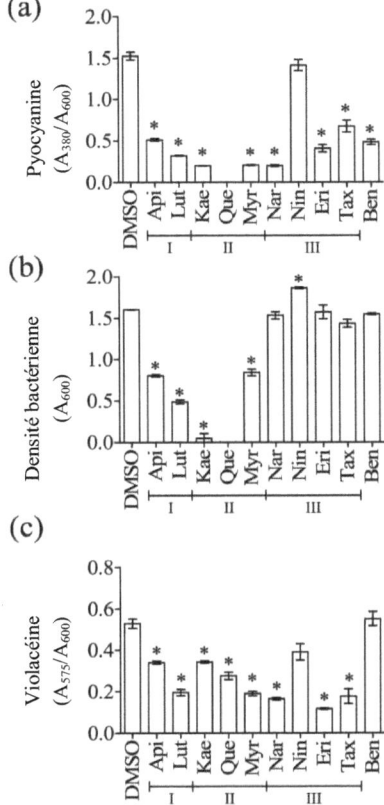

**Figure 16.** Effet des flavonoïdes sur la croissance bactérienne et la production de pyocyanine par *P. aeruginosa* PAO1 et de violacéine par *C. violaceum* CV026. (a) la production de pyocyanine, (b) la densité bactérienne finale de *P. aeruginosa* PAO1 (c) la production de violacéine. La densité bactérienne est évaluée à 600 nm et la pyocyanine et violacéine sont mesuré à 380 nm et 575 nm, respectivement. Tous les flavonoïdes sont utilisés à 4 mM, avec du DMSO comme solvant. Une condition de culture traitée avec du DMSO (1 %) est utilisée comme témoin de condition optimale d'expression et chaque test (n = 3) est évalué statistiquement en effectuant des tests *t* de *Student* (chaque test est comparé à la condition de DMSO), et une valeur de $p \leq 0{,}01$ est considérée comme significative. DMSO, diméthylsulfoxyde; Api, apigénine, Lut, lutéoline; Kae, kaempférol; Que, quercétine; Myr, myricétine; Nar, naringénine; Nin, naringine; Eri, ériodictyol; Tax, taxifoline; Ben, trans-benzylideneacetophenone. *, les données qui sont statistiquement différentes ($p \leq 0{,}01$). I : flavones, II: les flavonols, III : flavanones.

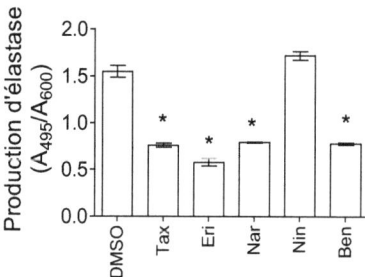

**Figure 17.** Effet des flavanones (taxifoline, ériodictyol, naringine, naringénine et *trans*-benzylideneacetophenone) sur la production de l'élastase par *P. aeruginosa* PAO1. Tous les flavonoïdes sont utilisés à 4 mM. Une condition de culture traitée avec du DMSO est utilisée comme témoin positif et chaque test (n=3) est évalué statistiquement en effectuant des tests *t* de *Student* (chaque test est comparé au DMSO), et une valeur de $p \leq 0,01$ est considérée comme significative. DMSO, diméthylsulfoxyde; Nar, naringénine; Nin, la naringine; Eri, ériodictyol; Tax, taxifoline; Ben, *trans*-benzylideneacetophenone. *, Données qui sont statistiquement différentes ($p \leq 0,01$).

### III.3. Effet des flavanones sur l'expression des gènes du QS chez *P. aeruginosa* PAO1

Si les flavanones interfèrent avec les mécanismes de QS, cela devrait se refléter au niveau de la transcription des gènes QS-régulés et QS-régulants. L'effet de ces flavanones sur les systèmes de QS est donc évaluée par la mesure de l'expression des gènes AHL-synthase (*lasI* et *rhlI*) et les gènes régulateurs du QS (*lasR* et *rhlR*) chez *P. aeruginosa* PAO1. En raison de sa disponibilité commerciale limitée, l'ériodictyol n'est pas inclus dans les expériences ultérieures. Comme le montre le Tableau 5, au bout de 8 h, l'ajout de naringénine entraîne une diminution significative de l'expression des deux systèmes de QS (*lasRI* et *rhlRI*) et des gènes en aval (*lasB* et *rhlA*) : ces effets sont plus marqués après 18 h, tandis que la naringine n'a d'effet inhibiteur sur aucun des gènes du QS sélectionnés (Tableau 5). Toutefois, la naringine a un impact négatif sur *lasR* après 18h, probablement par hydrolyse partielle du rhamnoglucoside (un constituant de la naringine) libérant ainsi la naringénine. Parallèlement, la taxifoline réduit seulement l'expression des gènes de synthase *lasI* et *rhlI* après 8h de culture (Tableau 5) alors qu'après 18 h, elle réduit de manière significative l'expression de tous les gènes QS-dépendant à l'exception de *rhlA*. A inverse, la chalcone réduit l'expression de tous les gènes QS-dépendant (à l'exception de *lasI*) après 8 h, mais a un impact limité après 18 h. En effet, seuls les gènes *lasR*, *lasB* et *rhlA* sont touchés tandis que les autres ont une expression équivalente à la condition DMSO. Pour vérifier que la baisse de l'activité β-galactosidase est réellement associée à une réduction de l'expression de gènes liés au QS et non à un effet général sur les mécanismes de transcription/traduction, l'activité du promoteur du gène *aceA* (régulant l'expression du gène de l'isocitrate lyase, PA2634) (Kretzschmar *et al.*, 2008) est examinée chez *P. aeruginosa* PAO1 cultivé en présence ou en absence des flavanones sélectionnés. Comme le montre le Tableau 5, l'addition des flavonoïdes n'a aucun impact négatif sur la transcription du gène *aceA* (bien que la naringine montre un impact positif significatif), ce qui indique qu'ils affectent l'expression de gènes liés au QS sans affecter la machinerie de transcription de *P. aeruginosa* PAO1. Bien que ces flavanones présentent des structures étroitement liées, ils ont apparemment des effets différents sur l'expression de gènes impliqués dans le QS et la naringénine semble être la molécule avec l'action la plus large et la plus persistante sur les systèmes de QS chez *P. aeruginosa* PAO1. Par conséquent, et afin de fournir plus de preuves sur le fait que les mécanismes de QS chez PAO1 sont bien affectés par la naringénine, nous avons analysé l'expression des quatre gènes liés au QS par RT-PCR semi-quantitative: ceux qui sont impliqués dans la production de protéase LasA (*lasA*), élastase LasB (*lasB*), pyocyanine (*phzA1*), et rhamnolipides (*rhlA*). Les bactéries sont incubées pendant 18 h avec ou sans la naringénine (4 mM final). Comme le montre la Figure 18, l'expression de ces gènes est régulée négativement en présence de la naringénine, confirmant la réduction de la production de pyocyanine, d'élastase et de la diminution de l'expression de gènes liés au QS (Figure 16, 17 et Tableau 5). Par ailleurs, comme le montre la Figure 17c, aucun des effets de la naringénine ne pourrait être attribué à une diminution de la croissance ou de la viabilité de PAO1.

**Tableau 5.** Effet de flavanones sur l'expression des gènes *lasI, lasR, lasB, rhlI, rhlR, rhlA* et *aceA* chez *P. aeruginosa* PAO1 après 8 et 18h d'incubation.

| Culture | Expression des gènes (Unité Miller) [a] | | | | | | |
|---|---|---|---|---|---|---|---|
| **8h** | *lasI* | *lasR* | *lasB* | *rhlI* | *rhlR* | *rhlA* | *aceA* [b] |
| DMSO | 532±12 | 4621±283 | 3248±436 | 9075±835 | 4154±94 | 2848±74 | 2615±418 |
| Naringénine | 464±14* | 3392±326* | 2440±124* | 4424±503* | 2771±250* | 2260±107* | 2679±129 |
| Naringine | 1602±139* | 4579±586 | 3607±101 | 11826±898* | 4701±332 | 3414±281* | 3480±421* |
| Taxifoline | 207±19* | 5413±650 | 2859±39 | 5890±746* | 3610±526 | 2845±201 | 2592±161 |
| trans-Ben | 558±36 | 3026±436* | 2676±69* | 11583±428* | 2305±265* | 2085±252* | 2841±161 |

| Culture | Expression des gènes (Unité Miller) [a] | | | | | | |
|---|---|---|---|---|---|---|---|
| **18h** | *lasI* | *lasR* | *lasB* | *rhlI* | *rhlR* | *rhlA* | *aceA* [b] |
| DMSO | 968±98 | 4814±577 | 1116±121 | 4046±373 | 2206±492 | 8455±330 | 2424±84 |
| Naringénine | 392±62* | 1675±103* | 592±32* | 1675±405* | 1261±316* | 5274±532* | 2178±177 |
| Naringine | 1363±674 | 2993±271* | 848±395 | 3107±581 | 3174±736 | 6742±1192 | 2609±350 |
| Taxifoline | 329±49* | 1951±660* | 885±76* | 938±305* | 1692±227* | 9134±628 | 2845±294 |
| trans-Ben | 1168±122 | 3457±555* | 655±191* | 3387±477 | 3421±409 | 5189±98* | 2477±206 |

(a) Expression des gènes mesurées par l'activité β-galactosidase exprimée en unité Miller
(b) Expression du gène *aceA* utilisé comme gène de contrôle indépendant du QS.
*, Données statistiquement différentes ($p \leq 0,01$). La couleur verte indique une surexpression et la couleur rouge une sousexpression.

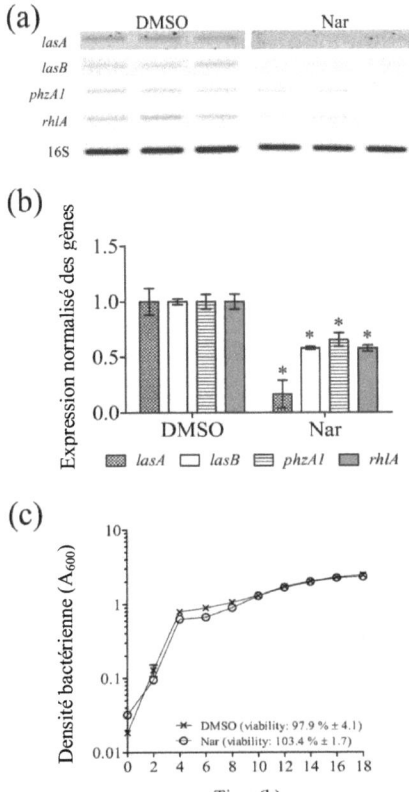

**Figure 18.** Effet de la naringénine sur l'expression des gènes QS-dépendants chez *P. aeruginosa* PAO1. (a) Analyse RT-PCR de l'expression des gènes *lasA*, *lasB*, *phzA1* et *rhlA* ; le gène 16S est utilisé comme contrôle de charge. (b) Expression relative des gènes *lasA*, *lasB*, *phzA1* et *rhlA* dans des conditions de contrôle (+ DMSO) et après addition de la naringénine (+ Nar). Les intensités des produits PCR après coloration *SybrGold* sont quantifiées en utilisant le logiciel *ImageQuant TL* (GE Healthcare Life Sciences) et sont normalisées par rapport aux valeurs obtenues pour l'amplification *16S*. Les valeurs normalisées sont utilisés pour calculer les taux d'expression de gènes entre les expressions des gènes chez *P. aeruginosa* PAO1 de la condition de DMSO contre naringénine (Nar). (c) Cinétique de croissance de *P. aeruginosa* PAO1 en présence de DMSO (croix) ou naringénine 4 mM (cercles). La viabilité de *P. aeruginosa* PAO1 est évaluée au bout de 18 heures en utilisant SYTO-9 et de l'iodure de propidium. Tous les flavonoïdes sont utilisés à 4 mM. La signification statistique de chaque essai (n = 3) est évaluée en réalisant des tests *t* de *Student* (à savoir chaque essai est comparé au DMSO), et une valeur de $p \leq 0,01$ était considérée comme significative.

## III.4. Effet de la naringénine et de la naringine sur la production d'AHLs chez *P. aeruginosa* PAO1

Pour déterminer si l'effet inhibiteur de la naringénine est lié à la synthèse et à l'accumulation d'AHL (3-oxo-C12-HSL ou C4-HSL), les concentrations de ces deux composants sont déterminées dans les milieux de culture de *P. aeruginosa* après 8 et 18 h d'incubation en présence de DMSO, naringénine (4 mM) ou naringine (4 mM). Comme le montre la Figure 19, la naringénine réduit de manière significative la concentration des deux auto-inducteurs après huit (Figure. 19a, et c) et 18 h (Figure 19b et d) d'incubation. Après 8 h, les concentrations de 3-oxo-C12-HSL et C4-HSL sont réduites de 3 et 10 fois, respectivement. Dix-huit heures après l'ajout de la naringénine (Figure 19c et d), les concentrations des auto-inducteurs sont réduites de 2 et 4 fois, respectivement. La naringine, par contre, n'a aucun effet significatif sur la production des auto-inducteurs ni après 8 h ni après 18h.

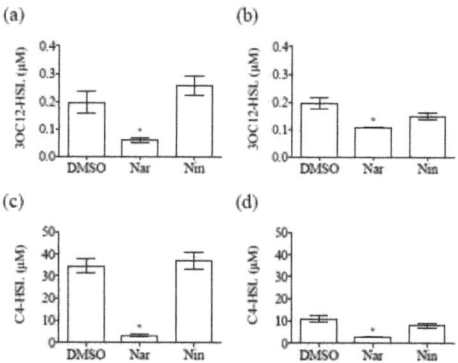

**Figure 19**. La naringénine, mais pas la naringine, inhibe la production des *N*-acyl-homosérine lactones (3-oxo-C12-HSL et C4-HSL) chez *P. aeruginosa* PAO1. La quantification de la 3-oxo-C12-HSL produite par *P. aeruginosa* PAO1 en présence de DMSO, la naringénine (Nar) ou la naringine (Nin) après 8 h (a) et 18 h (b) de croissance. La quantification de C4-HSL produite par *P. aeruginosa* PAO1 en présence de DMSO, la naringénine (Nar) ou la naringine (Nin) après 8 h (c) et 18 h (d) de la croissance. Les acyl-homosérine lactones sont extraits et quantifiés par spectrométrie de masse comme décrit dans la section Matériels et Méthodes. Tous les flavanones sont utilisés à 4 mM. Une condition de culture traitée avec du DMSO est utilisée comme témoin et chaque test (n=6) est évalué statistiquement en effectuant des tests *t* de *Student* (chaque test est comparé au DMSO).*, Données qui sont statistiquement différentes ($p \leq 0{,}01$).

### III.5. Effet de la naringénine sur la production de pyocyanine chez *P. aeruginosa* PAO1, après apport exogène d'acyl-homosérines lactones

Comme la production d'AHLs est affaiblie en présence de la naringénine, une expérience consistant à ajouter de manière exogène du 3-oxo-C12-HSL ou du C4-HSL à une culture de PAO1 traité à la naringénine ou à la naringine est réalisée, et la production de pyocyanine est quantifiée. Comme le montre la Figure 20, les *P. aeruginosa* PAO1 traités à la naringénine montre une diminution significative de la production de pyocyanine. Toutefois, l'addition de 10 µM de 3-oxo-C12-HSL ou C4-HSL ne rétablit pas la production de pyocyanine (Figure 20a). Concernant la naringine, celle-ci n'inhibe pas la production de pyocyanine et l'ajout de 3-oxo-C12-HSL ou C4-HSL sur une culture de PAO1 traitée à la naringine n'apporte aucune variation significative sur la production de pyocyanine (Figure 20b).

La même expérience est réalisée avec les souches mutantes ΔPA1432 (Δ*lasI*) et ΔPA3476 (Δ*rhlI*) qui sont dépourvues de gènes fonctionnels de synthase *lasI* et *rhlI*, donc incapable de produire du 3-oxo-C12-HSL et C4-HSL, respectivement. Comme le montre la Figure 20c, le mutant Δ*lasI* produit moins de pyocyanine que la souche PAO1 sauvage (Figure 20a) et l'addition exogène d'3-oxo-C12-HSL augmente de manière significative cette production de pyocyanine. Cependant, une culture de la même souche traitée avec de la naringénine produit encore moins de pyocyanine et l'addition exogène d'3-oxo-C12-HSL n'entraine aucun changement significatif de production (Figure 20c ; Nar +), ce qui indique que l'apport exogène d'AHL n'est pas suffisante pour compenser l'effet de la naringénine.

De même, la Figure 20e montre que le mutant Δ*rhlI* est incapable de produire la pyocyanine sauf si la C4-HSL est fournie de manière exogène (alors que l'ajout de 3-oxo-C12-HSL n'entraine pas de production de pyocyanine). Par contre, lorsque la naringénine est ajouté avec la C4-HSL sur le mutant Δ*rhlI*, le niveau de production de pyocyanine est inférieure à celle observée lorsque la C4-HSL seule est ajoutée (Figure 20e ; + Nar). Parallèlement, l'ajout de la naringine aux deux souches mutantes n'a aucune incidence sur leur capacité à produire ou non la pyocyanine lorsque l'auto-inducteur approprié est ajouté dans le milieu de culture (Figure 20d et f ; + Nin) soulignant ainsi que l'absence d'encombrement stérique du cycle A de la naringénine est une caractéristique structurale importante pour l'activité de cette dernière.

Par ailleurs, comme le montre la Figure 20a, c et e, la naringénine réduit la production de pyocyanine à des niveaux compris entre ceux détectés chez les mutants $\Delta lasI$ et $\Delta rhlI$, ce qui démontre la capacité de la naringénine à inhiber efficacement le QS de PAO1. De plus, la production de pyocyanine et d'élastase (Figure 16 et 17) sont plus réduites par la naringénine (80-90 % et 50 % de réduction, respectivement) que par la catéchine (50 % et 30 % de réduction, respectivement) (Vandeputte et al., 2010). Cet impact plus important de la naringénine est également évident sur l'expression des gènes liés au QS (Tableau 5). En effet, la naringénine a clairement plus d'impact sur ces gènes après 18 heures que la catéchine, tandis que les deux molécules ont le même impact sur l'expression des gènes après 8 heures de traitement (Vandeputte et al., 2010).

### III.6. Effet de la naringénine sur la perception des AHLs chez *P. aeruginosa* PAO1

Comme l'ajout d'AHLs à des cultures de PAO1 traitées avec la naringénine, n'a pas complétement restaurer sa capacité à produire de la pyocyanine (Figure 20), nous avons déterminé si les facteurs de transcription LasR et RhlR peuvent être perturbés dans leur capacité à percevoir leur signaux QS respectif (3-oxo-C12-HSL ou C4-HSL). Ceci est réalisé en utilisant les biosenseurs *E. coli* portant les plasmides pAL (Lindsay et Ahmer, 2005). Ces constructions permettent de déterminer si la perception de la 3-oxo-C12-HSL par LasR (pAL105) ou de C4-HSL par RhlR (pAL101) est affectée. Ces souches biosenseurs sont cultivées pendant une nuit et induites par l'addition de la molécule d'AHL appropriée à diverses concentrations (1, 10 et 100 µM). Comme le montre la Figure 21, l'ajout de concentration croissante de

C4-HSL à la souche biosenseur pAL101 induit l'expression de l'opéron *lux* et la production conséquente de luminescence (alors que seuls les niveaux de luminescence de base sont détectés dans la souche de pAL102 qui est dépourvu du gène rhlR ; données non montrées). La naringénine et la naringine sont ajoutés à ces souches biosenseurs à une concentration de 2 mM (final), une concentration inférieure à celle utilisée pour *P. aeruginosa* PAO1 en raison de la toxicité de la naringénine pour *E. coli* (données non présentées). Comme le montre la Figure 21, la souche biosenseur pAL101 produit moins de luminescence lorsque la naringénine est ajoutée, par rapport aux souches biosenseurs traitées avec le DMSO et la naringine, ce qui indique que le fonctionnement de la protéine RhlR est altéré. Aucune différence significative n'est observée avec la souche biosenseur pAL105, ce qui suggère que la protéine LasR est peu ou pas affectée (données non présentées).

## IV. Discussion et Conclusion

Pour faire face aux infections bactériennes, la recherche de molécules connues qui inhibent ou perturbent le mécanisme de QS est une stratégie émergente contribuant au développement de nouveaux composés pour atténuer ou supprimer la production de facteurs de virulence par des bactéries pathogènes (Bjarnsholt *et al.*, 2010b). Différents types de criblage peuvent être utilisés pour trouver des molécules candidates, par exemple le criblage *(i)* à partir de bibliothèques de molécules résultant de la chimie combinatoire ou contenant des analogues d'acyl-homosérine lactone (Ishida *et al.*, 2007; Janssens *et al.*, 2008; Muh *et al.*, 2006), *(ii)* par l'intermédiaire des projections virtuelles en fonction de la structure des homologues de luxR liées à leurs molécules signal apparentées (Persson *et al.*, 2005 ; Taha *et al.*, 2006 ; Yang *et al.*, 2009 ; Zeng *et al.*, 2008) ou *(iii)* d'extraits à partir de tissus d'eucaryotes, y compris des organismes marins (Givskov *et al.*, 1996; Hentzer *et al.*, 2002; Skindersoe *et al.*, 2008b) et de plantes (Adonizio *et al.*, 2008; Bjarnsholt *et al.*, 2005b; Gao *et al.*, 2003; Keshavan *et al.*, 2005; Rasmussen *et al.*, 2005b; Teplitski *et al.*, 2010).

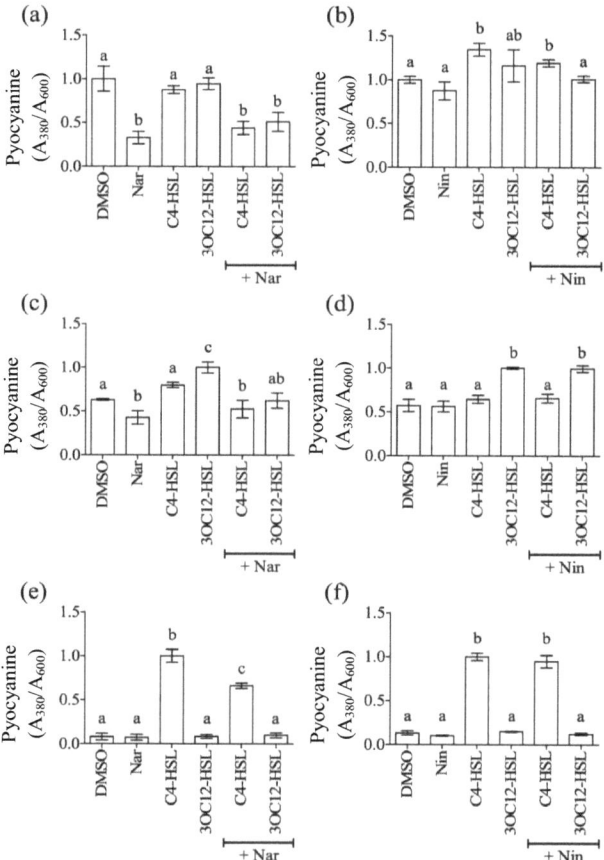

**Figure 20.** Effet de la naringénine et la naringine sur la production de pyocyanine par *P. aeruginosa* PAO1 suite à un apport exogène d'AHL.

(a, b) La production de pyocyanine par la souche *P. aeruginosa* PAO1 sauvage.

(c, d) Les souches mutantes Δ*lasI* (ΔPA1432 - mutant ID 11174) et (e, f) Δ*rhlI* (ΔPA3476 - mutant ID 32454). Dans chaque cas, les bactéries sont incubées seules avec le DMSO, la naringénine (Nar) ou la naringine (Nin) ou induites seules avec l'AHL appropriée (concentration finale à 10 µM). Les cultures traitées au DMSO sont utilisées comme témoins et l'analyse statistique de chaque essai (n = 3) est évaluée en effectuant le test ANOVA de comparaison de Tukey, et une valeur de $p \leq 0,01$ est considérée comme significative. Tous les flavanones sont utilisés à 4 mM. Différentes lettres (a, b, c, et ab) au-dessus des histogrammes indiquent que les données sont statistiquement différentes les unes des autres selon le test ANOVA avec la comparaison multiple de Tukey ($p \leq 0,01$).

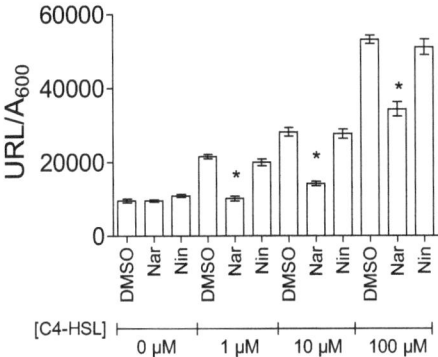

**Figure 21.** La naringénine affecte le fonctionnement du complexe RhlR/C4-HSL.
L'effet de la naringénine et la naringine sur le biosenseur *E. coli* pAL101 est évalué par l'ajout de concentration croissante de C4-HSL (0, 1, 10 et 100 μM) avec le DMSO, la naringénine (Nar) ou la naringine (Nin) à une culture bactérienne de 18 h. Deux heures après ajout des produits, la luminescence en unité relative de lumière (URL) et l'absorbance à 600nm sont mesurées. Les résultats sont exprimés par le rapport de ces deux valeurs. Le biosenseur *E. coli* pAL102 est utilisé pour les bruits de fond. Tous les flavonoïdes sont utilisés à 2 mM. Une culture traitée avec du DMSO est utilisé comme témoin et chaque test (n=3) est évalué statistiquement en effectuant des tests *t* de *Student* (chaque test est comparé au DMSO).*, Données qui sont statistiquement différentes ($p \leq 0,01$).

Il a été récemment montré que les extraits de *Combretum albiflorum* (Tul.) Jongkind, une plante endémique de Madagascar et appartenant à la famille des *Combretaceae*, affecte négativement les mécanismes de QS chez *C. violaceum* et *P. aeruginosa* PAO1 (Vandeputte *et al.*, 2010). La catéchine a été identifiée comme l'un des flavonoïdes présents dans l'extrait d'écorce de ce *Combretum* qui réduit la production de facteurs de virulence contrôlée par le mécanisme de QS chez *P. aeruginosa* PAO1 mais, sur la base de caractéristiques spectrales, d'autres fractions actives ont été présentées comme ayant des structures apparentées aux flavonoïdes. Par conséquent, plusieurs flavonoïdes disponibles dans le commerce ont été sélectionnés dans la présente étude afin d'évaluer leur capacité à interférer avec les mécanismes de QS chez *P. aeruginosa* PAO1.

Les flavonoïdes dérivent de la voie des phénylpropanoïdes et se retrouvent de façon ubiquitaire dans les plantes où ils remplissent différentes fonctions écologiques et physiologiques (Buer *et al.*, 2010; Dixon et Steele, 1999; Dixon et Pasinetti, 2010). Les flavonoïdes sont également connus pour leur utilité médicale et pour leurs propriétés anti-inflammatoire, anti-tumorale, cytotoxique ainsi que pour leurs activités antiallergiques, anti-oxydantes et antimicrobiennes (Crespo *et al.*, 2008; Cushnie et Lamb, 2005; Lee *et al.*, 2009; Singh *et al.*, 2008; Williams *et al.*, 2004). Dans ce dernier cas, certains flavonoïdes se sont révélés comme des inhibiteurs de l'activité de la gyrase, de la synthèse d'acide nucléique, de la topoisomérase de type IV, de la fonction de la membrane cytoplasmique et du métabolisme énergétique (Cushnie *et al.*, 2005).

Les flavonoïdes sont également connus pour leur implication dans les mécanismes de communication intercellulaire impliqués dans l'établissement de la symbiose entre les bactéries Rhizobium et leurs hôtes respectifs (légumineuses) (Buer *et al.*, 2010; Subramanian *et al.*, 2007; Zhang *et al.*, 2009). Certains flavonoïdes montrent également une activité anti-QS. En effet, la flavone baicaléine inhibe la formation de biofilm, qui est dépendante de QS chez *P. aeruginosa* PAO1 (à des concentrations de l'ordre du µM). De même, elle favorise la protéolyse du récepteur TraR d'*Agrobacterium tumefaciens* à des concentrations mM (Zeng *et al.*, 2008). Plus récemment, plusieurs flavonoïdes communément trouvés dans les plantes d'agrumes ont été criblés pour leur capacité à interférer avec le mécanisme de bioluminescence et la formation de biofilm, dépendants du QS (Vikram *et al.*, 2010). Ces auteurs ont démontré que la naringénine, entre autres flavonoïdes, réduit l'induction de bioluminescence chez les souches rapportrice de *Vibrio*, ainsi que la production de biofilm par *V. harveyi* BB120 et *E. coli* 0157: H7. Il a également été démontré que l'expression de trois gènes SSTT (système de sécrétion de type III), impliqués dans la signalisation « cellule à cellule », est inhibée par la naringénine

(Vikram *et al.*, 2010). Le mécanisme par lequel la naringénine affecte les systèmes QS dans ces systèmes biologiques n'a cependant pas été étudié.

Dans le présent travail, la naringénine apparaît comme un inhibiteur potentiel des mécanismes de QS chez *P. aeruginosa* PAO1. Les données recueillies suggèrent que l'action de la naringénine résulte probablement d'une réduction combinée de la production de deux molécules AHLs (qui pourrait être l'effet majeur corroboré par la sousexpression des gènes *lasI* et *rhlI*) et de la capacité des facteurs de transcription de type LuxR à percevoir leurs molécules apparentées, avec comme conséquence une réduction de l'expression des gènes liés au QS. Il est bien connu que les mutants $\Delta LasI$ et $\Delta RhlI$ déficients en synthèse d'AHL sont effectivement affaiblis dans leur capacité à exprimer un large éventail de gènes dits QS-dépendants, dont *lasB* (codant de l'élastase LasB), *rhlA* (codant pour la première protéine impliquée dans la production de rhamnolipides) et l'opéron *phz* impliqué dans la production de pyocyanine (Brint et Ohman, 1995; Gambello et Iglewski, 1991; Gambello *et al.*, 1993; Latifi *et al.*, 1995; Pearson *et al.*, 1997; Pesci *et al.*, 1997; Schuster *et al.*, 2003; Toder *et al.*, 1994; Wagner *et al.*, 2004).

Les flavonoïdes sont une large classe de métabolites végétaux dérivés de phénylpropanoïdes qui sont classés selon le degré d'oxydation du cycle C, et dont la diversité structurelle résulte des substitutions de leur squelette carboné par hydroxylation, glycosylation, méthylation, acylation et prénylation (Buer *et al.*, 2010; Dixon et Steele, 1999; Dixon et Pasinetti, 2010). Bien que toutes ces molécules soient structurellement similaires, les flavanones utilisés dans le cadre de notre étude (ériodictyol, naringénine, taxifoline) ont démontré une forte activité d'inhibition du QS tandis que, à la même concentration, les trois flavonols (kaempférol, myricétine, quercétine) et les deux flavones (apigénine, lutéoline) n'ont montré aucune modulation du QS, mais une activité bactéricide ou bactériostatique comme déjà signalé pour d'autres bactéries (Ulanowska *et al.*, 2006; Xu et Lee, 2001). Cela met en évidence l'implication possible des substitutions des hydroxyles et/ou la double liaison du noyau pyrannique dans les activités opposées (bactériostatique/bactéricide contre anti-QS) de ces flavonoïdes. Dans le cas de la naringénine, l'hydroxyle en position 7 semble être important pour l'activité anti-QS puisque la naringine (un glycoside de naringénine dans lequel le groupe hydroxyle en position 7 est substitué par un *O*-rhamnoglucoside) ne montre pas d'activité anti-QS, et ne réduisant ni la production de la violacéine, la pyocyanine, l'élastase, l'expression de gènes QS ni la production de C4-HSL et de 3-oxo-C12-HSL. Il est également possible que l'*O*-rhamnoglucoside augmente l'encombrement stérique de la naringine empêchant sa capacité à interagir avec sa cible comme le fait la naringénine. Dans la même logique, il a été démontré que la baicaléine (une flavone) possède un haut score d'affinité pour la TraR (un homologue LuxR *d'A. tumefaciens*) et affecte la stabilité de TraR alors que la baicaline (le dérivé 7-glucuronide de baicaléine) possède un faible score d'affinité et ne présente aucun effet sur la stabilité de la protéine TraR (Zeng *et al.*, 2008), suggérant que l'encombrement stérique des groupements glycosylés flavonoïdes peut en effet affecter leur capacité à interagir avec leurs cibles. La modification de l'hydroxylation, la méthoxylation et l'état de glycosylation des flavonoïdes sont bien connus pour affecter un grand nombre de leurs activités biologiques, soulignant l'importance de la relation entre leur structure précise et les propriétés biologiques (Halbwirth, 2010; Jiang *et al.*, 2010; Liu *et al.*, 2010; Pourcel *et al.*, 2007; Shimada *et al.*, 2010). Enfin, une investigation plus approfondie sur l'importance des divers radicaux et les cycles nécessaires à l'activité anti-QS des flavanones par l'analyse RSA (Relation Structure-Activité) pourrait faire la lumière sur les positions chimiques qui peuvent être modifiées chez des flavonoïdes ayant des activités anti-QS à des concentrations élevées, mais aussi pour conférer une activité anti-QS à des flavonoïdes antimicrobiens ou encore de modifier des inhibiteurs de QS pour obtenir des composés plus puissants. Cette analyse RSA peut également servir à la conception rationnelle de composés anti-QS grâce à la chimie combinatoire.

En outre, à l'aide de leur diversité chimique naturelle et leur polyvalence, des flavonoïdes et en particulier des flavanones pourraient devenir des composés de base important pour le développement de composés anti-QS qui peuvent être utilisés à des concentrations inférieures.

# CHAPITRE 3 :

Des espèces de *Dalbergia* endémiques de Madagascar inhibent le mécanisme de quorum sensing chez *Pseudomonas aeruginosa* PAO1

## I. Introduction

Les résultats obtenus au chapitre 2 ont permis de mettre en évidence que certains flavonoïdes interfèrent avec le mécanisme de QS chez *P. aeruginosa* et, la naringénine à des concentrations de l'ordre du millimolaire, montre une activité inhibitrice du mécanisme de QS chez cette bactérie. Par sa disponibilité commerciale, la naringénine représente ainsi un bon contrôle positif d'inhibition tandis que, la naringine, un bon contrôle négatif lors des différents tests biologiques tant au niveau criblage qu'au niveau plus fondamental visant à mieux comprendre les cibles des composés anti-QS.

*Dalbergia* est un genre d'arbres et d'arbustes de la famille des Fabacées largement distribué dans les régions tropicales et subtropicales et, surtout connu pour la qualité et la valeur de ses bois (Barrett *et al.*, 2010). Au-delà de leur valeur commerciale, diverses espèces sont utilisées dans la pharmacopée traditionnelle pour soulager des maux divers et certaines espèces de *Dalbergia* ont montré une activité antibactérienne significative contre les bactéries à Gram positif et à Gram négatif (Okwute *et al.*, 2009 ; Vasudeva *et al.*, 2009). Quarante-sept des 48 espèces de *Dalbergia* recensés à Madagascar sont endémiques (Bosser et Rabevohitra, 2002, 2005). Bien que les espèces de *Dalbergia*, comme *D. trichocarpa* Baker, soient largement utilisées dans la pharmacopée traditionnelle (Lemmens, 2008; Rajaonson, 2011), leur utilisation et leur mode d'action sont mal documentés. Récemment, une activité antibactérienne a été associée à *D. pervillei* Vakte, une plante endémique de Madagascar (Rajaonson *et al.*, 2011). En effet, l'écorce de cette plante contient un isoflavanone prénylé, la perbergine, qui inhibe l'expression des gènes de virulence du phytopathogène *Rhodococcus fascians* (Rajaonson *et al.*, 2011; Stes *et al.*, 2011). En outre, Brijesh et ses collègues (2006) ont montré que la décoction de *D. sissoo* laisse un impact négatif sur la capacité de colonisation de la cellule hôte et la production d'entérotoxine chez *E. coli* enteropathogénique et enterotoxigénique sans avoir d'effet bactéricide ou bactériostatique, attestant la présence de composés anti-virulences dans le genre *Dalbergia*. Nous avons donc avancé l'hypothèse que des espèces du genre *Dalbergia* pourraient être une source de composés inhibant l'expression des facteurs de virulence médiées par le QS.

Une étude préliminaire réalisée au sein du Laboratoire de Biotechnologie Végétale de l'ULB a montré que les extraits organiques de quelques espèces de *Dalbergia* endémique de Madagascar inhibent la production de pyocyanine chez *P. aerigunosa* PAO1. De plus, les travaux de criblage réalisés par Rajaonson (2011) dans ce même laboratoire ont démontré que l'extrait hexanique de feuilles de *D. trichocarpa* présente des activités d'inhibition de l'expression des gènes *lasB* et *rhlA* codant respectivement pour les facteurs de virulence élastase B et rhamnolipides. Dans ce contexte, un des objectifs de ce troisième chapitre est de cribler des espèces de *Dalbergia* endémique de Madagascar. Ainsi, quatre espèces, *D. chlorocarpa* R. Vig., *D. pervillei* Vatke, *D. trichocarpa* Baker. et *D. lemurica* Bosser et Rabevohitra sont récoltées dans la région Sud-Ouest de Madagascar (Du Puy *et al.*, 2002). Les extraits hexaniques de ces matériels végétaux ont fait l'objet d'un criblage basé sur l'expression des gènes *lasB, rhlA* (sous la dépendance du QS) et *aceA* codant l'isocitrate lyase (indépendant du QS) chez *P. aeruginosa* PAO1.

Dans un deuxième temps, l'extrait hexanique d'écorce des tiges de *D. trichocarpa* est évalué pour sa capacité à perturber l'expression des gènes du QS qui contrôlent l'expression des gènes *lasB* et *rhlA* chez *P. aeruginosa*, à savoir les gènes *lasR, lasI, rhlR* et *rhlI*. Parallèlement, six extraits hexaniques d'écorce des tiges de *D. trichocarpa* provenant de six localités différentes (Annexe VI) sont testés afin de vérifier la reproductibilité par rapport à la variabilité de l'origine des extraits (variabilité biologique). Par ailleurs, afin d'apprécier l'impact de l'effet de l'extrait d'écorce sur la production des facteurs de virulence QS-dépendant, la production de pyocyanine, d'élastase et de protéase est évaluée sur *P. aeruginosa* PAO1 et les mutants $\Delta lasI$ et $\Delta rhlI$.

Dans un troisième temps, comme la formation du biofilm et la motilité sont également sous le contrôle du QS, l'effet de l'extrait hexanique d'écorce de *D.*

*trichocarpa* sur ces deux comportements est évalué. Par ailleurs, la capacité de *P. aeruginosa* à se déplacer sur une surface solide humidifiée (mobilité de type twitching) et sur une surface semi-solide (mobilité de type swarming) est évaluée. Enfin, une étude de synergisme de l'extrait d'écorce avec la tobramycine sur les *P. aeruginosa* encapsulés dans le biofilm est réalisée afin de mieux apprécier l'impact et l'intérêt de l'extrait d'écorce dans un biofilm formé par *P. aeruginosa*.

## II. Matériels et Méthodes
### II.1. Matériel végétal
#### II.1.1. Critères de sélection du matériel végétal

Les quatre espèces de *Dalbergia* utilisées dans le cadre de ce travail sont sélectionnées à partir d'une liste de genres et d'espèces de plantes qui figure dans un programme de conservation et de valorisation des espèces menacées de disparition de Madagascar mené par l'Institut Malgache de Recherches Appliquées (IMRA). La sélection est basée sur les critères suivants :

- Leurs usages ethnobotaniques comme anti-infectieux et antimicrobiens,
- Leur endémicité,
- Leur degré de rareté et de menace selon les bases de données de la liste rouge de l'IUCN (International Union for Conservation of Nature) http://www.iucnredlist.org.

#### II.1.2. Sites de collecte

La récolte des quatre espèces de *Dalbergia* (*D. chlorocarpa* R. Vig., *D. pervillei* Vatke, *D. trichocarpa* Baker, *D. lemurica* Bosser & Rabevohitra) est effectuée dans la région du Menabe (Sud-Ouest de Madagascar) plus précisément aux alentours de la ville de Morondava et des villages de Marofandilia et Kirindy, et dans une partie de la réserve spéciale d'Andranomena entre janvier 2007 et 2011 (Annexe VI). Pour chaque espèce, trois parties de la plante sont récoltées (écorces de tiges, feuilles et écorces des racines). Une deuxième récolte plus importante d'écorces de tiges de *D. trichocarpa* est réalisée sur le même site en janvier 2011. D'autres écorces de *D. trichocarpa* sont également collectées sur cinq autres sites différents dans la partie ouest de Madagascar en mars 2011 (Annexe VII). Des échantillons d'herbier sont identifiés et déposés au FOFIFA/CNRADRU (Centre National de la Recherche Appliquée au Développement Rural) et à l'herbarium du Parc Botanique et Zoologique de Madagascar.

### II.1.3. Préparation du matériel végétal

Les matériels végétaux ont fait l'objet de séchage et de broyage. La même condition de séchage est appliquée à tous les échantillons avant de procéder à toute forme d'extraction. En effet, tout matériel végétal récolté *in situ* est séché à l'abri de la lumière et à température ambiante. La durée de séchage varie selon les échantillons et les conditions climatiques du moment. Après séchage, les échantillons sont réduits en poudre fine pour les extractions chimiques.

### II.1.4. Extractions réalisées sur les espèces de *Dalbergia*

Des microextractions hexaniques sont appliquées aux poudres de feuilles, d'écorces et de racines des 4 espèces de *Dalbergia* récoltées *in situ* ainsi que sur les 6 variétés de poudre d'écorce de *D. trichocarpa*. Les poudres de plantes sont macérées durant la nuit à température ambiante sous agitation dans de l'hexane à raison de 5 g de poudre pour 50 ml de solvant. Les filtrats sont récupérés et évaporés au speedvac et conservés à -20°C. Lors des tests d'activité biologique les extraits sont dissouts dans du DMSO à la concentration appropriée. L'extraction hexanique est privilégiée suite aux résultats fournis par Rajaonson, (2011) démontrant que l'extrait hexanique de feuilles de *D. trichocarpa* présente des activités d'inhibition de l'expression des gènes *lasB* et *rhlA*.

## II.2. Souches bactériennes, conditions de culture, conservation

### II.2.1. Souches testées

Les souches de *P. aeruginosa* provenant de la collection du Laboratoire de Biotechnologie Végétale de l'Université Libre de Bruxelles, Belgique sont utilisées dans le cadre de ce travail (Tableau 4). Les conditions de culture et de conservation sont identiques à celles précédemment décrites dans la section II.2 du chapitre 2.

## II.3. Les tests d'activité biologique

Cette partie décrit en détails les différents tests d'activité biologique utilisés lors de l'étude de l'effet des extraits de *Dalbergia*, sur l'expression des gènes de facteur de virulence chez *P. aeruginosa*, le mécanisme du QS et la formation du biofilm chez *P. aeruginosa*.

### II.3.1. Test d'activité LacZ (β-galactosidase)

Le test d'activité LacZ est utilisé pour l'étude de l'expression des gènes impliqués dans le mécanisme du *quorum sensing* chez *P. aeruginosa*, à savoir les gènes *lasB*, *rhlA*, *lasR*, *lasI*, *rhlR* et *rhlI* respectivement à partir des souches PAO1::pβ01, PAO1::pβ02, PAO1::pPCS1001, PAO1::pPCS223, PAO1::pPCS1002 et PAO1::pLPR1 de *P. aeruginosa*. De la même manière, l'expression du gène *aceA* codant pour l'isocitrate lyase indépendamment du QS est également évaluée. Les principes des tests sont décrits en Annexe III. La préparation des souches bactériennes et la mesure de l'activité lacZ suivent les mêmes procédures que celles développées dans la section II.5 du chapitre 2. En bref, 50 µl de la suspension bactérienne sont incubées (37 ° C à 175 rpm agitation) pendant 18 heures dans 1 ml de LB-MOPS-carbénicilline ($A_{600}$ initial de culture compris entre 0,020 et 0,025) supplémenté avec 10 µl d'extrait de *Dalbergia* dissous dans du DMSO (300 µg.ml$^{-1}$ concentration finale) ou de 10 µl de DMSO (1% en concentration finale). En outre, la flavanone naringénine (Nar) disponible dans le commerce, connu désormais comme inhibiteur du QS chez *P. aeruginosa* PAO1 et sa forme glycosylé, la naringine (Nin), sont utilisées (4mM de concentration finale) respectivement comme contrôles positif et négatif (Vandeputte *et al.*, 2011). Après l'incubation, la densité bactérienne est évaluée par spectrophotométrie ($A_{600}$) et l'échantillon utilisé pour l'évaluation de la croissance cellulaire est utilisée pour réaliser le dosage de l'activité β-galactosidase avec *o*-nitrophényl-β-D-galactopyranoside tel que décrit dans la section II.5 du chapitre 2 (Zhang et Bremer, 1995).

## II.3.2. Etude de la production de pyocyanine, d'élastase et de protéase

### II.3.2.1. Etude de la production de pyocyanine et d'élastase

La quantification de la production de pyocyanine et d'élastase est réalisée avec *P. aeruginosa* PAO1 (Tableau 5) en présence ou en absence de l'extrait hexanique d'écorce de *D. trichocarpa*. La préparation des souches bactériennes et la mesure de la pyocyanine et de l'élastase suivent les mêmes procédures que celles développées dans la section II.3.2 du chapitre 2.

### II.3.2.2. Etude de la production de protéase

La quantification de la production de protéase est réalisée avec la souche sauvage de *P. aeruginosa* PAO1 en présence ou en absence des fractions de l'extrait hexanique d'écorce de *D. trichocarpa*. L'activité protéolytique est mesurée selon la méthode de Hentzer *et al.*, (2002) avec quelques modifications. Le principe repose sur la dégradation de l'azocaséine (substrat chromophorique) qui libère des peptides de faible poids moléculaire. L'hydrolyse de l'azocaséine est ainsi déterminée *via* la mesure de l'absorbance de la solution peptidique à 430 nm après précipitation des plus gros fragments par l'acide trichloroacétique. Brièvement, la culture bactérienne de 18 h est centrifugée (15 000 × g, 4 °C pendant 15 min). Ensuite, 200 µl de surnageant de culture sont prélevés et mélangés avec 300 µl d'une solution d'azocaséine (2% [p/v] de 2 mM de CaCl2 et 50 mM de Tris-HCl [pH 7,8] ; Sigma-Aldrich), puis incubés pendant 45 min à 37 °C. Les substrats non digérés sont ensuite précipités avec 1,2 ml d'acide trichloroacétique (10% [w/v]) pendant 30 min à température ambiante puis centrifugées à 15 000 × g pendant 10 min. Par la suite, 500 µl du surnageant sont ensuite récupérés et neutralisés avec 500 µl de NaOH 1 M. Enfin, l'activité protéolytique est mesurée par l'absorbance à 430 nm contre un essai à blanc (précipité au temps zéro) et divisée par la $A_{600}$ de la culture pour estimer la production relative de la protéase. En outre, des échantillons d'extrait dilué dans du milieu LB exempt de bactéries sont évalués en parallèle suivant la même procédure pour tenir compte de la présence des activités « élastase - ou protéase-like » des produits testés.

### II.3.3. Etude de la formation du biofilm et de la synergie à l'antibiotique

La formation du biofilm chez *P. aeruginosa* PAO1 en présence de l'écorce de *D. trichocarpa* Baker ainsi que l'activité bactéricide de la tobramycine envers les souches encapsulées dans le biofilm sont évaluées. Pour ce faire, *P. aeruginosa* PAO1 est cultivé pendant 24 h dans du milieu LB à 37 °C sous agitation. Après croissance, les souches sont lavées deux fois et diluées dans du bouillon biofilm (BB), composé de $Na_2HPO_4$ 1,25 g.l$^{-1}$, $FeSO_4.7H_2O$ 0,0005 g.l$^{-1}$, Glucose 0,05 g.l$^{-1}$, $(NH_4)_2SO_4$ 0,1 g.l$^{-1}$, $MgSO_4.2H_2O$ 0,2 g.l$^{-1}$, $KH_2PO_4$ 0,5 g.l$^{-1}$ comme décrit par Khalilzadeh *et al.*, (2010). 50 µl de la culture bactérienne sont ajoutés à 940 µl de milieu BB dans des plaques de polystyrène à 24 puits ($A_{600}$ initiale de la culture comprise entre 0,14 et 0,16) et supplémentés avec 10 µl de DMSO (1 %, v/v) ou d'un extrait de plante (300 µg ml$^{-1}$ concentration finale) ou de la naringénine (4 mM concentration finale) ou de naringine (4 mM concentration finale). Les différentes préparations sont incubées statiquement pendant 24 heures à 37 ° C. Après incubation, les bactéries planctoniques sont éliminées avec le surnageant et les biofilms sont lavés délicatement trois fois avec de l'eau, puis fixés avec 2 ml de méthanol (99 %). Après 15 minutes, le méthanol est éliminé, et la plaque séchée à température ambiante. Afin de révéler la présence de biofilm, le cristal violet (0,1 % dans l'eau) est ajouté dans chaque puits (2 ml/puit) pendant 30 minutes à température ambiante. Le cristal violet s'est fixé sur les constituants de la membrane bactérienne (peptidoglycane et lipopolysaccahrides) mais aussi sur tous composés à base de glycanes comme les exopolysaccharides (Beveridge, 2001). Le cristal violet est à son tour éliminé et les biofilms colorés sont lavés trois fois avec 1 ml d'eau. Finalement, l'acide acétique (33 % dans l'eau) est ajouté aux biofilms colorés (2 ml), afin de solubiliser le cristal violet et, l'absorbance de la solution à 590 nm est mesurée à l'aide d'un appareil SpectraMax M2 (Molecular Devices).

La tolérance aux antibiotiques de *P. aeruginosa* PAO1 encapsulés dans le biofilm est évaluée sur des cultures de PAO1 dans les mêmes conditions que celles décrites ci-dessus avec ajout de la tobramycine (350 µg.ml$^{-1}$) après un jour d'âge de biofilm. La tobramycine qui inhibe la synthèse protéique est choisie car des études montre que l'inhibition du QS augmente considérablement la sensibilité de *P. aeruginosa* PAO1 à cet antibiotique (Jakobsen *et al.*, 2012b). Après 24 heures supplémentaires d'incubation, les bactéries planctoniques sont jetées et les biofilms lavés trois fois avec de l'eau. Le développement du biofilm et la viabilité bactérienne dans les biofilms sont évalués en utilisant le kit de coloration viabilité bactérienne, LIVE/DEAD *Bac*Light (Invitrogen ®). Pour ce faire, 500 µl d'une solution de SYTO 9 et d'iodure de propidium diluée 400x dans du milieu BB sont rajoutés dans chaque puits, et la plaque incubée pendant 15 minutes à température ambiante dans le noir. Après avoir enlevé la solution, les bactéries sont visualisées sur un microscope inversé en fluorescence (Leica DM IRE2) couplé à une caméra CCD (Leica DC350 FX) équipé de filtres FITC et Texas Red.

## II.3.4. Etude des mobilités de *P. aeruginosa* PAO1

La mobilité de type swarming de *P. aeruginosa* PAO1 en présence de *D. trichocarpa* est analysée sur gélose agar LB comme décrit par Köhler *et al.,* (2000) avec quelques modifications. Brièvement, la gélose LB (0,6 % d'agar) supplémentée de glutamate (0,05 %) et de glucose (0,2 %) est stérilisée et refroidie à une température entre 45-50 °C, puis additionnée des produits à tester (le DMSO à 1% ou l'extrait végétal à 300 µg.ml$^{-1}$ ou la naringénine à 1 mM ou la naringine à 1 mM), avant d'être versée dans une boite de pétri à 4 compartiments. Une fois la gélose solidifiée, une goutte de 5 µl d'une suspension de PAO1 à une A$_{600}$ de 1 est inoculée au milieu de chaque gélose. Lorsque les spots d'inoculum sont secs, la boite est incubée à 37 °C pendant 24 h puis le diamètre de la zone d'étalement de PAO1 est mesuré après 24 heures.

La mobilité de type twitching est évaluée comme décrit par Glessner *et al.,* (1999) avec une légère modification. Brièvement, une boite de pétri est préparée avec de la gélose LB (1 % d'agar) supplémentée du produit à tester (DMSO 1% ou extrait végétal à 300 µg.ml$^{-1}$ ou naringénine à 1 mM ou naringine à 1 mM) à une épaisseur moyenne de 3 mm. Un trou (environ 1 mm de diamètre) est ensuite creusé au centre de la gélose de chaque compartiment de la boîte de pétri et 5 µl de suspension de *P. aeruginosa* PAO1 avec une A$_{600}$ de 1 est déposé au fond de ce trou. Les boites de pétri sont séchées brièvement avant une incubation à 37 ° C pendant 48 heures. Après la période d'incubation, la zone de progression de la bactérie entre l'interface gélose/plaque est évaluée. Pour la mesure du diamètre, l'agar de la boite de pétri est enlevée délicatement et les zones de la mobilité de type twitching sont alors facilement visualisées après une coloration au cristal violet (0,1% (p/v)) pendant 5 minutes (Darzins, 1993).

## II.3.5. Evaluation de la croissance de *P. aeruginosa*

La croissance relative de *P. aeruginosa* PAO1 en présence de l'écorce de *D. trichocarpa* dans les différentes conditions expérimentales est évaluée par la mesure de la densité cellulaire à $A_{600}$ à l'aide d'un dispositif SpectraMax M2 (Molecular Devices). La cinétique de *P. aeruginosa* PAO1 de croissance est estimée par la mesure de l'$A_{600}$ des cellules PAO1 cultivées sur une période de 24 heures et en quantifiant les unités formant colonie (UFC) pour deux points (8 et 18 heures). Pour l'évaluation de l'UFC, 10 µl de suspension bactérienne sont transférés en série de dilutions de facteur 10 dans de l'eau distillée stérile. Ensuite, 5 µl de chaque série de dilutions sont étalés sur un milieu solide LB avant une incubation à 37°C pendant 24 h.

## II.4. Présentation des résultats et analyse statistique

Chaque test biologique est réalisé avec 5 répétitions de trois tests indépendants et les résultats obtenus sont représentés par des histogrammes représentant les moyennes des répétitions avec les déviations standards correspondantes. L'analyse statistique des résultats est faite avec le test *t* de *Student* et la différence significative à $p < 0.01$ par rapport au contrôle est considérée.

# III. Résultats

## III.1. Effet des extraits de *Dalbergia* sur l'expression des gènes *lasB* et *rhlA* chez *P. aeruginosa*

Les poudres d'écorces, de feuilles et de racines provenant des quatre espèces de *Dalbergia* endémiques de Madagascar sont soumises à une extraction avec du *n*-hexane et leurs effets sur l'expression de *lasB* (codant pour l'élastase LasB) et de *rhlA* (requis pour la production de rhamnolipides), deux gènes QS-dépendant, sont étudiées. Les extraits hexaniques sont choisis suite à un criblage préliminaire qui a démontré l'impact négatif des extraits *n*-hexane de *D. pervillei* Vakte et de *D.*

*trichocarpa* Baker tandis que les extraits au dichlorométhane et au méthanol ne sont pas actifs (Rajaonson, 2011). A une concentration finale de 300 µg.ml$^{-1}$, aucun impact négatif sur la densité bactérienne de PAO1 n'est remarqué. Par contre nous observons une réduction significative de l'expression des gènes *lasB* et *rhlA* (Figure 22a-b pour *D. trichocarpa* et Annexe IX pour *D. chlorocarpa*, *D. pervillei* et *D. lemurica*). Nous notons également l'impact de ces extraits sur l'expression du gène QS-indépendant *aceA* (codant pour une isocitrate lyase) afin de clarifier si la baisse de l'activité β-galactosidase enregistrée n'est pas due à un effet supposé sur les mécanismes de transcription/traduction (Vandeputte *et al.*, 2010; Vandeputte *et al.*, 2011). Comme le montre la Figure 22c et Annexe IX, sept des huit extraits testés ont un effet négatif sur l'expression du gène *aceA*. Par conséquent, ces sept extraits peuvent toucher l'expression des gènes QS-dépendant en affectant des fonctions de transcription/traduction basales de *P. aeruginosa* PAO1 ou en perturbant l'activité enzymatique de la β-galactosidase et par conséquent, ils ne sont pas pris en considération pour des analyses ultérieures. Ainsi, seul l'extrait d'écorce de *D. trichocarpa* (EDT) ne présente pas d'effet négatif sur la transcription du gène *aceA*, ce qui démontre son effet spécifique sur l'expression de gènes *lasB* et *rhlA* sans affecter la machinerie transcriptionelle de *P. aeruginosa* PAO1. Pour cette raison, cet extrait est sélectionné pour une investigation plus approfondie.

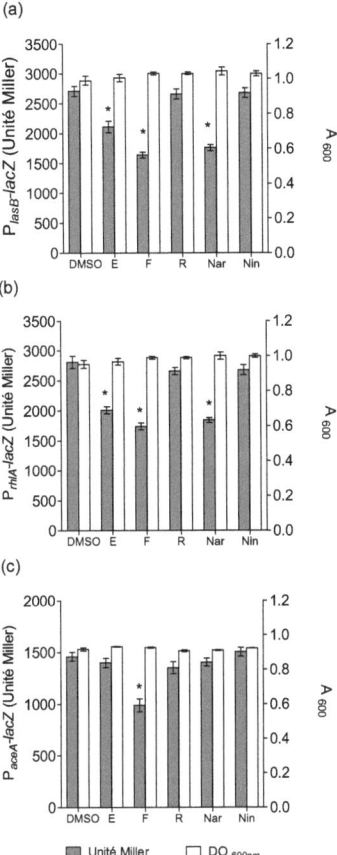

**Figure 22.** Criblage d'extraits de *n*-hexane de différents tissus (écorces: E; feuilles: F; racines: R) de *Dalbergia trichocarpa* sur l'expression des gènes liés au QS chez *P. aeruginosa* PA01 après 18 heures de croissance. (a) Effet des extraits sur l'expression du gène *lasB*. (b) Effet des extraits sur l'expression du gène *rhlA*. (c) Effet des extraits sur expression du gène *aceA*. La densité bactérienne est évaluée à 600 nm (barre blanche) et l'expression génique *via* l'activité β-galactosidase exprimée en unité Miller (barre grise). Les extraits sont testés à 300 µg.ml$^{-1}$ en concentration finale; la naringénine (Nar, 4 mM) est utilisé en tant que témoin positif (inhibiteur de QS) et la naringine (Nin, 4 mM) comme témoin négatif. Les barres d'erreur représentent l'erreur standard et toutes les expériences sont réalisées en quintuplé avec trois essais indépendants ; les astérisques indiquent les échantillons qui sont significativement différents du DMSO (tests *t* de *Student* ; $p \leq 0{,}01$).

### III.2. Effet d'inhibition similaire des extraits d'EDT collectés dans différentes régions de Madagascar sur les gènes QS-dépendants (*lasB* et *rhlA*)

Afin de clarifier si l'effet inhibiteur observé sur l'expression des gènes *lasB et rhlA* ne représente pas une exception ou un cas isolé dans le groupe sélectionné de *D. trichocarpa*, nous collectons d'autres écorces de *D. trichocarpa* issue d'arbres de différentes régions de la partie ouest de Madagascar. Six échantillons d'écorce sont prélevés sur les arbres qui poussent dans trois zones de la région Menabe (EDT1-3) et 3 zones de la région Boeny (EDT4-6) (voir Annexe VIII pour les coordonnées GPS). Comme le montre la Figure 23, tous les extraits d'écorce de *D. trichocarpa* présentent le même effet inhibiteur (avec une différence marginale) sur l'expression des gènes *rhlA* et *lasB*. La variation entre les différents extraits d'EDT est probablement liée à une différence dans la production quantitative des composés actifs en relation avec les facteurs écologiques tels que les conditions climatiques et pédologiques. Les différents extraits n'inhibent pas l'expression du gène *aceA* (Figure 23c). L'extrait d'EDT collectées dans la région Menabe aux alentours de Kirindy (EDT1) est utilisé pour toutes les expériences ultérieures.

### III.3. Effet dose-dépendant de l'extrait d'EDT réduit l'expression des gènes QS-dépendants (*lasB* et *rhlA*)

Afin de mettre en évidence un effet inhibiteur progressif sur l'expression des gènes *lasB* et *rhlA*, différentes concentrations d'EDT (de 100 à 400 $\mu g.ml^{-1}$) sont testées. Les données résumées sur la Figure 24 montrent que les effets inhibiteurs d'expression sur *lasB* et *rhlA* sont grandement améliorés par l'augmentation de la concentration de l'extrait d'EDT, ce qui suggère que l'effet inhibiteur est dose-dépendant. L'extrait d'EDT montre une activité nettement moins inhibitrice sur l'expression de *lasB* à 100 $\mu g.ml^{-1}$ en concentration finale (14 ± 4 %) que sur l'expression de *rhlA* (27 ± 3%). A 400 $\mu g.ml^{-1}$, l'extrait d'EDT présente un effet inhibiteur similaire sur *lasB* (44 ± 3%) et *rhlA* (45 ± 5%) tout comme la naringénine.

En outre, l'effet d'EDT sur l'expression du gène *aceA* est également dose-dépendant et aucun effet inhibiteur significatif n'est observé. Par conséquent, l'extrait d'EDT est utilisé dans toutes les expériences ultérieures à la concentration de 300 µg.ml$^{-1}$.

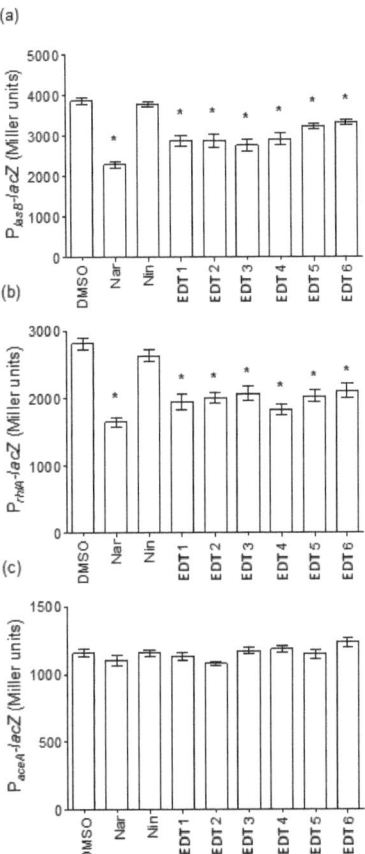

**Figure 23.** Effet des extraits d'écorce de *D. trichocarpa* (300 µg.ml$^{-1}$) provenant de six pieds dans différentes localités de Madagascar (EDT1-6) sur l'expression des gènes QS-dépendants (*lasB* et *rhlA*) et QS-indépendant *aceA* chez *P. aeruginosa* PA01 après 18 heures d'incubation. (a) Effet des extraits sur l'expression du gène *lasB*. (b) Effet des extraits sur l'expression du gène *rhlA*. (c) Effet des extraits sur expression du gène *aceA*. L'expression des gènes est mesurée par l'activité β-galactosidase exprimée en unités Miller. Les barres d'erreur représentent l'erreur standard et toutes les expériences sont réalisées en quintuplé avec trois essais indépendants ; les astérisques indiquent les échantillons qui sont significativement différents du DMSO (test *t* de *Student*; $p \leq 0{,}01$).

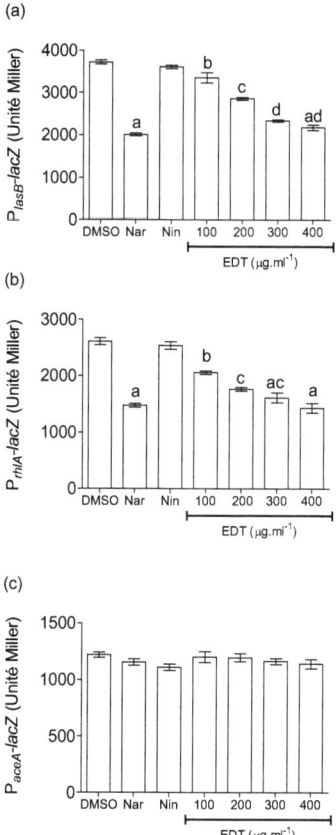

**Figure 24.** Effet de l'extrait d'écorce de *D. trichocarpa* (EDT) à différentes concentrations (de 100 à 400 µg.ml$^{-1}$) sur l'expression des gènes QS-dépendants *lasB* et *rhlA* et du gène QS- indépendant *aceA* chez *P. aeruginosa* PAO1 après 18 heures d'incubation. (a) Effet de l'EDT sur l'expression du gène *lasB*. (b) Effet de l'EDT sur l'expression du gène *rhlA*. (c) Effet de l'EDT sur l'expression du gène *aceA*. L'expression des gènes est mesurée par l'activité β-galactosidase exprimée en unités Miller. Les barres d'erreur représentent l'erreur standard et toutes les expériences sont réalisées en quintuplé avec trois essais indépendants. Les lettres (a, b, c, ac et ad) au-dessus des histogrammes indiquent que les données sont statistiquement différentes les unes des autres selon le test ANOVA avec la comparaison multiple de Tukey ($p \leq 0{,}01$).

### III.4. Effet de l'extrait d'EDT sur l'expression des gènes *lasI/R* et *rhlI/R*

Comme l'extrait d'EDT réduit l'expression des gènes QS-dépendants *lasB* et *rhlA*, nous nous sommes intéressés à évaluer ses effets sur les systèmes QS chez *P. aeruginosa* PAO1 en mesurant l'expression des gènes synthases d'AHL (*lasI* et *rhlI*) et les gènes régulateurs du QS (*lasR* et *rhlR*). Comme le montre la Figure 25, l'EDT réduit de manière significative ($p \leq 0,01$), l'expression du gène synthase *rhlI* ($33 \pm 2$ % d'inhibition) et légèrement le gène *lasI* ($18 \pm 5$ % d'inhibition). De même, l'EDT diminue de manière significative l'expression du gène régulateur *rhlR* ($29 \pm 3$ % d'inhibition), et légèrement le gène *lasR* ($10 \pm 3$ % d'inhibition). Comme déjà signalé, la naringénine et naringine ont respectivement un effet inhibiteur marqué et aucun effet sur l'expression des gènes du système *las* et *rhl* (Vandeputte *et al.*, 2011). L'extrait d'EDT présente un effet inhibiteur moins marqué que la naringénine sur l'expression des gènes *lasRI* et *rhlRI* : cette différence est probablement liée au fait qu'il s'agit ici d'un extrait brut contenant un mélange de molécules avec des effets antagonistes/synergiques sur l'expression des gènes QS.

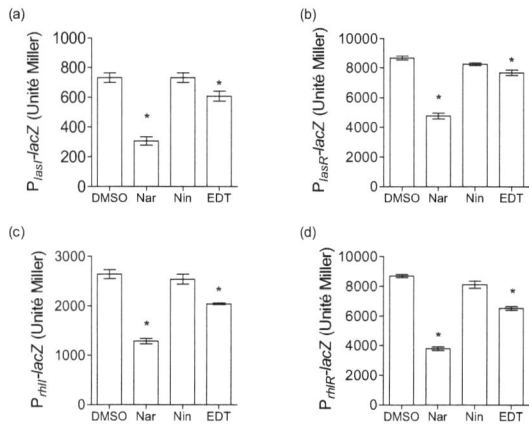

**Figure 25.** Effet de l'extrait d'écorce de *D. trichocarpa* (EDT) sur l'expression des gènes du QS chez *P. aeruginosa* PAO1. (a) Effet de l'EDT (300 µg.ml$^{-1}$) sur l'expression de *rhlI* et *rhlR* après 18 heures d'incubation. (b) Effet de l'EDT (300 µg.ml$^{-1}$) sur l'expression de *lasI* et *lasR* après 18 heures d'incubation. Les barres d'erreur représentent l'erreur standard et toutes les expériences sont réalisées en quintuplé avec trois essais indépendants ; les astérisques indiquent les échantillons qui sont significativement différents du DMSO (tests *t* de *Student*, $p \leq 0{,}01$).

### III.5. Effet de l'extrait d'EDT sur la production d'élastase, de protéases et de pyocyanine par *P. aeruginosa* PAO1

Le rôle majeur des protéases dans la virulence de *P. aeruginosa* est son implication dans la pénétration tissulaire (Tang *et al.*, 1996; Twining *et al.*, 1993). Les protéases synthétisées par *P. aeruginosa* comprennent principalement LasB (codée par le gène *lasB*), LasA (codée par le gène *lasA*), protéase alcaline (codée par le gène *aprA*) et la protéase IV (codée par le gène protéase IV) (Caballero *et al.*, 2001). Comme le montre la Figure 26a, une réduction significative de l'activité de l'élastolyse est observée lorsque la souche de PAO1 est cultivée en présence d'EDT par rapport aux souches de PAO1 cultivées uniquement en présence du solvant, le DMSO. Cependant, l'effet d'EDT (25 ± 6% d'inhibition) n'est pas similaire à la naringénine (38 ± 5% d'inhibition). La production des protéases exogènes est évaluée indirectement par mesure de la capacité du surnageant de culture de PAO1 à dégrader l'azocaséine, un substrat protéique coloré. L'EDT ne montre qu'un léger effet d'inhibition mais significatif (15 ± 4% d'inhibition, $p \leq 0{,}01$) sur la production de protéases exogènes (Figure 26b) par rapport à la naringénine (36 ± 3% d'inhibition). En outre, aucune activité d'élastolyse ou de protéolyse (comme cela pourrait interférer avec les tests) n'est observée lorsque l'extrait d'EDT est utilisé dans les tests de contrôle sans bactéries (données non présentées). L'extrait d'EDT est également testé pour ses effets sur la production de pyocyanine (codée par l'opéron *phz*). Comme le montre la Figure 26c, l'extrait d'EDT diminue de manière significative ($p \leq 0{,}01$) la quantité de pyocyanine bactérienne dans le surnageant de culture par rapport à celle du témoin (DMSO).

### III.6. Effet de l'extrait d'EDT sur les mobilités de type swarming et de type twitching chez *P. aeruginisa* PAO1

La mobilité de type swarming chez les bactéries est une forme de déplacement sur une surface semi-solides dépendante des flagelles (Daniels *et al.*, 2004; Fraser et Hughes, 1999; Harshey, 1994). La mobilité de type twitching est une forme de déplacement indépendante des flagelles mais liée à la succession d'extension et de rétraction du pili polaire de Type IV qui permet aux bactéries de se déplacer sur des surfaces solides mais humidifiées (Mattick, 2002). La capacité de type swarming de PAO1 est affectée de façon significative lorsque la bactérie est cultivée sur un milieu LB gélosé supplémenté d'EDT ou de naringénine par rapport à celle des *P. aeruginosa* PAO1 cultivées en présence de DMSO ou de naringine (Figure 27a). Étant donné que l'addition des composés comme la naringénine et naringine semble affecter la consistance de la gélose utilisée pour les tests de swarming et twitching, leur concentration est abaissée à 1 mM (concentration finale). En outre, *P. aeruginosa* PAO1 n'est pas en mesure de se déplacer en twitching lorsqu'elle est cultivée sur une gélose supplémentée d'EDT, contrairement au *P. aeruginosa* PAO1 cultivé sur une gélose additionnée de DMSO, de naringénine ou de naringine (Figure 27b).

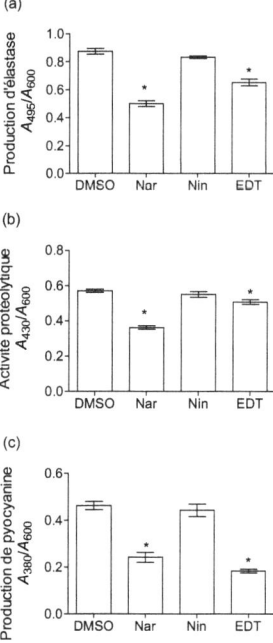

**Figure 26.** Effet de l'extrait d'écorce de *D. trichocarpa* (300 µg.ml$^{-1}$) sur les facteurs de virulence produits par *P. aeruginosa* PAO1 : (a) la production d'élastase, (b) l'activité relative de la protéase, (c) la production de pyocyanine. La densité bactérienne est évaluée à 600 nm et la production de l'élastase est estimée *via* un dosage de l'activité élastolyse comme décrit dans la section II.3.2 du chapitre 2 et calculée par le rapport entre l'absorbance à 495 nm et à 600 nm. L'activité protéolytique est mesurée en utilisant l'azocaséine comme substrat et calculée par le rapport entre l'absorbance à 430nm et à 600 nm. La pyocyanine est extraite comme décrit précédemment (section II.3.1 du Chapitre 2) et quantifiée par la mesure de l'absorbance à 380 nm et, exprimée par le rapport entre l'absorbance à 380 nm et à 600 nm de la suspension bactérienne. Les barres d'erreur représentent l'erreur standard et toutes les expériences sont réalisées en quintuplé avec trois essais indépendants ; les astérisques indiquent les échantillons qui sont significativement différents du DMSO (tests *t* de *Student*, $p \leq 0{,}01$).

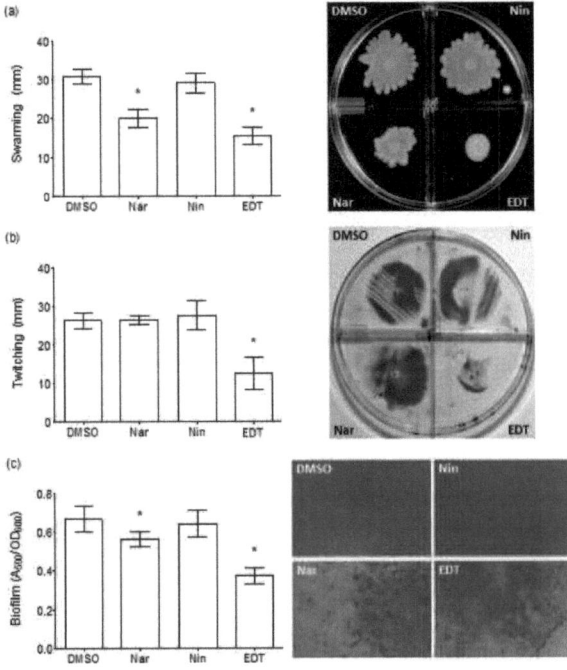

**Figure 27.** Effet de l'extrait d'EDT sur les mobilités (type swarming et twitching) et la formation de biofilm par *P. aeruginosa* PAO1. (a) La mobilité de type swarming de *P. aeruginosa* PAO1 sur une LB gélosée (0,6 %) supplémentée de glutamate (0,05 %), du glucose (0,2 %) et du DMSO (1 %), d'EDT (300 µg.ml$^{-1}$), de Nar (1 mM) ou de Nin (1 mM). Après incubation à 37 °C pendant 24 heures, les zones de migration à partir du point d'inoculation sont mesurées pour chaque condition (à gauche). (b) La mobilité de type twitching chez *P. aeruginosa* PAO1 sur une LB gélosée (1 %), supplémentée des mêmes conditions que pour le test de swarming. Les zones de migration sont colorées au cristal violet (à droite) et leurs diamètres mesurés (à gauche), après incubation à 37 °C pendant 48 h. (c) Quantification de la formation de biofilm par *P. aeruginosa* PAO1 après une incubation statique à 37 °C pendant 24 heures. La formation du biofilm est visualisée sur le fond des puits de plaques de polystyrène par coloration au cristal violet (à droite) et le biofilm est quantifiée (à gauche). DMSO (1%), EDT (300 µg.ml$^{-1}$), Nar (4 mM) ou Nin (4 mM) sont testés. Les barres d'erreur représentent l'erreur standard et toutes les expériences est réalisées en quintuplé avec trois essais indépendants ; les astérisques indiquent les échantillons qui sont significativement différents de DMSO (tests *t* de *Student*, $p \leq 0,01$).

## III.7. L'EDT affecte la formation de biofilm et améliore l'efficacité de la tobramycine contre *P. aeruginosa* PAO1 encapsulés en biofilm

Sachant que la formation du biofilm est partiellement contrôlée par le mécanisme de QS (Davies *et al.*, 1998; Favre- Bonté *et al.*, 2003; Sauer *et al.*, 2002), l'effet de l'extrait d'EDT sur la formation de biofilm de *P. aeruginosa* PAO1 est évalué. Une diminution significative du biofilm est notée lorsque PAO1 est cultivé en présence d'EDT par rapport au traitement DMSO. Comme le montre la Figure 27c, l'effet inhibiteur d'EDT est nettement plus important (49 ± 4%) après 24 heures d'incubation et des résultats similaires sont observés après 48 heures d'incubation (données non présentées). Un fait intéressant est observé : l'extrait d'EDT a un impact plus fort sur la formation de biofilm que la naringénine. En outre, pour les traitements avec l'EDT et la naringénine, le biofilm formé présente une texture irrégulière par rapport au DMSO et la naringine (Figure 27c, droite) suggérant que l'EDT et la naringénine peuvent affecter l'architecture et/ou la composition du biofilm. Comme les bactéries en biofilm sont très résistantes aux antibiotiques et que la formation de biofilm est perturbée par la naringénine et l'EDT, l'efficacité de la tobramycine contre PAO1 est évaluée sur des biofilms formés en présence de l'EDT. Ainsi, *P. aeruginosa* PAO1 est cultivé pour former un biofilm pendant 24 heures dans les différentes conditions (DMSO, naringine, naringénine et EDT) comme décrit précédemment (Section II.3.3, Matériels et Méthodes). Les biofilms formés sont ensuite incubés pendant 24 heures supplémentaires avec ou sans la tobramycine (350 µg.ml$^{-1}$) et l'effet de ces traitements sur la viabilité *P. aeruginosa* PAO1 est évalué. Comme le montre la Figure 28, par rapport au DMSO et à la naringine (Figure 28a-b), la naringénine et l'EDT (Figure 28c-d) perturbent l'architecture du biofilm, ce qui confirme l'observation faite en utilisant la coloration au cristal violet (Figure 27c). L'évaluation de la viabilité de *P. aeruginosa* montre que la capacité du biofilm formé pour protéger les *P. aeruginosa* PAO1 est diminuée. En effet, comme le montre la Figure 28e-h, la naringénine et l'EDT augmente considérablement la sensibilité de *P. aeruginosa* PAO1 à la tobramycine, comme indiqué par la plus grande proportion de bactéries mortes (couleur rouge, Figure 28h) par rapport au DMSO et à la naringine, qui ont tous deux montré une proportion modérée de cellules mortes. L'EDT semble modifier considérablement la structure de la barrière « biofilm » permettant ainsi à la tobramycine une meilleure pénétration pour atteindre plus facilement les bactéries et y exercer son effet antibiotique.

### III.8. Effet de l'extrait d'EDT sur la croissance de *P. aeruginosa* PAO1

L'extrait d'EDT est ajouté au début de la phase de latence (temps zéro) afin d'évaluer l'effet de l'EDT sur la cinétique de croissance de *P. aeruginosa* PAO1 type sauvage. Par rapport à la condition DMSO, aucune différence significative n'est retrouvée durant toutes les phases de croissance selon la mesure de la turbidité de la culture ($A_{600\,nm}$) (Figure 29a), ainsi qu'après quantification des UFC à 8 (Figure 29b) et 18 heures (Figure 29c). Visiblement, l'EDT n'a aucun impact négatif sur la croissance bactérienne, ce qui suggère que la diminution de l'expression des gènes du QS (Figure 25), la production de pyocyanine (Figure 26c), de l'élastase (Figure 26a), de la protéase exogène (Figure 26b), et la formation de biofilm (Figure 27c) ainsi que la réduction de la mobilité de type swarming et twitching (Figure 27a, b) ne sont pas liées à une baisse de la viabilité bactérienne.

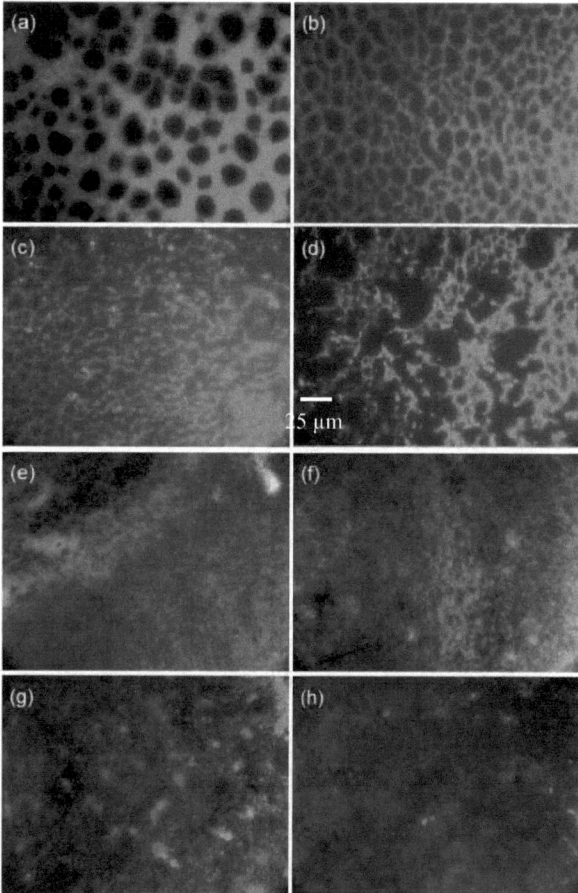

**Figure 28.** Effet de l'extrait d'EDT sur la formation du biofilm chez *P. aeruginosa* et sur l'efficacité de la tobramycine à agir en tant qu'antibiotique. Les bactéries sont incubées de manière statique pendant 24 heures en présence de DMSO, la naringine (4 mM), de la naringénine (4 mM) ou de EDT (300 µg.ml$^{-1}$ concentration finale), puis traitées pendant 24 heures avec de la tobramycine (350 µg.ml$^{-1}$). (a) DMSO, (b) naringine, (c) naringénine, (d) EDT, (e) DMSO + tobramycine, (f) + tobramycine naringine, (g) la naringénine + tobramycine, (h) EDT + tobramycine. La viabilité bactérienne est évaluée par coloration des cellules avec SYTO-9 (zones vertes = bactéries vivantes) et l'iodure de propidium (zones rouges = bactéries mortes) fournis dans le kit de *Bac*Light, LIVE/DEAD ®. Les bactéries sont visualisées au microscope inversé en fluorescence, Leica DM IRE2, sous grossissement x400 et les images assemblées à l'aide d'Adobe Photoshop.

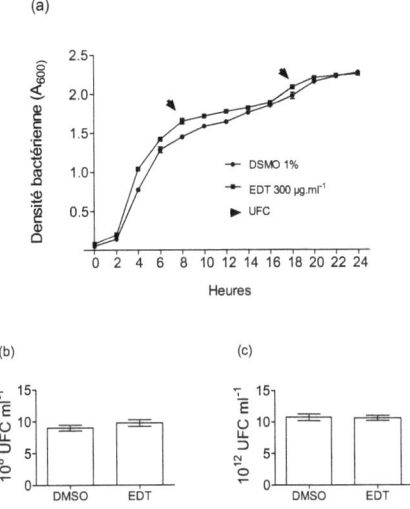

**Figure 29.** Impact de l'extrait d'écorce de *D. trichocarpa* (EDT) à 300 µg.ml$^{-1}$ sur la croissance de *P. aeruginosa* PAO1. (a) La cinétique de croissance de PAO1 en présence de DMSO ou de l'extrait d'EDT. La population de *P. aeruginosa* PAO1 est évaluée après 8 h (b) et 18 h (c) par la quantification des unités formant des colonies (UFC). La signification statistique de chaque essai (n=5) est évaluée par le test *t* de *Student* (chaque essai est comparée à la condition de DMSO) et une valeur de *p* de ≤ 0,01 est considérée comme significative.

## IV. Discussion et Conclusion

Le genre *Dalbergia* est utilisé en médecine traditionnelle et il est connu pour ses activités antimicrobiennes, ce qui valide ses usages traditionnels (Lemmens, 2008; Yadav *et al.*, 2008; Okwute *et al.*, 2009; Vasudeva *et al.*, 2009; Rajaonson, 2011). En outre, les découvertes récentes décrivant la présence de composés anti-virulence bactérienne dans le genre *Dalbergia* (Brijesh *et al.*, 2006; Rajaonson *et al.*, 2011) suggèrent que ces plantes constituent une source potentielle pour de nouveaux composés ciblant la production de facteurs virulence par des bactéries pathogènes.

Beaucoup d'extraits testés ici affectent l'expression de deux gènes régulés par le QS : *lasB* et *rhlA*. Une analyse approfondie de leur impact sur un gène QS-indépendant, c'est à dire *aceA* codant pour une isocitrate lyase (Kretzschmar *et al.*, 2008), conduit à l'identification de l'extrait d'écorce de *D. trichocarpa* (EDT) comme étant un puissant inhibiteur des gènes spécifiquement liés au QS. Bien que nos travaux portent essentiellement sur l'extrait d'EDT, il n'est pas exclu que les autres espèces de *Dalbergia* contiennent des inhibiteurs du QS. Aucun de ces extraits n'a montré d'activité antibactérienne directe alors que d'autres espèces de *Dalbergia* (par exemple, *D. melanoxylon* et *D. saxatilis*) sont connues pour contenir des composés antimicrobiens actifs contre les bactéries à Gram positif et négatif, y compris *P. aeruginosa* (Gundidza et Gaza, 1993; Okwute *et al.*, 2009). Étant donné que ces activités sont associées à des extraits éthanoliques, les composés antimicrobiens extraits de ces espèces sont probablement polaires tandis que les molécules extraites avec du *n*-hexane sont principalement apolaires, expliquant l'absence d'activité antimicrobienne par l'extrait de *D. trichocarpa*. Tout comme *D. pervillei* et *D. sissoo* qui affectent respectivement la virulence des phytopathogènes *Rhodococcus fascians* et *E. coli* enterocoliques (Brijesh *et al.*, 2006; Rajaonson *et al.*, 2011), *D. trichocarpa* contient des composés anti-virulence ciblant le mécanisme de QS chez *P. aeruginosa*. Chez cette bactérie, le QS régule l'expression des gènes *lasIR* et *rhlIR* ainsi que la production des facteurs de virulence comme l'élastase (*lasB*), LasA protéase (*lasA*), protéase alcaline (*aprA*), rhamnolipides (par l'opéron *rhlAB*) et pyocyanine (opéron *phz*) (Brint et Ohman, 1995; Gambello et Iglewski, 1991; Pearson *et al.*, 1997; Van Delden et Iglewski, 1998; Whiteley *et al.*, 1999). Dans l'ensemble, nos résultats suggèrent que l'extrait d'EDT affecte légèrement le système *las* mais surtout, interfère avec le système *rhl* puisque les facteurs de virulence dépendant de ce système sont spectaculairement affectés. En effet, l'expression du gène *rhlA*, la production de pyocyanine et d'élastase ainsi que la mobilité de type swarming et twitching qui sont sous le contrôle strict ou partiel du système *rhl* (Brint et Ohman, 1995; Daniels *et al.*, 2004; Gambello et Iglewski, 1991; Glessner *et al.*, 1999; Köhler *et al.*, 2000; Pearson *et al.*, 1997; Van Delden et Iglewski, 1998) sont affectées. Le faible impact de l'EDT sur la production d'élastase et le léger effet inhibiteur sur l'activité protéolytique pourraient s'expliquer par le fait que ces facteurs de virulence sont partiellement sous le contrôle de *rhl* bien qu'ils soient principalement sous la régulation du système *las* (Brint et Ohman, 1995; Daniels *et al.*, 2004; Gambello et Iglewski, 1991; Glessner *et al.*, 1999; Köhler *et al.*, 2000; Pearson *et al.*, 1997; Van Delden & Iglewski, 1998). En effet, même si le régulateur transcriptionnel LasR est généralement considéré comme étant au sommet dans la hiérarchie du QS chez *P. aeruginosa* (Latifi *et al.*, 1996), cette hiérarchisation est plus complexe que le modèle présentant le système *las* en dessus du système *rhl* depuis que Dekimpe & Deziel (2009 ) ont démontré que RhlR est capable d'induire des gènes régulés par LasR quand LasR est non fonctionnel.

La virulence de *P. aeruginosa* est multifactorielle mais repose également sur sa capacité à coloniser rapidement ses hôtes et à former des biofilms (Davies *et al.*, 1998). Ainsi, l'effet de l'extrait d'EDT sur la formation du biofilm est donc testé, de même que la mobilité de type swarming et twitching. En cohérence avec l'expression réduite de *rhlA*, la mobilité de type swarming et twitching, ainsi que la formation de biofilm sont considérablement réduits. En effet, il est démontré que le système *rhl* (*rhlI/R*) régule la mobilité de type swarming chez *P. aeruginosa* (Daniels *et al.*, 2004; Deziel *et al.*, 2003). Selon Deziel *et al.*, (2003) le gène *rhlA*, nécessaire à la production de HAA, favorise la mobilité de type swarming chez *P. aeruginosa* et l'implication des rhamnolipides dans la modulation de la mobilité de type swarming est mise en évidence (Caiazza *et al.*, 2005). En outre, les rhamnolipides dont la production dépend de *rhlA* (Van Gennip, 2009), sont nécessaires à l'organisation architecturale et à l'entretien du biofilm (Chrzanowski *et al.*, 2012; Davey *et al.*, 2003; Soberón-Chávez *et al.*, 2005a). Par conséquent, la perturbation de la production des rhamnolipides lorsque *P. aeruginosa* PAO1 est cultivé en présence de l'extrait d'EDT pourrait expliquer la perturbation observée de l'architecture du biofilm (Figure 27a, côté droit, et la Figure 28). Si la différenciation et la maturation du biofilm sont en effet principalement régies par le système *las* (Davies *et al.*, 1998; Sauer *et al.*, 2002), Favre-Bonté *et al.*, (2003) ont démontré que les C4-HSL sont également nécessaires pour la formation d'un biofilm optimal. Par ailleurs, les mobilités de type swarming et twitching, qui sont contrôlées par le système *rhl* (Patriquin *et al.*, 2008; Shrout *et al.*, 2006), contribuent également aux premières étapes de la formation et de l'architecture du biofilm (Klausen *et al.*, 2003a , 2003b ; Chrzanowski *et al.*, 2012; Davey *et al.*, 2003; Soberón-Chávez *et al.*, 2005b). Ainsi, l'inhibition conjointe du système *las* et *rhl* ne fait que renforcer la perturbation de la formation du biofilm dans toutes ces étapes. En outre, l'EDT et la naringénine augmentent considérablement la sensibilité de *P. aeruginosa* à la tobramycine, confirmant ainsi que la formation de biofilm est altérée par ces traitements.

L'isolement et la caractérisation structurale des composés responsables de ces effets pourrait avoir des applications médicales dès lors que la formation et la structure de biofilm contribuent grandement à l'instauration des infections chroniques par l'augmentation des propriétés de résistance aux antimicrobiens (Hentzer et Givskov, 2003; Ito *et al.*, 2009; Landry *et al.*, 2006 ; Tré-Hardy *et al.*, 2009). La naringénine et les composés responsables de l'effet anti-QS chez EDT sont donc des composés de base important pour le développement de nouveaux composés thérapeutiques contre des agents pathogènes encapsulés dans le biofilm en perturbant la structure de biofilm, pour ainsi augmenter l'exposition de l'agent pathogène aux antibiotiques.

Les systèmes de QS sont de nouvelles cibles pour le développement de nouvelles stratégies antimicrobiennes visant à inhiber la production de facteurs de virulence par des bactéries pathogènes (Bjarnsholt *et al.*, 2010b). Il est démontré que les plantes supérieures contiennent des composés mimant des acteurs du QS et/ou ayant des activités anti-QS (Teplitski *et al.*, 2011), y compris les flavonoïdes, les huiles essentielles, les limonoïdes, l'acide salicylique et de l'acide gamma-aminobutyrique (Chevrot *et al.*, 2006; Szabó *et al.*, 2010; Truchado *et al.*, 2012; Vandeputte *et al.*, 2010; Vandeputte *et al.*, 2011; Vikram *et al.*, 2010; Vikram *et al.*, 2011; Yuan *et al.*, 2007; Yuan *et al.*, 2008; Zeng *et al.*, 2008). Notre étude démontre ainsi clairement que *D. trichocarpa* peut intégrer la liste des plantes ayant un effet anti-QS chez *P. aeruginosa* PAO1.

# CONCLUSION GENERALE ET PERSPECTIVES

De nombreuses bactéries développent une résistance multiple aux antibiotiques suite à une exposition répétée à ces derniers (Epps et Walker, 2006 ; English et Gaur, 2010). Un effet de resistance similaire est également observé chez les bactéries encapsulées dans les biofilms en comparaison à leurs homologues évoluant en phase planctonique (Anwar *et al.*, 1990). En effet, elles bénéficient de la protection qu'apportent les exopolysaccharides du biofilm qui entraînent une diminution considérable de la charge d'antibiotique sur les bactéries et favorisent la pression sélective (Kokare *et al.*, 2009). Différentes études avancent l'hypothèse que la perturbation de biofilms facilite la pénétration ou améliore la perméabilité du biofilm aux antibiotiques (Dell'Acqua *et al.*, 2004 ; Jakobsen *et al.*, 2012b). Il en résulte ainsi un effet antibiotique plus marqué. Les composés ayant une propriété anti-QS/anti-biofilm presentent donc une activité synergique aux antibiotiques et biocides puisqu'ils viennent « fragiliser » la barrière protectrice des biofilms favorisant ainsi l'action de ces bactéricides. On peut également évoquer le terme de synergie dans le sens où la baisse de la virulence d'une bactérie pathogène vient compléter l'activation du système immunitaire innée de l'hôte et ainsi optimiser son activité (Bjarnsholt *et al.*, 2005a). De tels inhibiteurs peuvent donc avoir un double intérêt car ils pourraient être utilisés au cours d'infections aiguë et chronique, de façon curative et préventive. En effet, ces types de molécules entraîneraient une diminution de la virulence, une réduction de la colonisation bactérienne et de la réponse inflammatoire *in vivo* chez les animaux et l'homme et une réduction de la réaction d'hypersensibilité chez les végétaux (Smith *et al.*, 2002; Telford *et al.*, 1998). Par ailleurs, l'inhibition des facteurs de virulence et de la formation du biofilm empêcherait entre autres l'extension d'une infection débutante et le passage de l'infection aigue à l'état chronique. Le fait de démanteler le biofilm, quel qu'en soit le mécanisme, peut certainement aider à traiter efficacement les infections bactériennes chroniques liées à sa présence telles que les infections pulmonaires chez les personnes atteintes de mucoviscidose (Filloux et Vallet, 2003 ; Musk Jr. et Hergenrother 2010).

Tous ces éléments portent à croire que les composés bioactifs de l'ecorce de *D. trichocarpa* et la naringénine représentent des candidats potentiels pour des investigations *in vivo* quant à leur effet anti-QS et anti-biofilm sur des modèles infectieux d'organismes supérieurs. Les anti-QS comme la furanone C-30, la patuline, l'acide pénicillique et des extraits d'ail ont été décrits comme étant efficaces dans l'augmentation de l'effet de la tobramycine envers *P. aeruginosa* et de la phagocytose par des polynucléaires (Bjarnsholt *et al.*, 2005a,b; Hentzer *et al.*, 2003; Rasmussen *et al.*, 2005a, b). Cependant, leur application pour le traitement de patients humains semble très limitée en raison de la très faible concentration du principe actif dans l'extrait d'ail, de l'instabilité des furanones halogénées et de la toxicité de la patuline (Rasmussen & Givskov, 2006). L'effet combiné de la tobramycine (antibiotique) et de la baicaléine (anti-QS) a été efficace *(i)* dans la réduction de la charge bactérienne dans les poumons infectés par *Burkholderia cenocepacia* ; *(ii)* dans la survie de *C. elegans* infectés par *Burkholderia* ou *Pseudomonas* (Brackman *et al.*, 2011). Les biofilms produits par *Burkholderia multivorans, B. cenocepacia et P. aeruginosa*, et traités avec les anti-QS comme la baicaléine ou le cinnamaldéhyde ont été incapables de maintenir encapsulées les cellules bactériennes (Brackman *et al.*, 2008; Yang *et al.*, 2009; Zeng *et al.*, 2008). Cependant, une étude de corrélation entre facteur de virulence (incluant pyocyanine, élastase et protéase alcaline) et antiborésistance, réalisée sur des souches de *P. aeruginosa* isolés d'infections respiratoires, a mis en évidence que les souches déficientes en élastase, pyocyanine et protéase alcaline étaient généralement moins sensibles aux antibiotiques comme la tobramycine (Karatuna et Yagci, 2010) et ce, contrairement à ce qu'avaient rapporté Bjarnsholt *et al.*, (2005a). L'effet anti-QS seul n'apporte probablement pas de solution directe au niveau de l'antibiorésistance. De la même manière, l'effet anti-biofilm seul ne permet pas d'éliminer l'intégralité des bactéries persistantes mais les rend accessibles à l'action de la défense immunitaire. Ainsi, ces molécules n'ont pas pour vocation de se substituer aux antibiotiques mais, surtout, de laisser le temps à la défense naturelle d'agir efficacement, avec si nécessaire l'assistance des antibiotiques. De telles molécules pourraient également compléter l'arsenal thérapeutique curatif et préventif en milieu hospitalier en empêchant la colonisation de surfaces à risque telles que les cathéters et les instruments de tubage. Par ailleurs, en dehors de leur utilité agriculturale (protection des cultures) et thérapeutique, les applications industrielles sont vastes puisque les molécules anti-QS et anti-biofilm peuvent être utilisées dans le traitement des eaux usées pour réduire l'encrassement biologique des filtres à membrane par les biofilms formés par *Aeromonas hydrophila* et *Pseudomonas putida* (Swift *et al.*, 1997). Pouvoir disperser ce biofilm permettrait de réutiliser la plate-forme pour un nouveau cycle de biocatalyse. L'utilisation de l'anti-biofilm revêt donc un intérêt économique considérable.

La recherche de composés anti-virulence issus de plantes de Madagascar ou de la pharmacopée traditionnelle représente une perspective intéressante. Grâce au développement des outils moléculaires permettant d'étudier les réseaux génétiques de régulation de l'expression des gènes de virulence chez les bactéries, il devient maintenant possible de tester un plus grand nombre de ces plantes qui, souvent, sont endémiques et ont probablement été ignorées lors de recherche d'activités bactéricides. Par ailleurs, en considérant les propriétés médicinales de l'écorce de *D. trichocarpa* (utilisé contre les diarrhées) (Lemmens, 2008), le criblage des plantes médicinales malgaches ayant des vertus anti-diarrhéiques peut être intéressante pour la recherche de molécules anti-virulence et anti-biofilm. En effet, le tube digestif contient la plus forte concentration de bactéries dans le corps humain. Les micro-organismes résidant dans le tractus gastro-intestinal forment des biofilms sur toute la surface disponible, y compris sur les sondes introduites dans le cadre d'un examen médical (Von Rosenvinge *et al.*, 2013). Certaines bactéries mises en cause dans les maladies gastro-intestinales à l'exemple de *P. aeruginosa*, des entérobactéries (*E. coli*, *Shigella* spp. *et Salmonella* spp.) et de *S. aureus* forment efficacement des biofilms qui les protègent des antibiotiques et de la défense immunitaire (Blomberg *et al.*, 2012 ; Darfeuille-Michaud, 2002 ; Darfeuille-Michaud *et al.*, 2004). Secondairement, les composés naturels actifs identifiés par ces criblages constitueront une piste privilégiée pour la synthèse ou l'hémi-synthèse de molécules anti-QS optimales.

Notre système de criblage et de bioguidage a permis de sélectionner les composés inhibant à la fois l'expression de gènes dépendants du QS (*rhlA* et *lasB*) et la formation de biofilm. Les gènes *lasB* et *rhlA* ont été choisis car ils représentent, respectivement, les principaux gènes en aval du système *las* et *rhl*. Ainsi, une inhibition observée sur un ou deux de ces gènes permet d'envisager une perturbation du système *las* et/ou *rhl*. Bien que les anti-QS naturels soient présents dans un grand nombre d'organismes dont les plantes, les produits naturels peuvent présenter des limitations majeures comme leur production en faible quantité et la possibilité d'une toxicité associée. Ceci nécessite de trouver un dérivé à activité optimale et facilement synthétisable mais aussi d'optimiser les rendements d'extraction et de purification. Une voie de recherche pour la synthèse de médicaments anti-virulence et anti-biofilm peut être envisagée afin de trouver les meilleurs dérivés possibles qui pourraient remplir toutes les conditions, pour leur utilisation efficace et sûre (absence de toxicité, biodisponibilité pharmacocinétique…).

Contrairement aux antibiotiques classiques, qui ciblent des processus du métabolisme cellulaire de base, les inhibiteurs du QS offrent une alternative prometteuse pour atténuer ou mettre sous silence la pathogénicité. Ils modifient l'équilibre délicat entre l'hôte et l'agent pathogène, sans exercer une pression sélective supplémentaires sur les bactéries qui, invariablement, va induire une résistance multiple aux médicaments en cas d'exposition répétée (Defoirdt *et al.*, 2010 ; Dong et Zhang, 2005; Hentzer et Givskov, 2003; Hentzer *et al.*, 2003). Certains auteurs ont proposé quelques caractéristiques de base que devraient présenter les molécules anti-QS (Hentzer et Givskov, 2003; Rasmussen et Givskov, 2006; Vattem *et al.*, 2007). En premier lieu, les molécules *(i)* doivent être de faible poids moléculaire avec une grande habilité à réduire l'expression des gènes du QS ; *(ii)* doivent être spécifiques en n'affectant que les gènes du QS et pas d'autres gènes, tant chez la bactérie que chez l'hôte ; *(iii)* doivent être chimiquement stables et résistantes à la dégradation des divers systèmes métaboliques de l'hôte. *(iv)* doivent, dans le cas des composés affectant le QS de type LuxI/R, être suffisamment longs par rapport aux AHLs naturelles. En remplissant ces critères, il existe peu de chances que la bactérie devienne résistante à de telles molécules puisqu'elles n'entrainent pas de pression de sélection durant le traitement de l'infection, et qu'elles n'affectent pas *a priori* la population bactérienne ayant des vertus bénéfiques pour l'hôte. (Rasmussen *et al.,* 2005a). Enfin, grâce à leur stabilité et à leur faible poids moléculaire, ces composés seront peu antigéniques. Il est donc peu probable qu'ils soient désactivés par le système immunitaire de l'hôte.

La modulation du QS n'est pas la seule stratégie alternative sur laquelle les chercheurs se tournent, et la recherche de nouveaux antibiotiques n'est pas pour autant délaissée. Un projet européen « AEROPATH » vise à développer des antibiotiques efficaces contre les « *superbactéries* » antibiorésistantes aux traitements multi-médicamenteux et entretenant des épidémies nosocomiales (Moynie *et al.,* 2013). Ce travail se fera par l'étude et la modélisation des points faibles du métabolisme des protéines de *P. aeruginosa* et de souches nosocomiales de *Stenotrophomonas* et d'*Acinetobacter*, y compris *via* l'étude de leurs génomes (Moynie *et al.,* 2013). Dans cette optique, des petites molécules ont déjà été identifiées comme inhibant la carbapénémase produite par les *Klebsiella pneumoniae* multirésistantes (Worthington *et al.,* 2012). De plus, une grande stratégie américaine vient d'être proposée par l'IDSA (Infectious Diseases Society of America) appelée « 10x20 initiative » dans le cadre de la recherche et du développement de 10 molécules antibactériennes durables et disponibles d'ici 2020 (Boucher *et al.,* 2013). Quoi qu'il en soit, il est évident que nous entrons petit-à-petit dans une ère post-antibiotique et que l'antibiotique ne doit plus être considéré comme le seul moyen de lutte anti-infectieuse, surtout pour combattre les bactéries multirésistantes et persistantes des biofilms.

# Références bibliographiques

**Abd-Alla, M.H., Bashandy, S.R.** (2012). Production of quorum sensing inhibitors in growing onion bulbs infected with *Pseudomonas aeruginosa* E (HQ324110). *International Scholarly Research Network Microbiol* **2012:** 1-7.

**Adamo, R., Sokol, S., Soong, G., Gomez, M.I.** (2004). *Pseudomonas aeruginosa* flagella activate airway epithelial cells through asialogm1 and toll-like receptor 2 as well as toll-like receptor 5. *Am. J Respir Cell Mol Biol* **30:** 627-634.

**Adonizio, A., Kong, K.F., Mathee, K.** (2008). Inhibition of quorum sensing controlled virulence factor production in *Pseudomonas aeruginosa* by South Florida plant extracts. *Antimicrob Agents Chemother* **52:** 198-203.

**Aendekerk, S., Diggle, S.P., Song, Z., Høiby, N., Cornelis, P., Williams, P., Camara, M.** (2005). The MexGHI-OpmD multidrug efflux pump controls growth, antibiotic susceptibility and virulence in *Pseudomonas aeruginosa* via 4-quinolonedependent cell-to-cell communication. *Microbiology* **151:** 1113–1125.

**Aeschlimann, J.R.** (2003). The role of multidrug efflux pumps in the antibiotic resistance of *Pseudomonas aeruginosa* and other Gram-negative bacteria: insights from the Society of Infectious Diseases Pharmacists. *Pharmacotherapy* **23:** 916-924.

**Ahmad, I. M., Britigan, B.E., Abdalla, M.Y.** (2011). Oxidation of thiols and modification of redox-sensitive signaling in human lung epithelial cells exposed to *Pseudomonas* pyocyanin. *Journal of Toxicology and Environmental Health* **74(1):** 43-51.

**Albus, A.M., Pesci, E.C., Runyen-Janecky, L.J., West, S.E., Iglewski, B.H.** (1997). Vfr controls quorum sensing in *Pseudomonas aeruginosa*. *J Bacteriol* **179:** 3928–3935.

**Al-Hussaini, R. & Mahasneh, A.M.** (2009). Microbial growth and quorum sensing antagonist activities of herbal plant extracts. *Molecules* **14:** 3425-3435.

**Allison D.G. & Sutherland I.W.** (1987). The role of exopolysaccharides in adhesion of freshwater bacteria. *Journal of General Microbiology* **133:** 1319-1327.

**Al-Shuneigat, J., Cox, S.D., Markham, J.L.** (2005). Effects of a topical essential oil-containing formulation on bio-film-forming coagulase-negative staphylococci. *Lett Appl Microbiol* **41:** 52-55.

**Amara, N., Krom, B.P., Kaufmann, G.F., Meijler, M.M.** (2011). Macromolecular inhibition of quorum sensing: enzymes, antibodies, and beyond. *Chem Rev* **111:** 195-208.

**Andersson, D.I. & Hughes, D.** (2010). Antibiotic resistance and its cost: is it possible to reverse resistance? *Nat Rev Micro* **8(4):** 260-271.

Antunes, L.C., Ferreira, R.B., Buckner, M.M., Finlay, B.B. (2010). Quorum sensing in bacterial virulence. *Microbiology* **156**: 2271-2282.

Arias, C.A. & Murray, B.E. (2009). Antibiotic-resistant bugs in the 21st century-a clinical super-challenge. *N Engl J Med* **360**: 439-443.

Atkinson, S., Sockett, R.E., Cámara, M., Williams, P. (2006). Quorum sensing and the lifestyle of *Yersinia*. *Curr Issues Mol Biol.* **8(1)**:1-10.

Azghani, A.O., Miller, E.J., Peterson, B.T. (2000). Virulence factors from *Pseudomonas aeruginosa* increase lung epithelial permeability. *Lung* **178(5)**: 261-269.

Bajolet-Laudinat, S., Girod-de Bentzmann, J.M., Tournier, C., Madoulet, M.C., Plotkowski, C., Chippaux, E. (1994). Cytotoxicity of *Pseudomonas aeruginosa* internal lectin PA-I to respiratory epithelial cells in primary culture. *Infect Immun.* **62**: 4481-4487.

Barber, C.E., Tang, J.L., Feng, J.X., Pan, M.Q., Wilson, T.J.G., Slater, H., Dow, J.M., Williams, P., Daniels, M.J. (1997). A novel regulatory system required for pathogenicity of *Xanthomonas campestris* is mediated by a small diffusible signal molecule. *Mol. Microbiol.* **24**: 555-566.

Bardy, S.L., Ng, S.Y., Jarrell, K.F. (2003). Prokaryotic motility structures. *Microbiol.* **149(2)**: 295-304.

Barker, A.P., Vasil, A.l., Filoux, A., Ball, G., Wilderman, P.J., Vasil, M.L. (2004) A novel extracellular phospholipase C of *Pseudomonas aeruginosa* is required for phopholipid chemotaxis. *Mol Microbiol.* **53**: 1089-1098.

Barrett, M.A., Brown, J.L., Morikawa, M.K., Labat, J.-N., Yoder, A.D. (2010). CITES designation for endangered rosewood in Madagascar. *Science* **328**: 1109-1110.

Bassler, B.L. (1999). How bacteria talk to each other: regulation of gene expression by quorum sensing. *Curr. Opin. Microbiol.* **2**: 582-587.

Bassler, B.L. & Losick, R. (2006). Bacterially speaking. *Cell* 125(2):237-246.

Bassler, B.L., Greenberg, E.P., Stevens, A.M. (1997). Cross-species induction of luminescence in the quorum-sensing bacterium *Vibrio harveyi*. *J. Bacteriol.* **179**: 4043-4045.

Bassler, B.L., Wright, M., Showalter, R.E., Silverman, M.R. (1993). Intercellular signalling in Vibrio harveyi: sequence and function of genes regulating expression of luminescence. *Mol. Microbiol.* **9**: 773-786.

Bauer, W.D. & Mathesius, U. (2004). Plant responses to bacterial quorum sensing signals. *Current Opinion in Plant Biology* **7**: 429-433.

**Beatson, S.A., Whitchurch, C.B., Sargent, J.L., Levesque, R.C., Mattick, J.S.** (2002) Differential regulation of twitching motility and elastase production by Vfr in *Pseudomonas aeruginosa. J. Bacteriol.* **184**: 3605-3613.

**Berka, R.M., Gray, G.L., Vasil, M.L.** (1981). Studies of phospholipase C (heat-labile hemolysin) in *Pseudomonas aeruginosa. Infect Immun* **34(3)**: 1071-1074.

**Beveridge, T.J.** (2001). Use of the gram stain in microbiology. *Biotech Histochem.* **76(3)**: 111-118.

**Bielecki, P., Glik, J., Kawecki, M., Martins dos Santos, V.A.** (2008). Towards understanding *Pseudomonas aeruginosa* burn wound infections by profiling gene expression. *Biotechnol Lett* **30**: 777–790.

**Bjarnsholt, T. & Givskov, M.** (2007). The role of quorum sensing in the pathogenicity of the cunning aggressor *Pseudomonas aeruginosa. Anal Bioanal Chem* **387**: 409-414.

**Bjarnsholt, T., Jensen, P.Ø., Burmølle, M., Hentzer, M., Haagensen, J.A.J., Hougen, H.P., Calum, H., Madsen, K.G., Moser, C., Molin, S., Høiby, N., Givskov, M.** (2005a). *Pseudomonas aeruginosa* tolerance to tobramycin, hydrogen peroxide and polymorphonuclear leuckocytes is *quorum-sensing* dependent. *Microbiology* **151**: 373-383.

**Bjarnsholt, T., Jensen, P.O., Jakobsen, T.H., Phipps, R., Nielsen A. K., Rybtke M. T., Tolker-Nielsen T., Givskov M., Hoiby N., Ciofu O.** (2010a). Quorum sensing and virulence of *Pseudomonas aeruginosa* during lung infection of cystic fibrosis patients. *PLoS One* **5(4)**: e10115.

**Bjarnsholt, T., Jensen, P.O., Rasmussen, T.B., Christophersen, L., Calum, H., Hentzer, M., Hougen, H.P., Rygaard, J., Moser, C., Eberl, L., Hoiby, N., Givskov, M.** (2005b). Garlic blocks quorum sensing and promotes rapid clearing of pulmonary *Pseudomonas aeruginosa* infections. *Microbiology* **151(Pt 12)**: 3873-3880.

**Bjarnsholt, T., Tolker-Nielsen, T., Hoiby, N., Givskov, M.** (2010b). Interference of *Pseudomonas aeruginosa* signalling and biofilm formation for infection control. *Expert Rev Mol Med* **12**, e11.

**Blazquez, J.** (2003). Hypermutation as a factor contributing to the acquisition of antimicrobial resistance. *Clin. Infect. Dis.* **37**: 1201-1209.

**Bleves, S., Soscia, C., Nogueira-Orlandi, P., Lazdunski, A., Filloux, A.** (2005) Quorum sensing negatively controls type III secretion regulon expression in *Pseudomonas aeruginosa* PAO1. *J Bacteriol* **187**: 3898-3902.

**Blomberg, J., Lagergren, J., Martin, L., Mattsson, F., Lagergren, P.** (2012). Complications after percutaneous endoscopic gastrostomy in a prospective study. *Scand J Gastroenterol* **47**: 737-742.

**Blosser, R.S. & Gray, K.M.** (2000). Extraction of violacein from *Chromobacterium violaceum* provides a new quantitative bioassay for *N*-acyl homosérine lactone autoinducers. *J Microbiol Methods* **40**: 47-55.

**Bobadilla Fazzini, R.A., Skindersoe, M.E., Bielecki, P., Puchatka, J., Givskov. M, Martin dos Santos, V.A.P.** (2012). Protoanemonin: a natural *quorum sensing* inhibitor that selectively activates iron starvation response. *Environ Microbiol.* **15(1)**:111-120.

**Bodey, G.P., Bolivar, R., Fainstein, V., Jadeja, L.** (1983). Infections caused by *Pseudomonas aeruginosa*. *Rev Infect Dis,* **5**: 279-313.

**Boettcher, K.J., Ruby, E.G., McFall-Ngai, M.J.** (1996). Bioluminescence in the symbiotic squid *Euprymna scolopes* is controlled by daily biological rhythm. *J. Comp. Physiol.* **179**: 65-73.

**Bonnin, R.A., Cuzon, G., Poirel, L., Nordmann, P.** (2013). Multidrug-Resistant *Acinetobacter baumannii* Clone, France. *Emerging infectious diseases* **19(5)**: 822-823.

**Bosser, J. & Rabevohitra, R.** (2002). The tribe of *Dalbergiaea*. In the leguminosae of Madagascar. Du Puy, D.J., Labat, J.N., Rabevohitra, R., Villiers, J.F., Bosser, J., and Moat, J. (eds). Kew, UK: Royal Botanic Gardens, pp. 321-361.

**Bosser, J. & Rabevohitra, R.** (2005). Espèces nouvelles dans le genre *Dalbergia* (Fabaceae, Papilionaceae) à Madagascar. *Adansonia* **27**: 209-216.

**Boucher, H.W., Talbot, G.H., Benjamin Jr, D.K., Bradley, J., Guidos, R.J., Jones, R.N., Murray, B.E., Bonomo, R.A., Gilbert, D.** (2013). 10 × '20 Progress—Development of new drugs active against Gram-Negative bacilli: An Update From the Infectious Diseases Society of America. *Clinical Infectious Diseases* **56**: 1685-1694.

**Boyd, A. & Chakrabarty, A.M.** (1995). *Pseudomonas aeruginosa* biofilms: Role of the alginate exopolysaccharide. *J Ind Microbiol.* **15**:162–168.

**Boyer, M. & Wisniewski-Dye, F.** (2009). Cell-cell signalling in bacteria: not simply a matter of quorum. *FEMS Microbiology Ecology* **70**:1-19.

**Brackman, G., Celen, S., Hillaert, U., Van Calenbergh, S., Cos, P., Maes, L., Nelis, H. J., & Coeyne, T.** (2011). Structure-activity relationship of cinnamaldehyde analogs as inhibitors of AI-2 based quorum sensing and their effect on virulence of *Vibrio* spp. *PLoS One* **6(1)**: e16084.

Brackman, G., Defoirdt, T., Miyamoto, C., Bossier, P., Van Calenbergh, S., Nelis, H., Coenye, T. (2008). Cinnamaldehyde and cinnamaldehyde derivatives reduce virulence in *Vibrio* spp. by decreasing the DNA-binding activity of the quorum sensing response regulator LuxR. *BMC Microbiol* **8**: 149.

Bricha, S., Ounine, K., Oulkheir,, S., EL-Haloui N.E., Attarassi, B. (2009). Virulence factors and epidemiology related to *Pseudomonas aeruginosa*. *Revue Tunisienne Infectiologie* **2**: 7-14.

Brijesh, S., Daswani, P. G., Tetali, P., Antia, N. H. & Birdi, T. J. (2006). Studies on *Dalbergia sissoo* (Roxb.) leaves: Possible mechanism(s) of action in infectious diarrhea. *Ind J Pharmacol* **38**: 46-48.

Brint, J.M. & Ohman, D.E. (1995). Synthesis of multiple exoproducts in *Pseudomonas aeruginosa* is under the control of RhlR-RhlI, another set of regulators in strain PAO1 with homology to the autoinducer responsive LuxR-LuxI family. *J Bacteriol* **177**: 7155-7163.

Buer, C. S., Imin, N. Djordjevic, M.A. (2010). Flavonoids: New roles for old molecules. *Journal of Integrative Plant Biology* **52**: 98-111.

Byers, J.T., Lucas, C., Salmond, G.P.C, Welch, M. (2002). Nonenzymatic turnover of an *Erwinia carotovora quorum-sensing* signaling molecule. *J Bacteriol* **184**: 1163-1171.

Caballero, A. R., Moreau, J. M., Engel, L. S., Marquart, M. E., Hill, J. M., O'Callaghan, R.J. (2001). *Pseudomonas aeruginosa* protease IV enzyme assays and comparison to other *Pseudomonas* proteases. *Anal Biochem* **290**: 330-337.

Caiazza, N.C., Shanks, R.M.Q., O'Toole, G.A. (2005). Rhamnolipids Modulate Swarming Motility Patterns of *Pseudomonas aeruginosa*. *Journal of bacteriology* **187(21)**: 7351-7361.

Campanac, C., Pineau, L., Payard, A., Baziard-Mouysset, G., Roques, C. (2002). Interactions between biocide cationic agents and bacterial biofilms. *Antimicrob. Agents Chemother.* **46(5)**: 1469-1474.

Cao, J.G. & Meighen, E.A. (1989). Purification and structural identification of an autoinducer for the luminescence system of Vibrio harveyi. *J. Biol. Chem.* **264**: 21670-21676.

Carmeli, Y., Troillet, N., Eliopoulos, G.M., Samore, M.H. (1999). Emergence of antibiotic-resistant *Pseudomonas aeruginosa*: comparison of risks associated with different antipseudomonal agents. *Antimicrob Agents Chemother*. **43(6)**: 1379-1382.

Carpentier, B. & Cerf, O. (1993). Biofilms and their consequences with particular reference to hygiene in the food industry. *J Appl Bacteriol*. **75**: 499-511.

Cegelski, L., Marshall, G.R., Eldridge, G.R., Hultgren, S.J. (2008). The biology and future prospects of antivirulence therapies. *Nat. Rev. Microbiol.* **6:** 17-27.

Chan, K-G., Wong, C-S., Yin, W-F., Sam, C-K., Koh, C-L. (2010a). Rapid degradation of *N*-3-oxoacylhomosérine lactones by a *Bacillus cereus* isolate from Malaysian rainforest soil. *Antonie Van Leeuwenhoek* **98:** 299-305.

Characklis, W.G. (1990). Biofilms : basis for an interdisciplinary approach. In : Characklis W.G. Marshall K.C. (eds). Biofilms. John Wiley and Sons - New-York pp 3-15.

Charlton, T.S., de Nys, R., Netting, A., Kumar, N., Hentzer, M., Givskov, M., Kjelleberg, S. (2000). A novel and sensitive method for the quantification of *N*-3-oxoacyl homosérine lactones using gas chromatographymass spectrometry: application to a model bacterial biofilm. *Environ. Microbiol.* **2:** 530-541.

Chemani, C., Imberty, A., de Bentzmann, S., Pierre, M., Wimmerova, M., Guery, B.P. et Faure, K. (2009). Role of LecA and LecB lectins in *Pseudomonas aeruginosa*-induced lung injury and effect of carbohydrate ligands. *Infect Immun* **77(5):** 2065-75.

Chen, X. & Stewart, P.S. (1996). Chlorine penetration into artificial biofilm is limited by a reaction–diffusion interaction.*Environmental Science and Technology*, **30(6):** 2078-2083.

Chen, Y.C., Schauder, S., Potier, N., Van Dorsselaer, A., Pelczer, I., Bassler, B.L., Hughson, F.M. (2002). Structural identification of a bacterial quorum-sensing signal containing boron. *Nature* **415(6871):** 545-549.

Chevrot, R., Rosen, R., Haudecoeur, E., Cirou, A., Shelp, B.J., Ron, E., Faure, D. (2006). GABA controls the level of *quorum-sensing* signal in *Agrobacterium tumefaciens*. *Proc Natl Acad Sci USA* **103:** 7460-7464.

Chhabra, S.R., Philipp, B., Eberl, L., Givskov, M., Williams, P., Cámara, M. (2005). Extracellular communication in bacteria. *Chemistry of Pheromones and Other Semiochemicals* **2:** 279-315.

Chicurel, M. (2000). Bacterial biofilms and infections. Slimebusters. *Nature* **408:** 284-286.

Chorianopoulos, N.G., Giaouris, F.D., Skendamis, P.N., Haroutounian, S.A., Nychas, G-J.E. (2008). Disinfectant test against monoculture and mixed-culture biofilms composed of technological, spoilage and pathogenic bacteria: bactericidal effect of essential oil and hydrosol of *Satureja thymbra* and comparison with standard acid–base sanitizers. *J Appl Microbiol* **104:** 1586-1596.

Chowdhary, P.K., Keshvan, N., Nguyen, H.Q., Peterson, J.A., González, J.E., Haines, D.C. (2007). *Bacillus megaterium* CYP102A1 oxidation of acyl homosérine lactones and acyl homosérines. *Biochemistry* **46**: 14429–14437.

Choy, M.H., Stapleton, F., Willcox, M.D.P., Zhu, H. (2008). Comparison of virulence factors in *Pseudomonas aeruginosa* strains isolated from contact lens- and non-contact lens-related keratitis. *J Med Microbiol* **57(12)**: 1539-1546.

Chrzanowski, L., Ławniczak, L., Czaczyk, K. (2012). Why do microorganisms produce rhamnolipids? *World J Microbiol Biotechnol* **28**: 401-419.

Chu, W., Vattem, D. A., Maitin, V., Barnes, M.B., McLean, R. J. (2011). Bioassays of quorum sensing compounds using *Agrobacterium tumefaciens* and *Chromobacterium violaceum*. *Methods Mol Biol* **692**: 3-19.

Chugani, S,. & Greenberg, E.P. (2007). The influence of human respiratory epithelia on *Pseudomonas aeruginosa* gene expression. *Microb Pathog* **42**: 29-35.

Chugani, S.A., Whiteley, M., Lee, K.M., D'Argenio, D., Manoil, C., Greenberg, E.P. (2001). QscR, a modulator of *quorum sensing* signal synthesis and virulence in *Pseudomonas aeruginosa*. *Proc Natl Acad Sci USA* **98**: 2752–2757.

Chun, C.K., Ozer, E.A., Welsh, M.J., Zabner, J., Greenberg, E.P. (2004) Inactivation of a *Pseudomonas aeruginosa* quorum-sensing signal by human airway epithelia. *Proc Natl Acad Sci USA* **101**: 3587-3590.

Chung, W.O., Park, Y., Lamont, R.J., McNab, R., Barbieri, B., Demuth, D.R. (2001). Signaling system in *Porphyromonas gingivalis* based on a LuxS protein. *J. Bacteriol.* **183**: 3903-3909.

Cirou, A., Uroz, S., Chapelle, E., Latour, X., Orange, N., Faure, D., Dessaux, Y. (2009) Quorum sensing as a target for novel biocontrol strategies directed at *Pectobacterium*. In: Gisi U, Chet I, Gullino ML, editors. Recent Developments in Management of Plant Diseases. Dordrecht: Springer pp 121-131.

Coin, D., Louis, D., Bernillon, J., Guinand, M., Wallach J. (1997). LasA, alkaline protease and elastase in clinical strains of *Pseudomonas aeruginosa*: quantification by immunochemical methods. *FEMS Immunol Med Microbiol* **18(3)**: 175-84.

Colvin, K.M., Gordon, V.D., Murakami, K., Borlee, B.R., Wozniak, D.J., Wong, G.C.L, Parsek, M.R. (2011a). The Pel polysaccharide can serve a structural and protective role in the biofilm matrix of *Pseudomonas aeruginosa*. *PLoS Pathog* **7(1)**: e1001264.

Colvin, K.M., Irie, Y., Tart, C.S., Urbano, R., Whitney, J.C., Ryder, C., Howell, P.L., Wozniak, D.J., Parsek, M.R. (2011b). The Pel and Psl polysaccharides provide *Pseudomonas aeruginosa* structural redundancy within the biofilm matrix. Environ Microbiol. **14(8)**: 1913-1928.

Comolli, J.C., Hauser, A.R., Waite, L., Whitchurch, C.B., Mattick, J.S., Engel, J.N. (1999). *Pseudomonas aeruginosa* gene products PilT and PilU are required for cytotoxicity in vitro and virulance in a mouse model of acute pneumonia infect. *Immun.* **67**: 3625-3630.

Costerton, J.W. (1984). The formation of biocide-resistant biofilms in industrial, natural, and medical system. *Dev Ind Microbiol.* **25**: 363-372.

Costerton, J.W. (2001). Cystic fibrosis pathogenesis and the role of biofilms in persistent infection. *Treds. Microbiol.* **9**: 50-52.

Costerton, J.W. (2002). Anaerobic biofilm infections in cystic fibrosis. *Mol Cell* **10(4)**: 699-700.

Costerton, J.W. & Stewart, P.S. (2001). Battling biofilms. *Sci Am* **285(1)**: 74-81.

Costerton, J.W., Lewandowski, Z., De Beer, D., Caldwell, D., Korber, D., James, G. (1994). Minireview: biofilms, the customized microniche. *Journal of Bacteriology* **176**: 2137-2142.

Costerton, J.W., Stewart, P.S., Greenberg, E.P. (1999). Bacterial biofilms: a common cause of persistent infections. *Science* **284**: 1318-1322.

Costerton, J.W., Veeh, R., Shirtliff, M., Pasore, M., Post, C., Ehrlich, G. (2003). The application of biofil sciene to the study of chronic bacterial infections. *J Clin Invest.* **112(10)**: 1466-1477.

Cotar, A.I., Saviuc, C., Nita, R.A., Bezirtzoglou, E., Chifiriuc, M.C. (2013). Anti-pathogenic Strategies for Fighting *Pseudomonas aeruginosa* Infections- probiotic Soluble Compounds as Inhibitors Of Quorum Sensing Genes Expression. Current Organic Chemistry **17**: 155-161.

Crespo, I., Garcia-Mediavilla, M. V., Gutierrez, B., Sanchez-Campos, S., Tunon, M.J., Gonzalez-Gallego, J. (2008). A comparison of the effects of kaempferol and quercetin on cytokine-induced pro-inflammatory status of cultured human endothelial cells. *Br J Nutr* **100**: 968-976.

Croda-García, G., Grosso-Becerra, V., González-Valdez, A.A., Servín-González, L., Soberón-Chávez, G. (2011). Transcriptional regulation of *Pseudomonas aeruginosa rhlR*: role of the CRP orthologue Vfr (virulence factor regulator) and quorum-sensing regulators LasR and RhlR. *Microbiology* **157**: 2545-2555.

Cryz, S.J., Jr., Pitt T.L., Furer E., Germanier, R. (1984). Role of lipopolysaccharide in virulence of *Pseudomonas aeruginosa*. *Infect. Immun.* **44**: 508-513.

Cubo, M. T., Economou, A., Murphy, G., Johnston, A.W., Downie, J.A. (1992). Molecular characterization and regulation of the rhizosphere-expressed genes *rhiABCR* that can influence nodulation by *Rhizobium leguminosarum* biovar *viciae*. *J. Bacteriol.* **174**: 4026-4035.

Cushnie, T. P. & Lamb, A. J. (2005). Antimicrobial activity of flavonoids. *Int J Antimicrob Agents* **26**: 343-356.

Daniels, R., Vanderleyden, J., Michiels, J. (2004). Quorum sensing and swarming migration in bacteria. *FEMS Microbiol Rev* **28**: 261-289.

Darfeuille-Michaud, A. (2002). Adherent-invasive Escherichia coli: a putative new E. coli pathotype associated with Crohn's disease. *Int J Med Microbiol* **292**: 185-193.

Darfeuille-Michaud, A., Boudeau, J., Bulois, P., Neut, C., Glasser, A.L., Barnich, N., Bringer, M.A., Swidsinski, A., Beaugerie, L. Colombel, J.F. (2004). High prevalence of adherent-invasive Escherichia coli associated with ileal mucosa in Crohn's disease. *Gastroenterology* **127**: 412-421.

D'Argenio, D.A. & Miller, SI. (2004). Cyclic di-GMP as a bacterial second messenger. *Microbiology* **150**: 2497-2502.

D'Argenio, D.A., Gallagher, L.A, Berg, C.A., Manoil, C. (2001). *Drosophila* as a model host for *Pseudomonas aeruginosa* infection. *J. Bacteriol.* **183**: 1466-1471.

Darouiche, R.O., Dhir. A., Miller, A.J., Landon, G.C. Raad, I.I., Musher, D.M. (1994). Vancomycin penetration into biofilm covering infected prostheses and effect on bacteria. *Journal of Infectious Diseases* **170**: 720-723.

Darzins, A. (1993). The *pilG* gene product, required for *Pseudomonas aeruginosa* pilus production and twitching motility, is homologous to the enteric single-domain response regulator CheY. *J Bacteriol* **175**: 5934-5944.

Davey, M. E., Caiazza, N. C. & O'Toole, G. A. (2003). Rhamnolipid surfactant production affects biofilm architecture in *Pseudomonas aeruginosa* PAO1. *J Bacteriol* **185**: 1027-1036.

Davies, D.G., Chakrabarty, A.M., Geesey, G.G. (1993). Exopolysaccharide production in biofilms - substratum activation of alginate gene expression by *Pseudomonas aeruginosa*. *Appl Environ Microbiol* **59**: 1181-1186.

Davies, D.G., Parsek, M.R., Pearson, J.P., Iglewski, B.H., Costerton, J.W. & Greenberg. E.P. (1998). The involvement of cell-to-cell signals in the development of a bacterial biofilm. *Science* **280**: 295-298.

**Day, W.A., Jr., & Maurelli, A.T.** (2001). *Shigella flexneri* LuxS quorum-sensing system modulates virB expression but is not essential for virulence. *Infect. Immun.* **69**: 15-23.

**De Kievit, T.R. & Iglewski, B.H.** (2000). Bacterial quorum sensing in pathogenic relationships. *Infect Immu.* **68(9)**: 4839-4849.

**De Kievit, T.R., Seed, P.C., Nezezon, J., Passador, L., Iglewski, B.H.** (1999). RsaL, a novel repressor of virulence gene expression in *Pseudomonas aeruginosa*. *J. Bacteriol.* **181**: 2175-2184.

**De Kievit, T.R., Gillis, R., Marx, S., Brown, C., Iglewski, B.H.** (2001). Quorum-sensing genes in *Pseudomonas aeruginosa* biofilms: their role and expression patterns. *Appl Environ Microbiol* **67**: 1865-1873.

**DeLisa, M.P., Wu, C.F., Wang, L., Valdes, J.J., Bentley, W.E.** (2001). DNA microarray-based identification of genes controlled by autoinducer 2- stimulated quorum sensing in *Escherichia coli*. *J. Bacteriol.* **183**: 5239-5247.

**De Nys, R., Wright, A.D., König, G.M., Sticher, O.** (1993). New halogenated furanones from the marine alga *Delisea pulchra* (cf. fimbriata). *Tetrahedron* **49**: 11213-11220.

**Decho, A.W., Norman, R.S., Visscher, P.T.** (2010). Quorum sensing in natural environments: emerging views from microbial mats. *Trends Microbiol* **18(2)**: 73-80.

**Defoirdt, T., Boon, N., Bossier, P.** (2010). Can bacteria evolve resistance to quorum sensing disruption? *PLoS Pathogens* **6(7)**: e1000989.

**Dekimpe, V. & Deziel E.** (2009). Revisiting the quorum-sensing hierarchy in *Pseudomonas aeruginosa*: the transcriptional regulator RhlR regulates LasR-specific factors. *Microbiology* **155(Pt 3)**: 712-723.

**Derzelle, S., Duchaud, E., Kunst, F., Danchin, A., Bertin, P.** (2002). Identification, characterization, and regulation of a cluster of genes involved in carbapenem biosynthesis in *Photorhabdus luminescens*. *Appl. Environ. Microbiol.* **68**: 3780-3789.

**Deziel, E., Gopalan, S., Tampakaki, A.P., Lépine, F., Padfield, K.E., Saucier, M., Xiao, G., Rahme, L.G.** (2005). The contribution of MvfR to *Pseudomonas aeruginosa* pathogenesis and quorum sensing circuitry regulation: multiple quorum sensing-regulated genes are modulated without affecting *lasRI*, *rhlRI* or the production of *N*-acyl-L-homosérine lactones. *Mol. Microbiol.* **55**: 998-1014.

**Deziel, E., Lepine, F., Milot, S., He, J., Mindrinos, M.N., Tompkins, R.G., Rahme, L.G.** (2004). Analysis of *Pseudomonas aeruginosa* 4-hydroxy-2-alkylquinolines (HAQs) reveals a role for 4-hydroxy-2-heptylquinoline in cell-to-cell communication. *Proc Natl Acad Sci USA* **101(5)**: 1339-44.

**Deziel, E., Lepine, F., Milot, S., Villemur, R.** (2003). *rhlA* is required for the production of a novel biosurfactant promoting swarming motility in *Pseudomonas aeruginosa*: 3-(3-hydroxyalkanoyloxy) alkanoic acids (HAAs), the precursors of rhamnolipids. *Microbiology* **149**: 2005-2013.

**Di Mango, E., Zar, H.J., Bryan, R., Prince, A.** (1995). Diverse *Pseudomonas aeruginosa* gene products stimulate respiratory epithelial cells to produce interleukin-8. *J Clin Invest.* **96**: 2204-2210.

**Dickschat, J.S.** (2010). Quorum sensing and bacterial biofilms. *Nat Prod Rep* **27(3)**: 343-369.

**Dietrich, L.E., Price-Whelan, A., Petersen, A., Whiteley, M., Newman, D.K.** (2006). The phenazine pyocyanin is a terminal signalling factor in the quorum sensing network of *Pseudomonas aeruginosa*. *Mol Microbiol* **61(5)**: 1308-1321.

**Diggle, S.P., Stacey, R.E., Dodd, C., Camara, M., Williams, P., Winzer, K.** (2006). The galactophilic lectin, LecA, contributes to biofilm development in *Pseudomonas aeruginosa*. *Environ Microbiol.* **8**: 1095-1104.

**Diggle, S.P., Winzer, K., Chhabra, S.R., Worrall, K.E., Camara, M., Williams, P.** (2003). The *Pseudomonas aeruginosa* quinolone signal molecule overcomes the cell density-dependency of the quorum sensing hierarchy, regulates rhl-dependent genes at the onset of stationary phase and can be produced in the absence of LasR. *Mol Microbiol* **50**: 29-43.

**Diggle, S.P., Winzer, K., Lazdunski, A., Williams, P., Camara, M.** (2002). Advancing the quorum in *Pseudomonas aeruginosa* : MvaT and the regulation of *N*-acylhomosérine lactone production and virulence gene expression. *J. Bacteriol.* **184**: 2576-2586.

**Dixon, R.A. & Pasinetti, G.M.** (2010). Flavonoids and Isoflavonoids: From plant biology to agriculture and neuroscience. *Plant Physiol* **154**: 453-457.

**Dixon, R.A. & Steele, C.L.** (1999). Flavonoids and isoflavonoids - a gold mine for metabolic engineering. *Trends in Plant Science* **4**: 394-400.

**Dong, Y.H. & Zhang, L.H.** (2005) Quorum sensing and quorum-quenching enzymes. *J Microbiol* **43**: 101-109.

**Dong, Y.H., Gusti, A.R., Zhang, Q., Xu, J.L., Zhang, L.H.** (2002). Identification of quorum-quenching *N*-acyl homosérine lactonases from *Bacillus species*. *Appl Environ Microbiol.* **68(4)**: 1754-1759.

**Dong, Y.H., Xu, J.L., Li, X.Z., Zhang, L.H.** (2000). AiiA, an enzyme that inactivates the acylhomosérine lactone quorum-sensing signal and attenuates the virulence of *Erwinia carotovora*. *Proc Natl Acad Sci USA* **97**: 3526-3531.

Dong, Y.H., Zhang, X.F., Xu, J.L., Tan, A.T., Zhang, L.H. (2005a). VqsM, a novel AraC-type global regulator of quorum sensing signalling and virulence in *Pseudomonas aeruginosa*. *Mol. Microbiol.* **58**: 552-564.

Dong, Y.H., Zhang, X.F., Soo, H.M., Greenberg, E.P., Zhang, L.H. (2005b). The two-component response regulator PprB modulates quorum-sensing signal production and global gene expression in *Pseudomonas aeruginosa*. *Mol. Microbiol.* **56**: 1287-1301.

Dong, Y.H., Zhang, X.F., Xu, J.L., Zhang, L.H. (2004). Insecticidal *Bacillus thuringiensis* silences *Erwinia carotovora* virulence by a new form of microbial antagonism, signal interference. *Appl Environ Microbiol* **70**: 954-960.

Dong, Y-H., Zhang, X-F., An, S-W., Xu J-L., Zhang, L-H. (2008). A novel two-component system BqsS-BqsR modulates quorum sensing-dependent biofilm decay in *Pseudomonas aeruginosa*. *Communicative & Integrative Biology* **1(1)**: 88-96.

Donlan, R.M. (2002). Biofilms: Microbial life on surfaces. *Emerging Infect. Dis.* **8**: 881-890.

Donlan, R.M., Costerton, J.W. (2002). Biofilms: survival mechanisms of clinically relevant microorganisms. *Clin Microbiol Rev* **15(2)**: 167-193.

Dow, J.M., Feng, J.X., Barber, C.E., Tang, J.L., Daniels, M.J. (2000). Novel genes involved in the regulation of pathogenicity factor production within the rpf gene cluster of *Xanthomonas campestris*. *Microbiology* **146**: 885-891.

Draganov, D.I., Teiber, J.F., Speelman, A., Osawa, Y., Sunahara, R., La Du, B.N. (2005). Human paraoxonases (PON1, PON2, and PON3) are lactonases with overlapping and distinct substrate specificities. *J. Lipid Res.* **46**: 1239-1247.

Derzelle, S., Duchaud, E., Kunst, F., Danchin, A., Bertin, P. (2002). Identification, characterization, and regulation of a cluster of genes involved in carbapenem biosynthesis in *Photorhabdus luminescens*. *Appl.Environ. Microbiol.* **68**: 3780-3789.

Du Puy, D. J., Labat, J. N., Rabevohitra, R., Villiers, J.-F., Bosser, J., Moat, J. (2002). The Leguminosae of Madagascar. Royal Botanic Gardens, Kew, Richmond, United Kingdom.

Duan, K. & Surette M.G. (2007). Environmental regulation of *Pseudomonas aeruginosa* PAO1 *las* and *rhl* quorum-sensing systems. *J Bacteriol* **189(13)**: 4827-4836.

Duan, K., Dammel, C., Stein, J., Rabin, H., Surette, M.G. (2003). Modulation of *Pseudomonas aeruginosa* gene expression by host microflora through interspecies communication. *Mol Microbiol.* **50(5)**: 1477-1491.

**Dudler, R. & Eberl, E. (2006).** Interactions between bacteria and eukaryotes *via* small molecules. *Curr Opin Biotechnol* **17**: 268-273.

**Duguid, I.G., Evans, E. Brown, M.R., Gilbert, P.** (1992). Effect of biofilm culture upon the susceptibility of *Staphylococcus epidermidis* to tobramycin. *J Antimicrob Chemother.* **30**: 803-810.

**Dunne, W.M.** (2002). Bacterial adhesion: seen any god biofilms lately? *Clin Microbiol Rev.* **2**: 155-166.

**Dunny, G.M., and Leonard, B.A.B.** (1997). Cell-cell communication in gram-positive bacteria. *Annu Rev Microbiol* **51**: 527-564.

**Eberl, L., Winson, M.K., Sternberg, C., Stewart, G.S.A.B., Christiansen, G., Chhabra, S.R., Bycroft, B., Williams, P., Molin, S., Givskov, M.** (1996) Involvement of *N*-acyl-L-homoserine lactone autoinducers in controlling the multicellular behaviour of *Serratia liquefaciens*. *Mol. Microbiol.* **20**: 127-136.

**Elvers, K.T., & Park, S.F.** (2002). Quorum sensing in *Campylobacter jejuni*: detection of a *luxS* encoded signalling molecule. *Microbiology.* **148**: 1475-1481.

**Engebrecht, J., Nealson, K.H., Silverman, M.** (1983). Bacterial bioluminescence: isolation and genetic analysis of the functions from *Vibrio fischeri*. *Cell* **32**: 773-781.

**Engebrecht, J. & Silverman, M.** (1987). Nucleotide sequence of the regulatory locus controlling expression of bacterial genes for bioluminescence. *Nucleic Acids Res.* **15**: 10455-10467.

**Engel, L.S., Hill, J.M., Caballero, A.R., Green, L.C., O'Callaghan, R.J.** (1998). Protease IV, a unique extracellular protease and virulence factor from *Pseudomonas aeruginosa*. *J Biol Chem.* **273(27)**:16792-16797.

**English, B. K. & Gaur, A. H.** (2010). The use and abuse of antibiotics and the development of antibiotic resistance. *Adv Exp Med Biol* **659**: 73-82.

**Epps, L. C. & Walker P. D.** (2006). Fluoroquinolone consumption and emerging resistance. *US Pharmacist* **10**: 47-54.

**Erickson, D. L., Lines, J. L., Pesci, E. C., Venturi, V., Storey, D. G.** (2004). *Pseudomonas aeruginosa* relA contributes to virulence in Drosophila melanogaster. *Infect. Immun.* **72**: 5638-5645.

**Erickson, D.L., Endersby, R., Kirkham, A., Stuber, K., Vollman, D.D., Rabin, H.R., Mitchell, I., Storey, D.G.** (2002). *Pseudomonas aeruginosa* quorum-sensing systems may control virulence factor expression in the lungs of patients with cystic fibrosis. *Infect Immun.* **70(4)**: 1783-1790.

**Evans, L.R. & Linker, A.** (1973). Production and characterization of the slime polysaccharide of *Pseudomonas aeruginosa*. *J Bacteriol*. **116**: 915-924.

**Fagerlind, M.G., Rice S.A., Nilsson, P., Harlén,M., James S., Charlton, T.,Kjelleberg, S.** (2003*)*. The role of regulators in the expression of quorum-sensing signals in *Pseudomonas aeruginosa. J. Mol. Microbiol. Biotechnol.* **6**: 88-100.

**Farrag, H. & Mahmoud, A.H.** (1953). Otonhea in dogs caused by *Pseudomonas aeruginosa*. *J Am Vet Med Assoc* **122**: 35-36.

**Farrow, J.M., Sund, Z.M., Ellison, M.L., Wade, D.S., Coleman, J.P., Pesci, E.C.** (2008). PqsE functions independently of PqsR–*Pseudomonas* Quinolone Signal and enhances the *rhl* quorum sensing system. J Bacteriol **190**: 7043-7051.

**Favre-Bonte, S., Koehler, T., Van Delden, C.** (2003). Biofilm formation by *Pseudomonas aeruginosa*: role of the C4-HSL cell-to-cell signal and inhibition by azithromycin. *J. Antimicrob. Chemother* **52(4)**: 598-604.

**FDA** (1972). Report to the Commissioner of the Food and Drug Administration by the FDA Task Force. The use of antibiotics in animal feeds. Rockville, Maryland: U.S. Government Printing Office.

**Federle, M.J. & Bassler, B.L.** (2003). Interspecies communication in bacteria. *J Clin Invest.* **112(9)**: 1291-1299.

**Fekete, A., Kuttler, C., Rothballer, M., Hense, B.A., Fischer, D., Buddrus-Schiemann, K., Lucio, M., Müller, J., Schmitt-Kopplin, P., Hartmann, A.** (2010). Dynamic regulation of N-acyl-homosérine lactone production and degradation in *Pseudomonas putida* IsoF. *FEMS Microbiol Ecol* **72**: 22-34.

**Feldman, M., Bryan, R., Rajan, S., Scheffler, L., Brunnert, S., Tang, H., Prince, A.** (1998). Role of flagella in pathogenesis of *Pseudomonas aeruginosa* pulmonary infection. *Infect Immun.* **66**: 43-51.

**Filloux, A. & Vallet, I.** (2003). Biofilm: set-up and organization of a bacterial community. *Med Sci (Paris).* **19(1)**: 77–83.

**Flavier, A.B., Clough, S.J., Schell, M.A., Denny, T.P.** (1997a). Identification of 3-hydroxypalmitic acid methyl ester as a novel autoregulator controlling virulence in *Ralstonia solanacearum. Mol. Microbiol.* **26**: 251-259.

**Flavier, A.B., Ganova-Raeva, L.M., Schell, M.A., Denny, T.P.** (1997b). Hierarchical autoinduction in *Ralstonia solanacearum*: control of acyl-homosérine lactone production by a novel autoregulatory system responsive to 3-hydroxypalmitic acid methyl ester. *J. Bacteriol.* **179**: 7089-7097.

**Flemming, H.C. & Wingender, J.** (2010). The biofilm matrix. *Nature Reviews Microbiology* **8**: 623-633.

**Flemming, H.C. & Wingender, J.** (2001). Relevance of microbial extracellular polymeric substances (EPSs). Part I: Structural and ecological aspects. *Water Sci Technol.* **43**: 1-8.

**Fong, K.P., Chung, W.O., Lamont, R.J., Demuth, D.R.** (2001). Intra- and interspecies regulation of gene expression by *Actinobacillus actinomycetemcomitans* LuxS. *Infect Immun.* **69(12)**: 7625-7634.

**Fong, K.P., Gao, L., & Demuth, D.R.** (2003). *luxS* and *arcB* control aerobic growth of *Actinobacillus actinomycetemcomitans* under iron limitation. *Infect. Immun.* **71**: 298-308.

**Fraser, G. M. & Hughes, C.** (1999). Swarming motility. *Curr Opin Microbiol* **2**: 630-635.

**Friedman, L. & Kolter, R.** (2004a). Genes involed in matrix formation in *Pseudomonas aeruginosa* PA14 biofilms. *Mol Microbiol.* **51(3)**: 675-690.

**Friedman, L. & Kolter, R.** (2004b). Two genetic loci produce distinc carbohydrateriche structural components of the *Pseudomonas aeruginosa* biofilms matrix. *J Bacteriol.* **186(14)**: 4457-4465.

**Fuqua, W.C., Winans, S.C., Greenberg, E.P.** (1994). Quorum sensing in bacteria: the LuxR-LuxI family of cell density- responsive transcriptional regulators. *J Bacteriol* **176**: 269-275.

**Fuqua, C. & Greenberg, E.P.** (2002). Listening in on bacteria: acylhomosérine lactone signalling. *Nat Rev Mol Cell. Biol.* **3**: 685-695.

**Gallagher L.A., McKnight, S.L., Kuznetsova, M.S., Pesci, E.C., Manoil, C.** (2002). Functions required for extracellular quinolone signaling by *Pseudomonas aeruginosa. J. Bacteriol.* **184**: 6472-6480.

**Galloway, D.R.** (1991). *Pseudomonas aeruginosa* elastase and elastolysis revisited: recent developments. *Mol Microbio* **5(10)**: 2315-2321.

**Galloway, W.R., Hodgkinson, J.T., Bowden, S., Welch, M., Spring, D.R.** (2011). Applications of small molecule activators and inhibitors of quorum sensing in Gram-negative bacteria. *Trends Microbiol.* **20(9)**: 449-458.

**Gambello, M.J. & Iglewski B.H.** (1991). Cloning and characterization of the *Pseudomonas aeruginosa lasR* gene, a transcriptional activator of elastase expression. J Bacteriol **173(9)**: 3000-3009.

**Gambello, M.J., Kaye, S. & Iglewski, B. H.** (1993). LasR of *Pseudomonas aeruginosa* is a transcriptional activator of the alkaline protease gene (*apr*) and an enhancer of exotoxin A expression. *Infect Immun* **61**: 1180-1184.

Ganin, H., Rayo, J., Amara, N., Levy, N., Krief, P., Meijler, M.M. (2013). Sulforaphane and erucin, natural isothiocyanates from broccoli, inhibit bacterial quorum sensing. *Med. Chem. Commun.* **4**: 175-179.

Gao, M., Teplitski, M., Robinson, J.B., Bauer, W.D. (2003). Production of substances by *Medicago truncatula* that affect bacterial quorum sensing. *Mol Plant Microbe Interact* **16**: 827-834.

Garber, N., Guempel, U., Belz, A., Gilboa-Garber, N., Doyle, R.J. (1992). On the specificity of the D-galactose-binding lectin (PA-I) of *Pseudomonas aeruginosa* and its strong binding to hydrophobic derivatives of D-galactose and thiogalactose. *Biochim Biophys Acta.* **1116**: 331-333.

Garber, N., Guempel, U., Gilboa-Garber, N., Doyle, R.J. (1987). Specificity of the fucosebinding lectin of *Pseudomonas aeruginosa*. *FEMS Microbiol Lett.* **48**: 331-334.

Gardiner, S. M., Gardiner, S., Chhabra, S. R., Harty, C., Pritchard, D. I., Bycroft, B. W., Williams, P. & Bennett, T. (2001). Haemodynamic properties of bacterial quorum sensing signal molecules. *Br J Pharmacol* **133**:1047-1054.

Geisenberger, O., Givskov, M., Riedel, K., Høiby, N., Tümmler, B., Eberl, L. (2000). Production of *N*-acyl-L-homosérine lactones by *Pseudomonas aeruginosa* isolates from chronic lung infections associated with cystic fibrosis. *FEMS Microbiol Lett.* **184(2)**: 273-278.

Ghafoor, A., Hay, I.D., Rehm, B.H.A. (2011). Role of exopolysaccharides in *Pseudomonas aeruginosa* biofilm formation and architecture. *Appl. Environ. Microbiol.* **77(15)**: 5238-5246.

Girennavar, B., Cepeda, M.L, Soni, K.A., Vikram, A., Jesudhasan, P., Jayaprakasha, G.K., Pillai, S.D., Patil, B.S. (2008). Grapefruit juice and its furocoumarins inhibits autoinducer signaling and biofilm formation in bacteria. *International Journal of Food Microbiology*. **125**: 204-208.

Givskov, M., de Nys, R., Manefield, M., Gram, L., Maximilien, R., Eberl, L., Molin, S., Steinberg, P.D., Kjelleberg, S. (1996). Eukaryotic interference with homosérine lactone-mediated prokaryotic signalling. *J. Bacteriol.* **178**: 6618-6622.

Glessner, A., Smith, R.S., Iglewski, B.H., Robinson, J.B. (1999). Roles of *Pseudomonas aeruginosa las* and *rhl* quorum-sensing systems in control of twitching motility. *J Bacteriol* **181**: 1623-1629.

Gonzalez, J. E. & Keshavan, N. D. (2006). Messing with bacterial quorum sensing. *Microbiol Mol Biol Rev* **70**: 859-875.

González-Lamothe, R., Mitchell, G., Gattuso, M., Diarra, M., Malouin, F., Bouarab, K. (2009). Plant antimicrobial agents and their effects on plant and human pathogens. *International Journal of Molecular Sciences* **10(8)**: 3400-3419.

**Govan, J.R., Deretic. V.** (1996). Microbial pathogenesis in cystic fibrosis: mucoid *Pseudomonas aeruginosa* and *Burkholderia cepacia*. *Microbiol Rev* **60(3):** 539-574.

**Gram, L., de Nys, R., Maximilien, R., Givskov, M., Steinberg, P., Kjelleberg, S.** (1996) Inhibitory effects of secondary metabolites from the red alga *Delisea pulchra* on swarming motility of *Proteus mirabilis*. *Appl Environ Microbiol* **62:** 4284-4287.

**Gray, E.D., Peters, G., Verstegen, M.** (1984). Effect of extracellular slime substance from *Staphylococcus epidermidis* adhesion on human cellular response; *Lancet* **18:** 365-367.

**Gundidza, M. & Gaza, N.** (1993). Antimicrobial activity of *Dalbergia melanoxylon* extracts. *J Ethnopharmacol* **40:** 127-130.

**Hahn, H.P.** (1997). The type-4 pilus is the major virulence-associated adhesin of *Pseudomonas aeruginosa*. Review *Gene.* **192:** 99-108.

**Hahn, H.P., Lane-Bell, P.M., Glasier, L.M., Nomellini, J.F., Bingle, W.H., Paranchych, W.** (1997). Pilin-based anti- *Pseudomonas* vaccines: Latest developments and perspectives. *Behring Inst Mitt.* **98:** 315-325.

**Halbwirth, H.** (2010). The Creation and Physiological Relevance of Divergent Hydroxylation Patterns in the Flavonoid Pathway. *International Journal of Molecular Sciences* **11:** 595-621.

**Hall-Stoodley, L., Costerton, J.W., Stoodley, P.** (2004). Bacterial biofilms: from the natural environment to infectious diseases. *Nat. Rev. Microbiol.* **2(2):** 95-108.

**Hammer, A.S., Pedersen, K., Andersen, T.H., Jorgensen, J.C., Dietz, H.H.** (2003). Comparison of *Pseudomonas aeruginosa* isolates from mink by serotyping and pulsedfield gel elecrophoresis. *Vet Microbiol,* **94:** 237-243.

**Hammer, B.K., Bassler, B.L.** (2003). Quorum sensing controls biofilm formation in *Vibrio* cholerae. *Mol Microbiol.* **50(1):** 101-104.

**Hamoen, L.W., Venema, G., Kuipers, O.P.** (2003). Controlling competence in *Bacillus subtilis*: shared use of regulators. *Microbiology* 149, 9-17.

**Hancock, R.E. & Speert, D.P.** (2000). Antibiotic resistance in *Pseudomonas aeruginosa*: mechanisms and impact on treatment. *Drug Resist Updat.* **3(4):** 247-255.

**Hanzelka, B.L. & Greenberg, E.P.** (1995). Evidence that the N-terminal region of the *Vibrio fischeri* LuxR protein constitutes an autoinducer-binding domain. J Bacteriol. **177(3):** 815–817.

Harshey, R.M. (1994). Bees aren't the only ones: swarming in Gram negative bacteria. *Mol Microbiol* **13**: 389-394.

Harth, G., Zamecnik, P.C., Tang, J.-Y., Tabatadze, D., Horwitz, M. (2000). Treatment of *Mycobacterium tuberculosis* with antisense oligonucleotides to glutamine synthetase mRNA inhibits glutamine synthetase activity, formation of the poly-L-glutamate/glutamine cell wall structure, and bacterial replication. *Proc. Natl. Acad. Sci. U.S.A.* **97**: 418–423.

Hartmann, A., Gantner, S., Schuhegger, R., Steidle, A., Dürr, C., Schmid, M. (2004). *N*-acyl-homoserine lactones of rhizosphere bacteria trigger systemic resistance in tomato plants. in *Biology of Molecular Plant-Microbe Interactions*, Vol.4, eds B. Lugtenberg, I. Tikhonovich, and N. Provorov (St. Paul, Minnesota: MPMI-Press), 554–556.

Hartmann, A., & Schikora, A. (2012). Quorum sensing of bacteria and trans-kingdom interactions of *N-acyl* homoserine lactones with eukaryotes. *J. Chem.Ecol.* **38**: 704-713.

Hartmann, A., Rothballer, M., Hense, B.A., Schröder, P. (2014). Bacterial quorum sensing compounds are important modulators of microbe-plant interactions. *Front. Plant Sci.* **131(5)**: 1-3.

Hass, B., Kraut, J., Marks, J., Zanker, S.C., Castignetti, D. (1991). Siderophore presence in sputa of cystic fibrosis patients. *Infect Immun* **59**: 3997-4000.

Hassett, D.J., Charniga, L., Bean, K., Ohman, D.E., Cohen, M.S. (1992). Response of *Pseudomonas aeruginosa* to pyocyanin: mechanisms of resistance, antioxidant defenses, and demonstration of a manganese-cofactored superoxide dismutase. *Infect. Immun.* **60(2)**: 328-336.

Hauser, A.R., Kang, P.J., Engel, J.N. (1998). PepA, a secreted protein of *Pseudomonas aeruginosa*, is necessary for cytotoxicity and virulence. *Mol Microbiol.* **27**: 807-818.

Häussler, S. (2010). Multicellular signalling and growth of *Pseudomonas aeruginosa*. *International Journal of Medical Microbiology* **300**: 544-548.

Häussler, S., & Parsek, M.R. (2010). Biofilms 2009: new perspectives at the heart of surface -associated microbial communities. *J Bacteriol* **192**: 2941-2949.

Hawkey, P.M., Livermore, D.M. (2012). Carbapenem antibiotics for serious infections. *BMJ*, **31(344)**: e3236.

Hays, V.W. (1977). Effectiveness of Feed Additive Usage of Antibacterial Agents in Swine and Poultry Production. *Office of Technology Assessment*, U.S. Congress, Washington, DC. [Edited version: Hays, V.W., 1981. The Hays Report. Rachelle Laboratories, Long Beach, CA.]

Heck, L. W., Morihara, K., Abrahamson, D.R. (1986). Degradation of soluble laminin and depletion of tissue-associated basement membrane laminin by *Pseudomonas aeruginosa* elastase and alkaline protease. Infection and Immunity **54(1)**: 149-153.

Heeb, S., Fletcher M. P., Chhabra S. R., Diggle S. P., Williams P., Camara M. (2010). Quinolones: from antibiotics to autoinducers. *FEMS Microbiol Rev.* **35**: 1-28.

Heim, E.K., Tagliafeno, A.R., Bobilya, D.J., (2002). Flavonoid antioxidants: chemistry, metabolism and structure-activity relationships. *J. Nutr Biochem* **13**: 572-584.

Henikoff, S., Wallace, J.C., Brown, J.P. (1990). Finding protein similarities with nucleotide sequence databases. Methods Enzymol. **183**: 111-132.

Henke, J.M. & Bassler, B.L. (2004). Bacterial social engagements. *J T cell Bio.* **14 (11)**: 648-656.

Hentzer, M. & Givskov, M. (2003). Pharmacological inhibition of quorum sensing for the treatment of chronic bacterial infections. *J Clin Invest* **112**: 1300-1307.

Hentzer, M. (2003). Attenuation of *Pseudomonas aeruginosa* virulence by quorum sensing inhibitors. *EMBO J* **22**: 3803-3815.

Hentzer, M., Riedel, K., Rasmussen, T. B., Heydorn, A., Andersen, J. B., Parsek, M. R., Rice, S. A., Eberl, L., Molin, S., Hoiby, N., Kjelleberg, S., Givskov, M. (2002). Inhibition of quorum sensing in *Pseudomonas aeruginosa* biofilm bacteria by a halogenated furanone compound. *Microbiology* **148(1)**: 87-102.

Hentzer, M., Teitzel, G.M., Balzer, G.J., Heydorn, A., Molin, S., Givskov, M., Parsek, M.R. (2001). Alginate overproduction affects *Pseudomonas aeruginosa* biofilm structure and function. *J Bacteriol.* **183**: 5395-5401.

Hentzer, M., Wu, H., Andersen, J.B., Riedel, K., Rasmussen, T.B., Bagge, N., Kumar, N., Schembri, M.A., Song, Z., Kristoffersen, P., Manefield, M., Costerton, J.W., Molin, S., Eberl, L., Steinberg, P., Kjelleberg, S., Hoiby, N., Givskov, M. (2003). Attenuation of *Pseudomonas aeruginosa* virulence by quorum sensing inhibitors. *EMBO J.,* **22(15)**: 3803-3815.

Heurlier, K., Denervaud, V., Pessi, G., Reimmann, C., Haas, D. (2003). Negative control of quorum sensing by RpoN (sigma(54)) in *Pseudomonas aeruginosa* PAO1. *J. Bacteriol.* **185**: 2227-2235.

Heurlier, K., Williams, F., Heeb, S., Dormond, C., Pessi, G., Singer, D., Camara, M., Williams, P., Haas, D. (2004). Positive control of swarming, rhamnolipid synthesis, and lipase production by the posttranscriptional RsmA/RsmZ system in *Pseudomonas aeruginosa* PAO1. *J. Bacteriol.* **186**: 2936–2945.

**Hibbing, M.E., Fuqua, C., Parsek, M.R., Peterson, S.B.** (2009). Bacterial competition: surviving and thriving in the microbial jungle. *Nature Rev Microbiol*, **8**: 15-25.

**Hoang, T. & Schweizer, H.** (1999). Characterization of the *Pseusomonas aeruginosa* enoyl-acyl-carrier protein reductase: a target for triclosan and its role in acylated homosérine lactone synthesis. *J Bacteriol* **181**: 5489-5497.

**Hogan, D.A., Vik, A., Kolter, R.** (2004). A *Pseudomonas aeruginosa* quorum sensing molecule influences *Candida albicans* morphology. *Mol Microbiol* **54**: 1212-1223.

**Holden, M.T., Ram, C.S., deNys, R., Stead, P., Bainton, N.J., Hill, P.J., Manefield, M., Kumar, N., Labatte, M., England, D., Rice, S., Givskov, M., Salmond, G.P., Stewart, GS., Bycroft, B.W., Kjelleberg, S., Williams, P.** (1999). Quorum-sensing cross talk: isolation and chemical characterization of cyclic dipeptides from *Pseudomonas aeruginosa* and other gram-negative bacteria. *Mol Microbiol* **33**: 1254-1266.

**Holder, I.A.** (1985). The pathogenesis of infections owing to *Pseudomonas aeruginosa* using the burned mouse model: experimental studies from the Shriners Burns Institute, Cincinnati. *Can J Microbiol*. **31**: 393-402.

**Holloway, B. W.** (1975). Genetic organization of *Pseudomonas*, p. 133–161. *In* P.H. Clarke and M. H. Richmond (ed.), Genetics and biochemistry of *Pseudomonas*. John Wiley & Sons Ltd, London, United Kingdom.

**Hong, C.B., Donahue, J.M., Giles, R.C., Jr., Petrites-Murphy, M.B., Poonacha, K.B., Roberts, A.W., Smith, B.J., Tramontin, R.R., Tuttle, P.A., Swerczek, T.W.** (1993). Etiology and pathology of equine placentitis. *J Vet Diagn Invest* **5**: 56-63.

**Hong, Y.Q., & Ghebrehiwet, B.** (1992). Effect of *Pseudomonas aeruginosa* elastase and alkaline protease on serum complement and isolated components C1q and C3. *Clin Immunol* Immunopathol **62(2)**: 133-138.

**Howell, C.R. & Stipanovic, R.D.** (1979). Control of *Rhizoctonia solani* on Cotton Seedlings with *Pseudomonas fluorescens* and With an Antibiotic Produced by the Bacterium. *Phytophatology* **69(5)**: 480-482.

**Huang, J.J, Petersen, A., Whiteley, M., Leadbetter, J.R.** (2006). Identification of QuiP, the product of gene PA1032, as the second acyl-homosérine lactone acylase of *Pseudomonas aeruginosa* PAO1. *Appl. Environ. Microbiol.* **72(2)**: 1190-1197.

Huang, J.J., Han, J.I., Zhang, L.H., Leadbetter, J.R. (2003). Utilization of acyl-homosérine lactone quorum signals for growth by a soil pseudomonad and *Pseudomonas aeruginosa* PAO1. *Appl Environ Microbiol* **69**: 5941-5949.

Huma, N., Shankar, P., Kushwah, J., Bhushan, A., Joshi, J., Mukherjee, T., Raju, S., Purohit, H.J., Kalia, V.C. (2011). Diversity and polymorphism in AHL-lactonase gene (aiiA) of Bacillus. *J Microbiol Biotechnol* **21**: 1001–1011.

Inouye, S., Takizawa, T., Yamaguchi, H. (2001). Antibacterial activity of essential oils and their major constituents against respiratory tract pathogens by gaseous contact. *J. Antimicrob. Chemother.* **47(5)**: 565-573.

Ishida, T., Ikeda, T., Takiguchi, N., Kuroda, A., Ohtake, H., Kato, J. (2007). Inhibition of quorum sensing *Pseudomonas aeruginosa* by *N*-acyl cyclopentylamides. *Appl. Environ. Microbiol* **73 (10)**: 3183-3188.

Ishimoto, K.S. & Lory S. (1989). Formation of pilin in *Pseudomonas aeruginosa* requires the alternative sigma factor (RpoN) of RNA polymerase. Proc Natl Acad Sci USA. **86(6)**:1954–1957.

Ito, A., Taniuchi, A., May, T., Kawata, K., Okabe, S. (2009). Increased antibiotic resistance of *Escherichia coli* in mature biofilms. *Appl Environ Microbiol* **75**: 4093-4100.

Jacobs, M. A., Alwood, A., Thaipisuttikul, I., Spencer, D., Haugen, E., Ernst, S., Will, O., Kaul, R., Raymond, C., Levy, R., Chun-Rong, L., Guenthner, D., Bovee, D., Olson, M.V., Manoil, C. (2003). Comprehensive transposon mutant library of *Pseudomonas aeruginosa*. *Proceedings of the National Academy of Sciences of the United States of America* **100**: 14339-14344.

Jacquelin, L.F., Le Magrex, E., Brisset, L., Carquin, J., Berthet, A., Choisy, C. (1994). Synergism of the combination of enzymes or surfactants and a phenolic disinfectant on a bacterial biofilm. *Pathol Biol. (Paris)*. **42(5)**: 425-431.

Jakobsen, T.H., Bragason, S.K., Phipps, R.K., Christensen, L.D., Van Gennip, M., Alhede, M., Skindersoe, M., Larsen, T.O., Hoiby, N., Bjarnsholt, T., Givskov, M. (2012a). Food as a source for quorum sensing inhibitors: iberin from horseradish revealed as a quorum sensing inhibitor of *Pseudomonas aeruginosa*. *Appl. Environ. Microbiol.* **78**: 2410-2421.

Jakobsen, T. H., Van Gennip, M., Phipps, R. K., Shanmugham, M. S., Christensen, L. D., Alhede, M., Skindersoe, M. E., Rasmussen, T. B., Friedrich, K., Uthe, F., Jensen, P.Ø., Moser, C., Nielsen, K.F., Eberl, L., Larsen, T.O., Tanner, D., Høiby, N., Bjarnsholt, T., Givskov, M. (2012b). Ajoene, a sulphur-rich molecule from garlic, inhibits genes controlled by quorum sensing. *Antimicrob Agents Chemother* **56**: 2314-2325.

Janeway, C. A. Jr., & Medzhitov, R. (2002). Innate immune recognition. *Annu. Rev. Immunol.* **20**: 197-216.

Janssens, J. C., De Keersmaecker, S. C., De Vos, D. E. & Vanderleyden, J. (2008). Small molecules for interference with cell-cell-communication systems in Gram-negative bacteria. *Curr Med Chem* **15**: 2144-2156.

Jenkins, S.G., Brown, S.D., Farrell, D.J. (2008). Trends in Antibacterial Resistance among Streptococcus pneumoniae Isolates in the USA: Update from PROTEKT US Years 1-4. *Annals of Clinical Microbiology and Antimicrobials.* **7**: 1-11.

Ji, Y., Zhang. B., Van Horn, S.F., Warren, P., Woodnutt, G., Burnham, M.K., Rosenberg, M. (2001). Identification of critical *Staphylococcal* genes using conditional phenotypes generated by antisense RNA. *Science.* **293**: 2266-2269.

Jiang, Q., Payton-Stewart, F., Elliott, S., Driver, J., Rhodes, L.V., Zhang, Q., Zheng, S., Bhatnagar, D., Boue, S.M., Collins-Burow, B.M., Sridhar, J., Stevens, C., McLachlan, J.A., Wiese, T.E., Burow, M.E., Wang, G., (2010). Effects of 7-O substitutions on estrogenic and anti-estrogenic activities of daidzein analogues in MCF-7 breast cancer cells. *J Med Chem* **53**: 6153-6163.

Jimenez, P. N., Koch, G., Thompson, J. A., Xavier, K. B., Cool, R. H. & Quax, W. J. (2012). The multiple signaling systems regulating virulence in *Pseudomonas aeruginosa. Microbiol Mol Biol Rev* **76**: 46-65.

Joint, I., Tait, K., Callow, M.E., Callow, J.A., Milton, D., Williams, P., Cámara, M. (2002). Cell-to-cell communication across the prokaryote-eukaryote boundary. *Science* **298(5596)**: 1207.

Jones, J.D.G., & Dangl, J.L. (2006).The plant immune system. *Nature* **444**: 323-329.

Jude, F., Kohler, T., Branny, P., Perron, K., Mayer, M. P., Comte, R., van Delden, C. (2003). Posttranscriptional control of quorum-sensing-dependent virulence genes by DksA in *Pseudomonas aeruginosa. J. Bacteriol.* **185**: 3558–3566.

Juhas, M., Eberl, L., Tümmler, B. (2005). Quorum sensing: The power of cooperation in the world of *Pseudomonas. Environ. Microbiol.* **7**: 459-471.

Juhas, M., Wiehlmann, L., Huber, B., Jordan, D., Lauber, J., Salunkhe, P., Limpert, A.S., von Gotz, F., Steinmetz, I., Eberl, L., Tummler B. (2004). Global regulation of quorum sensing and virulence by VqsR in *Pseudomonas aeruginosa. Microbiology* **150(Pt 4)**: 831- 841.

Kalia, V.C. & Purohit, H.J. (2011). Quenching the quorum sensing system: potential antibacterial drug targets*Critical Reviews in Microbiology* **37(2)**: 121-140.

**Kang, B.R., Lee, J.H., Ko, S.J., Lee, Y.H., Cha, J.S., Cho, B.H., Kim, Y.C.** (2004a). Degradation of acyl-homosérine lactone molecules by *Acinetobacter* sp. strain C1010935-941. *Can J Microbiol* **50**: 935-941.

**Kang, J.H., Siddiqui, M.A., Sigano, D.M., Krajewski, K., Lewin, N.E., Pu, Y., Blumberg, P.M., Lee, J., Marquez, V.E.** (2004b). Conformationally constrained analogues of diacylglycerol. 24. Asymmetric synthesis of a chiral (R)-DAG-lactone template as a versatile precursor for highly functionalized DAG-lactones. *Org Lett* **6**: 2413-2416.

**Kaplan, H.B. & Greenberg, E.P.** (1985). Diffusion of autoinducer is involved in regulation of the *Vibrio fischeri* luminescence system. *J Bacteriol*, **163(3)**: 1210–1214.

**Kaplan, S.L., Mason, E.O., Wald, E.R., Schutze, G.E., Bradley, J.S., Tan, T.Q., Hoffman, J.A., Givner, L.B., Yogev, R., Barson, W.J.** (2004). Decrease of Invasive Pneumococcal Infections in Children Among 8 Children's Hospitals in the United States After the Introduction of the 7-Valent Pneumococcal Conjugate Vaccine. *Pediatrics* **113**: 443-449.

**Karatuna, O. & Yagci, A.** (2010). Analysis of quorum sensing–dependent virulence factor production and its relationship with antimicrobial susceptibility in *Pseudomonas aeruginosa* respiratory isolates. *Clin. Microbiol. Infect.* **16**: 1770-1775.

**Kaufman, G.,** (2011). Antibiotics: mode of action and mechanisms of resistance. *Nursing Standard.* **25(42)**: 49-55.

**Kaufman, M.R., Jia, J., Zeng, L., Ha, U., Chow, M., Jin, S.** (2000). *Pseudomonas aeruginosa* mediated apoptosis requires the ADP-ribosylating activity of exoS. Microbiology **146(Pt10)**: 2531-2541.

**Kaufmann, G.F., Park, J., Mee, J.M., Ulevitch, R.J., Janda, K.D.** (2008). The quorum quenching antibody RS2-1G9 protects macrophages from the cytotoxic effects of the *Pseudomonas aeruginosa* quorum sensing signalling molecule *N*-3-oxo-dodecanoyl-homosérine lactone. *Mol Immunol* **45**: 2710-2714.

**Keren, I., Kaldalu, N., Spoering, A., Wang, Y.P., Lewis, K.** (2004). Persister cells and tolerance to antimicrobials. *FEMS Microbiol. Lett.* **230**: 13-18.

**Keshavan, N.D., Chowdhary, P.K., Haines, D.C., Gonzalez, J.E.** (2005). L-Canavanine made by *Medicago sativa* interferes with quorum sensing in *Sinorhizobium meliloti*. *J Bacteriol* **187**: 8427-8436.

Khalilzadeh, P., Lajoie, B., El Hage, S., Furiga, A., Baziard, G., Berge, M. & Roques, C. (2010). Growth inhibition of adherent *Pseudomonas aeruginosa* by an *N*-butanoyl-L-homosérine lactone analog. *Can J Microbiol* **56**: 317-325.

Kida, Y., Higashimoto, Y., Inoue, H., Shimizu, T., Kuwano, K. (2008). A novel secreted protease from *Pseudomonas aeruginosa* activates NF-kappaB through protease-activated receptors. *Cell Microbiol* **10(7)**: 1491-1504.

Kimbara, K., Chakrabarty, A.M. (1989). Control of alginate synthesis in *Pseudomonas aeruginosa*: regulation of the algR1 gene. *Biochem Biophys Res Commun.* **164(2)**: 601-608.

Kingsford, N.M. & Raadsma, H.W. (1997) The occurence sheep affected and unaffected with fleece rot. *Vet Microbiol* **54**: 275-285.

Kipnis, E., Sawa, T., Wiener-Kronish, J. (2006). Targeting mechanisms of *Pseudomonas aeruginosa* pathogenesis. *Med Mal Infect* **36**: 78-91.

Klausen, M., Aaes-Jørgensen, A., Molin, S., Tolker-Nielsen, T. (2003b). Involvement of bacterial migration in the development of complex multicellular structures in *Pseudomonas aeruginosa* biofilms. *Mol Microbiol* **50(1)**: 61-68.

Klausen, M., Heydorn, A., Ragas P., Lambertsen, L., Aaes-Jørgensen, A., Molin, S., Tolker-Nielsen, T. (2003a). Biofilm formation by *Pseudomonas aeruginosa* wild type, flagella and type IV pili mutants. *Mol Microbiol* **48(6)**: 1511-1524.

Kleerebezem, M., Quadri, L.E., Kuipers, O.P., de Vos, W.M. (1997). Quorum sensing by peptide pheromones and two-component signal-transduction systems in Gram-positive bacteria. *Mol Microbiol.* **24(5)**: 895-904.

Klemm, P., Schembri, M.A. (2000). Bacterial adhesins: function and structure. *International Journal of Medical Microbiology* **290(1)**: 27-35.

Kociolek, M.G. (2009). Quorum-Sensing Inhibitors and Biofilms. *Anti-Infective Agents in Medicinal Chemistry.* **8(4)**: 315-326.

Koh, C.L., Sam, C.K., Yin, W.F., Tan, L.Y., Krishnan, T., Chong, YM., Chan, K.G. (2013). Plant-Derived Natural Products as Sources of Anti-Quorum Sensing Compounds *Sensors*, **13**: 6217-6228.

Koh, K.H. & Tham, F.Y. (2011). Screening of traditional Chinese medicinal plants for quorumsensing inhibitors activity. *J Microbiol Immunol Infect* **44**: 144-148.

**Kohanski M.A., Dwyer D.J., Collins J.J.** (2010). How antibiotics kill bacteria: from targets to networks. *Nature Reviews Microbiology* **8**: 423-425.

**Kohler, T., Curty, L.K., Barja, F., Van Delden, C., Pecher, J.C.** (2000). Swariming of *Pseudomonas aeruginosa* is dependent on cell-to-cell signaling and requires flagella and pili. *J Bacteriol.* **182**: 5990-5996.

**Kokarc, C.R., Chakraborty, S., Khopade, A.N., Mahadik, K.R.** (2009). Biofilm: Importance and applications. *Indian Journal of Biotechnology,* **8(2)**: 159-168.

**Köhler, T., Curty, L.K., Barja, F., van Delden, C., Pechère, J.C.** (2000). Swarming of *Pseudomonas aeruginosa* is dependent on cell-to-cell signaling and requires flagella and pili. *J Bacteriol.* **182(21)**: 5990-5996.

**Kretzschmar, U., Khodaverdi, V., Jeoung, J.H. & Görisch, H.** (2008). Function and transcriptional regulation of the isocitrate lyase in *Pseudomonas aeruginosa*. *Arch Microbiol* **190**: 151-158.

**Kumarasamy, K.K., *Toleman, M.A., Walsh, T.R.,* Bagaria, J., Butt, F., Balakrishnan, R., Chaudhary, U., Doumith, M., Giske, C., Irfan, S., Krishnan, P., Kumar, A.Y., Maharian, S., Mushtaq, S., Noorie, T., Paterson, D.L., Pearson, A., Perry, C., Pike, R., Roa, B., Ray, U., Sarma, J.B., Sharma, M., Sheridan, E., Thirunarayan, M.A., Turton, J., Upadhyay, S., Warner, M., Welfare, W., Livermore, D.M., Woodford, N.** (2010). Emergence of a new antibiotic resistance mechanism in India, Pakistan, and the UK: a molecular, biological, and epidemiological study. *Lancet Infect Dis* **10(9)**: 597-602.

**Kwan, J.C., Meickle, T., Ladwa, D., Teplitski, M., Paul, V., Luesch, H.** (2011). Lyngbyoic acid, a "tagged" fatty acid from marine *cyanobacterium*, disrupts quorum sensing in *Pseudomonas aeruginosa*. Mol Biosyst **7**: 1205-1216.

**Kwan, J.C., Teplitski, M., Gunasekara, S.P., Paul, V.J., Luesch, H.** (2010). Isolation and biological evaluation of 8-epi-malyngamide C from the Floridian marine *cyanobacterium Lyngbya majuscula*. *J Nat Prod* **73**: 463-466.

**Lamont, I.L., Beare, P.A., Ochsner, U., Vasil, A.I., Vasil, M.L.** (2002). Siderophore mediated signaling regulates virulence factor production in *Pseudomonas aeruginosa*. *Proc Nath Acad sci USA,* **99 (10)**: 7072-7077.

**Landry, R. M., An, D., Hupp, J. T., Singh, P. K. & Parsek, M. R.** (2006). Mucin- *Pseudomonas aeruginosa* interactions promote biofilm formation and antibiotic resistance. *Mol Microbiol* **59**: 142-151.

**Landsperger, W.J., Kelly-Wintenberg, K.D., Montie, T.C., Knight, L.S., Hansen, M.B., Huntenburg, C.C.** (1994). Inhibition of bacterial motility with human antiflagellar monoclonal antibodies attenuates *Pseudomonas aeruginosa* - induced pneumonia in the immunocompetent rat. *Infect Im-mun.* **62**: 4825-4830.

**Lapouge, K., Schubert, M., Allain, F.H., Haas, D.** (2008). Gac/Rsm signal transduction pathway of γ-proteobacteria: from RNA recognition to regulation of social behaviour. Mol Microbiol. **67**: 241-253.

**Lasarre, B. & Federle M.J.** (2013). Exploiting quorum sensing to confuse bacterial pathogens. *Microbiol. Mol. Biol. Rev.* **77(1)**: 73-111.

**Latifi, A., Foglino, M., Tanaka, K., Williams, P., Lazdunski, A.A.** (1996). hierarchical quorum-sensing cascade in *Pseudomonas aeruginosa* links the transcriptional activators LasR and RhlR (VsmR) to expression of the stationary-phase sigma factor RpoS. *Mol Microbiol* **21**: 1137-1146.

**Latifi, A., Winson, M. K., Foglino, M., Bycroft, B. W., Stewart, G. S., Lazdunski, A. & Williams, P.** (1995). Multiple homologues of LuxR and LuxI control expression of virulence determinants and secondary metabolites through quorum sensing in *Pseudomonas aeruginosa* PAO1. *Mol Microbiol* **17**: 333-343.

**Lau, G.W., Hassett, D.J., Ran, H., Kong, F.** (2004). The role of pyocyanin in *Pseudomonas aeruginosa* infection. *Trends in Molecular Medicine* **10(12)**: 599-606.

**Laue, B.E., Jiang, Y., Chhabra, S.R., Jacob, S., Stewart, G.S., Hardman, A., Downie, J.A., O'Gara, F., Williams, P.** (2000). The biocontrol strain *Pseudomonas fluorescens* F113 produces the Rhizobium small bacteriocin, N-(3-hydroxy-7-cistetradecenoyl) homosérine lactone, *via* HdtS, a putative novel N-acylhomosérine lactone synthase. *Microbiol.* **146(10)**: 2469-2480.

**Lawrence, R.N., Dunn, W.R., Bycroft, B., Camara, M., Chhabra, S.R., Williams, P. and Wilson, V.G.** (1999). The *Pseudomonas aeruginosa* quorum-sensing signal molecule, N-(3-oxododecanoyl)-L-homosérine lactone, inhibits porcine arterial smooth muscle contraction. *Br. J. Pharmacol.* **128**: 845-848.

**Lazazzera, B.A.** (2001). The intracellular function of extracellular signaling peptides. *Peptides* **22**: 1519-1527.

**Lazdunski, A.M., Ventre I., Sturgis, J.N.** (2004). Regulatory circuits and communication in gram-negative bacteria. *Nature Reviews Microbiology* **2**: 581-592.

**Le Berre, R., Faure, K., Nguyen, S., Pierre, M., Ader, F., Guery, B.** (2006). Quorum sensing : une nouvelle cible thérapeutique pour *Pseudomonas aeruginosa*. *Med Mal Infect* **36**: 349-357.

**Leadbetter, J.R. & Greenberg, E.P.** (2000). Metabolism of acyl-homosérine lactone quorum sensing signals by *Variovorax paradoxus*. *J Bacteriol* **182**: 6921-6926.

**Ledgham, F., Ventre, I., Soscia, C., Foglino, M., Sturgis, J.N., Lazdunski, A.** (2003). Interactions of the quorum sensing regulator QscR: interaction with itself and the other regulators of *Pseudomonas aeruginosa* LasR and RhlR. *Mol. Microbiol.* **48**: 199-210.

**Lee, S.H., Kim, J.Y., Seo, G.S., Kim, Y.C., Sohn, D.H.** (2009). Isoliquiritigenin, from *Dalbergia odorifera*, up-regulates anti-inflammatory heme oxygenase-1 expression in RAW264.7 macrophages. *Inflamm Res* **58**: 257-262.

**Leid, J.G., Willson, C.J., Shirtliff, M.E., Hassett, D.J., Parsek, M.R., Jeffers, A.K.** (2005). The exopolysaccharide alginate protects *Pseudomonas aeruginosa* biofilm bacteria from IFN-gamma-mediated macrophage killing. *J Immunol* **175(11)**: 7512-7518.

**Lemmens, R.H.M.J.** (2008). *Dalbergia trichocarpa* Baker. [Internet] Fiche de Protabase. Louppe, D., Oteng-Amoako, A.A., Brink, M., (Editeurs). PROTA (Plant Resources of Tropical Africa / Ressources végétales de l'Afrique tropicale), Wageningen, The Netherlands. http://database.prota.org/recherche.htm

**Lewenza, S., Conway, B., Greenberg, E.P., Sokol, P.A.** (1999). Quorum sensing in *Burkholderia cepacia*: identification of the LuxRI homologs CepRI. *J. Bacteriol.* **181**: 748-756.

**Lillehoj, E.P., Kim, B.T., Kim, K.C.** (2002). Identification of *Pseudomonas aeruginosa* flagellin as an adhesin for Muc1 mucin. *Am J Physiol Lung Cell Mol Physiol*. **282**: 751-756.

**Lin, Y.H., Xu, J.L., Hu, J., Wang, L.H., Ong, S.L., Leadbetter, J.R., Zhang, L.H.** (2003). Acyl-homosérine lactone acylase from *Ralstonia* strain XJ12B represents a novel and potent class of quorum-quenching enzymes. *Mol Microbiol* **47**: 849-860.

**Lindsay, A. & Ahmer, B.M.M.** (2005). Effect of *sdiA* on biosensors of *N*-Acylhomosérine lactones. *J Bacteriol* **187**: 5054-5058.

**Liu, D., Momb, J., Thomas, P.W., Moulin, A., Petsko, G.A., Fast, W., Ringe, D.** (2008). Mechanism of the quorum-quenching lactonase (AiiA) from *Bacillus thuringiensis*. 1. Product-bound structures. *Biochemistry* **47(29)**: 7706-7714.

**Liu, L., Ma, H., Yang, N., Tang, Y., Guo, J., Tao, W., Duan, J.** (2010). A series of natural flavonoids as thrombin inhibitors: structure-activity relationships. *Thromb Res* **126**: e365-378.

**Long, R.A., Qureshi, A., Faulkner, D.J., Azam, F.** (2003). 2-n-Pentyl-4-quinolinol produced by a marine *Alteromonas* sp. and its potential ecological and biogeochemical roles. *Appl Environ Microbiol* **69**: 568-576.

**Long, R.A., Rowley, D.C., Zamora, E., Liu, J., Bartlett, D.H., Azam, F.** (2005). Antagonistic interactions among marine bacteria impede the proliferation of *Vibrio cholerae*. *Appl Environ Microbiol* **71**: 8531-8536.

**Lory, S., Merighi, M., Hyodo, M.** (2009). Multiple activities of c-di-GMP in *Pseudomonas aeruginosa*. *Nucleic Acids Symp Ser (Oxf)* **53**: 51-52.

**Lupp, C., Urbanowski, M., Greenberg, P. E., Ruby, E. G.** (2003). The *Vibrio fischeri* quorum-sensing systems *ain* and *lux* sequentially induce luminescence gene expression and are important for persistence in the squid host. *Mol. Microbiol.***50**: 319-331.

**Lyczak, J.B., Cannon, C.L., Pier, G.B.** (2002). Lung infections associated with cystic fibrosis. *Clin Microbiol Rev* **15**: 194-222.

**Lyon, G. J., & Novick, R. P.** (2004). Peptide signaling in*Staphylococcus aureus* and other gram-positive bacteria. *Peptides* **25**:1389-1403.

**Lyon, W.R., Madden, J.C., Levin, J.C., Stein, J.L., Caparon, M.G.** (2001). Mutation of luxS affects growth and virulence factor expression in *Streptococcus pyogenes*. *Mol. Microbiol.* **42**: 145-157.

**Lynn, W.A. & Golenbock, D.T.** (1992). Lipopolysaccharide antagonists. *Immunol Today* **13 (7)**: 271-276.

**Ma, L., Conover, M., Lu, H., Parsek, M.R., Bayles, K., Wozniak, D.J.** (2009). Assembly and development of the *Pseudomonas aeruginosa* biofilm matrix. *PLoS Pathog* **5**: e1000354.

**Ma, L., Jackson, K.D., Landry, R.M., Parsek, M.R., Wozniak, D.J.** (2006). Analysis of *Pseudomonas aeruginosa* conditional Psl variants reveals roles for the Psl polysaccharide in adhesion and maintaining biofilm structure postattachment. *J. Bacteriol.* **188**: 8213-8221.

**Määttä, K.R., Kamal-Eldin, A., Törrönen, A.R.** (2003). High-performance liquid chromatography (HPLC) analysis of phenolic compounds in berries with diode array and electrospray ionization mass spectrometric (MS) detection: Ribes species, *J. Agric. Food Chem.* **51**: 6736-6744.

**Macfarlane, E.L., Kwasnicka, A. Ochs, M.M., Hancock, R.E.** (1999). PhoP-PhoQ homologues in *Pseudomonas aeruginosa* regulate expression of the outer-membrane protein OprH and polymyxin B resistance. *Mol. Microbiol.* **34**: 305-316.

Macfarlane, E.L., Kwasnicka, A., Hancock, R.E. (2000). Role of *Pseudomonas aeruginosa* PhoP-phoQ in resistance to antimicrobial cationic peptides andaminoglycosides. *Microbiology* **146**: 2543-2554.

Mah, T. F., Pitts, B., Pellock, B., Walker, G. C., Stewart, P. S., O'Toole, G. A. (2003). A genetic basis for *Pseudomonas aeruginosa* biofilm antibiotic resistance. *Nature*, **426**: 306-310.

Mahajan-Miklos, S., Tan, M.W., Rahme, L.G., Ausubel, F.M. (1999). Molecular mechanisms of bacterial virulence elucidated using a *Pseudomonas aeruginosa* -*Caenorhabditis elegans* pathogenesis model. *Cell* **96**: 47-56.

Mahenthiralingam, E., Campbell, M.E., Speert, D.P. (1994). Nonmotility and phagocytic resistance of *Pseudomonas aeruginosa* isolates from chronically colonized patients with cystic fibrosis. *Infect Immun.* **62**: 596–605.

Maisarah Norizan, S.N., Yin, W.F., Chan, K.G. (2013). Caffeine as a potential quorum sensing inhibitor. *Sensors*, **13**: 5117-5129.

Makemson, J., Eberhard, A. & Mathee, K. (2006). Simple electrospray mass spectrometry detection of acylhomosérine lactones. *Luminescence* **21**: 1-6.

Malloy, J.L., Veldhuizen, R.A.W., Thibodeaux, B.A., O'Callaghan R.J., Wright J.R. (2005). *Pseudomonas aeruginosa* protease IV degrades surfactant proteins and inhibits surfactant host defense and biophysical functions. *Am J Physiol Lung Cell Mol Physiol* **288(2)**: L409-418.

Mandal, S. M., Chakraborty, D., Dey, S. (2010). Phenolic acids act as signaling molecules in plant-microbe symbioses. *Plant Signal Behav* **5**: 359-368.

Manefield, M., de Nys, R., Kumar, N., Read, R., Givskov, M., Steinberg, P., Kjelleberg, S. (1999). Evidence that halogenated furanones from *Delisea pulchra* inhibit acylated homosérine lactone (AHL)-mediated gene expression by displacing the AHL signal from its receptor protein. *Microbiology* **145**: 283-291.

Manefield, M., Harris, L., Rice, S.A., de Nys, R., Kjelleberg, S. (2000). Inhibition of luminescence and virulence in the black tiger prawn (*Penaeus monodon*) pathogen *Vibrio harveyi* by intercellular signal antagonists. *Appl Environ Microbiol* **66**: 2079-2084.

Pérez-Martínez I., Haas D., (2011). Azithromycin inhibits expression of the GacA-dependent small RNAs RsmY and RsmZ in *Pseudomonas aeruginosa*. *Antimicrobial Agents and Chemotherapy* **55(7)**: 3399-3405.

*Références bibliographiques*

Martinez, C., Pons, E., Prats, G., Leon. J. (2004). Salicylic acid regulates flowering time and links defense responses and reproductive development. *Plant J.* **37**: 209-217.

Mathesius, U., Mulders, S., Gao, M., Teplitski, M., Caetano-Anolles, G., Rolfe, B.G., Bauer W.D. (2003). Extensive and specific responses of a eukaryote to bacterial quorum-sensing signals. *Proc Natl Acad Sci USA* **100**: 1444-1449.

Mattick, J. S. (2002). Type IV pili and twitching motility. *Annu Rev Microbiol* **56**: 289- 314.

May, T.B, Shinabarger, D., Maharaj, R., Kato, J., Chu, L., DeVault, J.D., Roychoudhury, S., Zielinski, N.A., Berry, A., Rothmel, PK. (1991). Alginate synthesis by *Pseudomonas aeruginosa* : a key pathogenic factor in chronic pulmonary infection of cystic fibrosis patients. *Clin Microbiol Rev.* **4**: 191-206.

Mavrodi, D.V., Ksenzenko, V.N., Chatuev, B.M., Thomashow, L.S., Boronin, A.M. (1997). Structural and functional organization of *Pseudomonas fluorescens* genes encoding enzymes of phenazine-1-carboxylic acid biosynthesis. *Mol. Biol.* **31**: 62-68.

McCarthy, Y, Yang, L., Twomey, K.B., Sass, A., Tolker-Nielsen, T., Mahenthiralingam, E., Dow, J.M., Ryan, R.P. (2010). A sensor kinase recognizing the cell–cell signal BDSF (cis-2-dodecenoic acid) regulates virulence in *Burkholderia cenocepacia*. *Molecular Microbiology* **77(5)**: 1220-1236.

McClean, K. H., Winson, M. K., Fish, L., Taylor, A., Chhabra, S.R., Camara, M., Daykin, M., Lamb, J.H., Swift, S., Bycroft, B.W., Stewart, G.S., Williams, P. (1997). Quorum sensing and *Chromobacterium violaceum*: exploitation of violacein production and inhibition for the detection of *N*-acylhomosérine lactones. *Microbiology* **143**: 3703-3711.

McGowan, S. Sebaihia, M., Jones, S., Yu, B., Bainton, N., Chan, P.F., Bycroft, B., Stewart, G.S., Williams, P., Salmond, G.P. (1995). Carbapenem antibiotic production in *Erwinia carotovora* is regulated by CarR, a homologue of the LuxR transcriptional activator. *Microbiology* **141**: 541-550.

McKenney, D., Pouliot, K., Wang, Y., Murthy, V., Ulrich, M., Doring, G., Lee, J.C., Goldmann, D.A., Pier, G.B. (2000). Vaccine potential of poly-1-6 beta-D-N-succinylglucosamine, an immunoprotective surface polysaccharide of *Staphylococcus aureus* and *Staphylococcus epidermidis*. *J Biotech.* **83**: 37-44.

McKnight, S.L., Iglewski, B.H., Pesci, E.C. (2000). The *Pseudomonas* quinolone signal regulates rhl quorum sensing in *Pseudomonas aeruginosa*. *J Bacteriol* **182(10)**: 2702–2708.

McLennan, M.W., Kelly, W.R., O'Boyle, D. (1997). *Pseudomonas mastitis* in a clairy herd. *Aust Vet J,* **75**: 790-792.

**McNab, R., Ford, S.K., El-Sabaeny, A., Barbieri, B., Cook, G.S., Lamont, R.J.** (2003) LuxS-based signaling in Streptococcus gordonii: autoinducer 2 controls carbohydrate metabolism and biofilm formation with *Porphyromonas gingivalis*. *J Bacteriol.* **185(1)**: 274-284.

**Mena, K.D. & Gerba, C.P.** (2009). Risk assessment of *Pseudomonas aeruginosa* in water. *Rev Environ Contam Toxicol* **201**: 71-115.

**Merritt, J., Qi, F., Goodman, S.D., Anderson, M.H., Shi, W.** (2003). Mutation of luxS affects biofilm formation in *Streptococcus mutans*. *Infect Immun.* **71(4)**: 1972-1979.

**Michaud, S., Bernet, N., Roustan, M., Delgenès, J.P.** (2003). Influence of hydrodynamic conditions on biofilm behavior in a methanogenic inverse turbulent bed reactor. *Biotechnol Prog.* **19(3)**: 858-863.

**Miller, J.** (1972). Experiments in molecular genetics. *Cold Spring Harbor Laboratory*, NY. 352-355.

**Miller, M.B. & Bassler B.L.** (2001). Quorum sensing in bacteria. *Annu Rev Microbiol* **55**: 165-199.

**Miller, M.B., Skorupski, K., Lenz, D., Taylor, R.K., Bassler, B.L.** (2002). Parallel quorum sensing systems converge to regulate virulence in *Vibrio cholerae*. *Cell.* **110**: 303-314.

**Milton, D.L., Chalker, V.J., Kirke, D., Hardman, A., Cámara, M., Williams, P.** (2001). The LuxM homologue VanM from *Vibrio anguillarum* directs the synthesis of N-(3-hydroxyhexanoyl) homosérine lactone and N-hexanoylhomosérine lactone. *J Bacteriol.* **183(12)**: 3537-3547.

**Milton, D.L., Hardman, A., Camara, M., Chhabra, S.R., Bycroft, B.W., Stewart, G.S.A.B., Williams, P.** (1997). Quorum sensing in *Vibrio anguillarum*: characterization of the vanI/vanR locus and identication of the autoinducer N-(3-oxodecanoyl)-L-homoserine lactone. *J. Bacteriol.* **179**: 3004-3012.

**Miyairi, S., Tateda, K., Fuse, E.T., Ueda, C., Saito, H., Takabatake, T., Ishii, Y., Horikawa, M., Ishiguro, M., Standiford, T.J., Yamaguchi, K.** (2006). Immunization with 3-oxododecanoyl-L-homosérine lactone-protein conjugate protects mice from lethal *Pseudomonas aeruginosa* lung infection. *J Med Microbiol* **55**: 1381-1387.

**Miyata, S., Casey, M., Frank, D.W., Ausubel, F.M., Drenkard, E.** (2003). Use of the Galleria mellonella caterpillar as a model host to study the role of the type III secretion system in *Pseudomonas aeruginosa* pathogenesis. *Infect. Immun.* **71**: 2404-2413.

**Mok, K.C., Wingreen, N.S., Bassler, B.L.** (2003). *Vibrio harveyi* quorum sensing: a coincidence detector for two autoinducers controls gene expression. *EMBO J.* **22**: 870-881.

Mohr, C.D., Hibler, N.S., Deretic, V. (1991). AlgR, a response regulator controlling mucoidy in *Pseudomonas aeruginosa*, binds to the FUS sites of the *algD* promoter located unusually far upstream from the mRNA start site. *J. Bacteriol.* **173**: 5136-5143.

Mohr, C.D., Leveau, J.H., Krieg, D.P., Hibler, N.S., Deretic, V. (1992). AlgR-binding sites within the *algD* promoter make up a set of inverted repeats separated by a large intervening segment of DNA. *J. Bacteriol.* **174**: 6624-6633.

Molin, S. & Tolker-Nielsen, T. (2003). Gene transfer occurs with enhanced efficiency in biofilms and induces enhanced stabilisation of the biofilms structure. *Current Opinion Biotechnol.* **14**: 255-261.

Molinari, G., Guzmán, C., Pesce, A., Shchito, G. (1993). Inhibition of *Pseudomonas aeruginosa* virulence factors by subinhibitory concentrations of azithromycin and other macrolide antibiotics. *J Antimicrob Chemother,* **31**: 681-688.

Momb, J., Wang, C., Liu, D., Thomas, P.W., Petsko, G.A., Guo, H., Ringe, D., Fast, W. (2008). Mechanism of the quorum-quenching lactonase (AiiA) from *Bacillus thuringiensis*. 2. Substrate modeling and active site mutations. *Biochemistry* **47**: 7715-7725.

Moynie, L., Schnell, R., McMahon, S.A., Sandalova, T., Boulkerou, W.A., Schmidberger, J.W., Alphey, M., Cukier, C., Duthie, F., Kopec, J., Liu, H., Jacewicz, A., Hunter, W.N., Naismith, J.H., Schneider, G. (2013). The AEROPATH project targeting *Pseudomonas aeruginosa*: crystallographic studies for assessment of potential targets in early-stage drug discovery. *Acta crystallographica. Section F, Structural biology and crystallization communications* **69(Pt 1)**: 25-34.

Muh, U, Schuster, M., Heim, R., Singh, A., Olson, E.R., Greenberg, E.P. (2006). Novel *Pseudomonas aeruginosa* quorum-sensing inhibitors identified in an ultra-high-throughput screen. *Antimicrob Agents Chemother* **50**: 3674-3679.

Musk Jr. D.J. & Hergenrother P.J. (2010). Chelated iron sources are inhibitors of *Pseudomonas aeruginosa* biofilms and distribute efficiently in an in vitro model of drug delivery to the human lung. *Journal of Applied Microbiology* **105**: 380-388.

Musthafa, K.S., Ravi, A.V., Annapoorani, A., Packiavathy, I.S.V., Pandian, S.K. (2010). Evaluation of anti-quorum sensing activity of edible plants and fruits through inhibition of the N-acyl-homosérine lactone system in *Chromobacterium violaceum* and *Pseudomonas aeruginosa*. *Chemotherapy* **56**: 333-339.

Musthafa, K.S., Saroja, V., Pandian, S.K., Ravi, A.V. (2011). Antipathogenic potential of marine *Bacillus* sp. SS4 on N-acyl-homosérine-lactone-mediated virulence factors production in *Pseudomonas aeruginosa* (PAO1). *J Biosci* **36**: 55-67.

Nalca, Y., Jansch, L., Bredenbruch, F., Geffers, R., Buer, J., Häussler, S. (2006). Quorum–sensing antagonistic activities of azithromycin in *Pseudomonas aeruginosa* PAO1: a global approach. *Antimicrob Agents Chemother* **50**: 1680-1688.

Nasser, W., Bouillant, M.L., Salmond, G., Reverchon, S. (1998). Characterization of the *Erwinia chrysanthemi* expI-expR locus directing the synthesis of two *N*-acyl-homoserine lactone signal molecules. *Mol. Microbiol.* **29**: 1391-1405.

Neu, H.C. (1992). The crisis in antibiotic resistance. *Science* **257(5073)**: 1064-1073.

Nguyen, V.T., Morange, M., Bensaude, O. (1989). Protein denaturation during heat shock and related stress. Escherichia coli beta-galactosidase and Photinus pyralis luciferase inactivation in mouse cells. *J Biol Chem.* **264(18)**: 10487-1092.

Nicas, T.I. & Iglewski, B.H. (1985). The contribution of exoproducts to virulence of *Pseudomonas aeruginosa*. *Can J Microbiol.* **31**: 387-392.

Nichols, W.W. (1991). Biofilms, antibiotics and penetration. *Rev Med Microbiol* **2**: 177-181.

Nikitina, V., Kuz'mina, L., Melent'ev, A., Shendel, G. (2007). Antibacterial activity of polyphenolic compounds isolated from plants of Geraniaceae and Rosaceae families. *Applied Biochemistry and Microbiology* **43(6)**: 629-634.

Nithya, C. & Pandian, S.K. (2010). The in vitro antibiofilm activity of selected marine bacterial culture supernatants against *Vibrio* spp. *Arch Microbiol* **192**: 843-854.

Nithya, C., Arvindraja, C., Pandian, S.K. (2010a). Bacillus pumilus of Palk Bay origin inhibits quorum sensing-mediated virulence factors in Gram-negative bacteria. *Res Microbiol* **161**: 293-304.

Nithya, C., Begum, M.F., Pandian, S.K. (2010b). Marine bacterial isolates inhibit biofilm formation and disrupt mature biofilms of *Pseudomonas aeruginosa* PAO1. *Appl Microbiol Biotechnol* **88**: 341-358.

Niu, C. & Gilbert, E.S. (2004). Colorimetric method for identifying plant essential oil components that affect biofilm formation and structure. *Appl Environ Microbiol* **70**: 6951-6956.

Niu, C., Afre, S., Gilbert, E.S. (2006). Subinhibitory concentrations of cinnamaldehyde interfere with quorum sensing. *Lett Appl Microbiol* **43**: 489-494.

Nyvad, B., & Kilian, M. (1990). Comparison of the initial streptococcal microflora on dental enamel in caries-active and in caries-inactive individuals. *Caries Res.* **24**: 267-272.

O'Toole, G.A. (2003). To build a biofilm. *J Bacteriol* **185**: 2687-2689.

O'Toole, G.A., & Kolter, R. (1998a). Flagellar and twitching motility are necessary for *Pseudomonas aeruginosa* biofilm development. *Mol Microbiol* **30(2)**: 295-304.

O'Toole, G.A., & Kolter, R. (1998b). The initiation of biofilm formation in *Pseudomonas fluorescens* WCS365 proceeds *via* multiple, convergent signaling pathways: a genetic analysis. *Mol. Microbiol.* **28**: 449-461.

Ochsner, U.A., Koch, A.K., Fiechter, A., Reiser, J. (1994). Isolation and characterization of a regulatory gene affecting rhamnolipid biosurfactant synthesis in *Pseudomonas aeruginosa*. *J Bacteriol* **176**: 2044-2054.

Ohtani, K., Hayashi, H., Shimizu, T. (2002). The *luxS* gene is involved in cell-cell signalling for toxin production in *Clostridium perfringens*. *Mol. Microbiol.* **44**:171-179.

OIE, Office International des Epizooties (2012). L'antibiorésistance en santé animale et en santé publique. *Revue scientifique et technique* **31(1)**: 378.

Okwu, D.E. et Nnamdi, F.U. (2011). A novel antimicrobial phenanthrene alkaloid from Bryopyllum pinnatum. *Journal of Chemical and Pharmaceutical Research* **3(2)**: 27-33.

Okwute, S. K., Onyia, R., Anene, C. & Amodu, O. P. (2009). Protectant, insecticidal and antimicrobial potentials of *Dalbergia saxatilis* Hook f. (Fabaceae). *Afr J Biotechnol* **8**: 6556-6560.

Olofsson, A.N., Hermansson, M., Elwing, H. (2003). *N*-Acetyl-L-cysteine affects growth, extracellular polysaccharide production, and bacterial biofilm formation on solid surfaces. *Appl.Environ. Microbiol.* **69(8)**: 4814-4822.

Palumbi, S.R. (2001). Humans as the world's greatest evolutionary force. *Science* **293**: 1786-1790.

Park, S.Y., Lee, S.J., Oh, T.K., Oh, J.W., Koo, B.T., Yum, D.Y., Lee, K.J. (2003). AhlD, an N-acylhomosérine lactonase in *Arthrobacter* sp., and predicted homologues in other bacteria. *Microbiology* **149**: 1541-1550.

Park, S-Y., Kang, H.O., Jang, H.S., Lee, J.K., Koo, B.T., Yum, D.Y. (2005). Identification of extracellular *N*-acylhomosérine lactone acylase from a *Streptomyces* sp. and its application to quorum quenching. *Appl Environ Microbiol* **71**: 2632-2641.

Parsek, M.R., Val, D.L., Hanzelka, B.L., Cronan, J.E. Jr, Greenberg, E.P. (1999). Acylhomoserine-lactone quorum-sensing signal generation. *Proc Natl Acad Sci USA* **96**: 4360-4365.

Passador, L., Cook, J.M., Gambello, M.J., Rust, L., Iglewski, B.H. (1993). Expression of *Pseudomonas aeruginosa* virulence genes requires cell-to-cell communication. *Science* **260**: 1127-1130.

Patel, R.A., Binns, H.J., Shulman, S.T. (2004). Reduction in pediatric hospitalizations for varicella-related invasive group a streptococcal infections in the varicella vaccine era. *The Journal of Pediatrics* **144(1):** 68-74.

Patriquin, G., Banin, E., Gilmour, C., Tuchman, R., Greenberg, E. P. & Poole, K. (2008). Influence of quorum-sensing and iron on twitching motility and biofilm formation in *Pseudomonas aeruginosa*. *J Bacteriol* **190**: 662-671.

Paul, D., Kim, Y.S., Ponnusamy, K., Kweon, J.H. (2009). Application of quorum quenching to inhibit biofilm fermentation. *Environ Eng Sci* **16:** 1319-1324.

Pearson J. P., Pesci E. C. & Iglewski B. H. (1997). Roles of *Pseudomonas aeruginosa las* and *rhl* quorum-sensing systems in control of elastase and rhamnolipid biosynthesis genes. *J Bacteriol* **179**: 5756-5767.

Pearson, J.P., Feldman, M. Iglewski, B.H. Prince, A. (2000). *Pseudomonas aeruginosa* cell-to-cell signalling is required for virulence in a model of acute pulmonary infection. *Infect Immun.* **68:** 4331-4334.

Pearson, J.P., Gray, K.M., Passador, L., Tucker, K.D., Eberhard, A., Iglewski, B.H., Greenberg, E.P. (1994). Structure of the autoinducer required for expression of *Pseudomonas aeruginosa* virulence genes. *Proc Natl Acad Sci USA* **91**: 197-201.

Pearson, J.P., Van Delden, C., Iglewski, B.H. (1999). Active efflux and diffusion are involved in transports of *Pseudomonas aeruginosa* cell-to-cell signals. *J Bacterial.* **181(4):** 1203-1210.

Persson, T., Hansen, T.H., Rasmussen, T.B., Skindersoe, G.E., Givskov, M., Nielsen, K.J. (2005). Rational design and synthesis of new quorum-sensing inhibitors derived from acylated homosérine lactones and natural products from garlic. *Org Biomol Chem* **3:** 253-262.

Pesci, E.C. & Iglewski, B.H. (1997). The chain of command in *Pseudomonas* quorum sensing. *Trends Microbiol* **5**: 132-135.

Pesci, E.C., Milbank J.B.J., Pearson J.P., McKnight S., Kende A.S., Greenberg E.P. & Iglewski B.H. (1999). Quinolone signaling in the cell-to-cell communication system of *Pseudomonas aeruginosa*. *Proceedings of the National Academy of Sciences of the United States of America* **96(20):** 11229-11234.

Pesci, E.C., Pearson J.P., Seed P.C., Iglewski B.H. (1997). Regulation of *las* and *rhl* quorum sensing in *Pseudomonas aeruginosa*. *J Bacteriol* **179(10):** 3127-3132.

**Pessi, G. & Haas, D.** (2000). Transcriptional control of the hydrogen cyanide biosynthetic genes *hcnABC* by the anaerobic regulator ANR and the quorum sensing regulators LasR and RhlR in *Pseudomonas aeruginosa*. *J. Bacteriol.* **179**: 3127-3132.

**Pessi G, et al.** (2001). The global posttranscriptional regulator RsmA modulates production of virulence determinants and *N*-acylhomoserine lactones in *Pseudomonas aeruginosa*. *J. Bacteriol.* **183**:6676-6683.

**Phillipson, P.B., Schatz, G.E., Lowry P.P., Labat J-N.** (2006). A catalogue of the vascular plants of Madagascar. In: Ghazanfar SA, Beentje HJ, editors. Taxonomy and Ecology of African Plants, their Conservation and Sustainable Use; Proceedings of the 17th AETFAT Congress, Addis Ababa, Ethiopia; Royal Botanic Gardens, Kew, 613-627.

**Pier, G.B., Grout, M., Zaidi, T.S., Olsen, J.C., Johnson, L.G., Vankaskas, J.R., Goldberg, J.B.** (1996). Role of mutant CFTR in hypersusceptibility of cystic fibrosis patients to lung infections. *Science* **271(5245)**: 64-67.

**Pittet, D., Allegranzi, B., Storr, J., Bagheri Nejad, S., Dziekan, G., Leotsakos, A., Donaldson, L.** (2008). Infection control as a major World Health Organization priority for developing countries. *The Journal of Hospital Infection* **68**: 285-292.

**Poole, K.** (2001). Multidrug efflux pumps and antimicrobial resistance in *Pseudomonas aeruginosa* and related organisms. *J MolMicrobiol Biotechnol* **3**: 255-264.

**Poulsen, L.K., Ballard, G., Stahl, D.A.** (1993). Use of rRNA fluorescence in situ hybridization for measuring the activity of single cells in young and established biofilms. *Appl. Environ. Microbiol.* **59**: 1354-1360.

**Pourcel, L., Routaboul, J.M., Cheynier, V., Lepiniec, L., Debeaujon, I.** (2007). Flavonoid oxidation in plants: from biochemical properties to physiological functions. *Trends Plant Sci* **12**: 29-36.

**Prasad, C.** (1995). Bioactive diketopiperazines. *Peptides* **16**: 151-164.

**Pratt, L.A., & Kolter, R.** (1998). Genetic analysis of *Escherichia coli* biofilm formation: defining the roles of flagella, motility, chemotaxis and type I pili. *Mol. Microbiol.* **30**: 285-294.

**Preston, M.J., Seed, P.C., Toder, D.S., Iglewski, B.H., Ohman, D.E., Gustin, J.K., Goldberg J.B., Pier, G.B.** (1997). Contribution of proteases and LasR to the virulence of *Pseudomonas aeruginosa* during corneal infections. *Infect Immun* **65(8)**: 3086-3090.

**Prouty, A.M., Schwesinger, W.H., Gunn, J.S.** (2002). Biofilm formation and interaction with the surfaces of gallstones by *Salmonella* spp. *Infect. Immun.* **70**: 2640-2649.

**Qazi, S., Middleton, B., Muharram, S. H., Cockayne, A., Hill, P., O'Shea, P., Chhabra, S. R., Camara, M., Williams, P.** (2006). *N*-Acylhomosérine lactones antagonize virulence gene expression and quorum sensing in *Staphylococcus aureus*. *Infect Immun* **74**: 910-919.

**Quinones, B., Dulla, G., Lindow, S.E.** (2005). Quorum sensing regulates exopolysaccharide production, motility, and virulence in *Pseudomonas syringae*. *Mol. Plant-Microbe Interact.* **18**: 682-693.

**Rahim, R., Ochsner, U.A., Olvera, C., Graninger, M., Messner, P., Lam, J.S., Soberon-Chavez, G.** (2001). Cloning and functional characterization of the *Pseudomonas aeruginosa rhlC* gene that encodes rhamnosyltransferase 2, an enzyme responsible for dirhamnolipid biosynthesis. *Mol Microbiol* **40**: 708-718.

**Rahme, L., Stevens E., Wolfort S., Shao J., Tompkins R., Ausubel. F.M.** (1995). Common virulence factors for bacterial pathogenicity in plants and animals. *Science* **268**: 1899-1902.

**Rahme, L.G., Tan M-W., Le L., Wong S.M., Tompkins R.G., Calderwood S.B., Ausubel, F.M.** (1997). Use of model plant hosts to identify *Pseudomonas aeruginosa* virulence factors. **94**: 13245-13250.

**Raina, S., De Vizio, D., Odell, M., Clements, M., Vanhulle, S., Keshavarz, T.** (2009). Microbial quorum sensing: a tool or a target for antimicrobial therapy? *Biotechnol, Appl Biochem,* **54**: 65-84.

**Rajaonson, S.,** (2011). Inhibition des facteurs de virulence chez *Rhodococcus fascians* et *Pseudomonas aeruginosa* par des flavonoïdes isolés chez les genres *Dalbergia* et *Combretum*. Thèse de doctorat en cotutelle. *Université Libre de Bruxelles /Université d'Antananarivo.* pp 170.

**Rajaonson, S., Vandeputte, O. M., Vereecke, D., Kiendrebeogo, M., Ralambofetra, E., Stévigny, C., Duez, P., Rabemanantsoa, C., Mol, A., Diallo, B., Baucher, M., El Jaziri, M.** (2011). Virulence quenching with a prenylated isoflavanone renders the Malagasy legume *Dalbergia pervillei* resistant to *Rhodococcus fascians*. *Environ Microbiol* **13** : 1236-1252.

**Ramey, B. E., Koutsoudis, M., von Bodman, S.B., Fuqua, C.** (2004). Biofilm formation in plant-microbe associations. *Curr. Opin. Microbiol.* **7**: 602–609.

**Rampioni, G., Bertani, I., Zennaro, E., Polticelli, F., Venturi ,V., Leoni, L.** (2006). The quorum-sensing negative regulator RsaL of *Pseudomonas aeruginosa* binds to the *lasI* promoter. *J. Bacteriol.* **188(2)**: 815-819.

Rampioni, G., Pustelny, C., Fletcher, M.P., Wright, V.J., Bruce, M., Rumbaugh, K.P., Heeb, S., Cámara, M., Williams, P. (2010). Transcriptomic analysis reveals a global alkylquinolone-independent regulatory role for PqsE in facilitating the environmental adaptation of *Pseudomonas aeruginosa* to plant and animal hosts. *Environ. Microbiol.* **12**: 1659-1673.

Rampioni, G., Schuster, M., Greenberg, E.P., Bertani, I., Grasso, M., Venturi ,V., Zennaro, E., Leoni, L. (2007). RsaL provides quorum sensing homeostasis and functions a global regulator of gene expression in *Pseudomonas aeruginosa*. *Mol Microbiol* **66(6)**: 1557-1565.

Ran, H., Hassett, D.J., Lau, G.W. (2003). Human targets of *Pseudomonas aeruginosa* pyocyanin. *Proc. Natl. Acad. Sci. USA* **100**: 14315-14320.

Randall, L.P., Riddly, A.M., Cooles, S.W., Sharma, M., Sayers, A.R., Pumbwe, L., Newell, D.G., Piddock, L.J., Woodward, M.J. (2003). Prevalence of multiple antibiotic resistance in 443 *Campylobacter* spp. isolated from humans and animals. *Journal of Antimicrobial Chemotherapy* **52**: 507-510.

Rasmussen, T.B., Bjarnsholt, T., Skindersoe, M.E., Hentzer, M., Kristoffersen, P., Kote, M., Nielsen, J., Eberl, L.? Givskov, M. (2005b). Screening for quorum-sensing inhibitors (QSI) by use of a novel genetic system, the QSI selector. *J Bacteriol* **187**: 1799-1814.

Rasmussen, T.B., Skindersoe, M.E., Bjarnsholt, T., Phipps, R.K., Christensen, K.B., Jensen, P.O., Andersen, J.B., Koch, B., Larsen, T.O., Hentzer, M., Eberl, L., Hoiby, N., Givskov, M. (2005a). Identity and effects of quorum sensing inhibitors produced by *Penicillium* species. *Microbiology* **151(5)**: 1325-1340.

Rasmussen, T.B & Givskov M. (2006). Quorum sensing inhibitors as antipathogenic drugs. *Int J Med Microbiol* **296**:149-161.

Read, R.C., Roberts, P., Munro, N., Rutman, A., Hastie, A., Shtyock, T., Hall, R., McDonald-Gibson, W., Lund, V., Taylor, G. (1992) Effect of *Pseudomonas aeruginosa* rhamnolipides on mucociliary transport and ciliary beating. *J Appl Physiol*, **72**: 2271-2277.

Reimmann, C., Beyeler, M., Latifi, A., Winteler, H., Foglino, M., Lazdunski, A. & Haas, D. (1997). The global activator GacA of *Pseudomonas aeruginosa* PAO positively controls the production of the autoinducer N-butyryl-homosérine lactone and the formation of the virulence factors pyocyanin, cyanide, and lipase. *Mol. Microbiol.* **24**: 309-319.

Ren, D., Zuo, R., González-Barrios, A.F., Bedzyk, L.A., Eldridge, G.R., Pasmore, M.E., Wood, T.K. (2005). Differential gene expression for investigation of *Escherichia coli* biofilm inhibition by plant extract ursolic acid. *Appl Environ Microbiol* **71**: 4022-4034.

**Reverchon, S., Chantegrel, B., Deshayes, C., Doutheau, A., Cotte-Pattat, N.** (2002). New synthetic analogues of *N*-acyl homosérine lactones as agonists or antagonists of transcriptional regulators involved in bacterial quorum sensing. *Bioorg Med Chem Lett* **12**: 1153-1157.

**Rice, A.R., Hamilton, M.A., Camper, A.K.** (2003). Movement, replication, and emigration rates of individual bacteria in a biofilm. *Microb Ecol.* **45(2)**: 163-172.

**Riedel, K., Hentzer, M., Geisenberger, O., Huber, B., Steidle, A., Wu, H., Hoiby, N., Givskov, M., Molin, S., Eberl, L.** (2001). N-Acylhomosérinelactone- mediated communication between *Pseudomonas aeruginosa* and *Burkholderia cepacia* in mixed biofilms. *Microbiology* **147**: 3249-3262.

**Ritchie, A.J., Yam, A.O., Tanabe, K.M., Rice, S.A., Cooley, M.A.** (2003). Modification of *in vivo* and *in vitro* T- and B-cell-mediated immune responses by the *Pseudomonas aeruginosa* quorum-sensing molecule N-(3-oxododecanoyl)-L-homosérine lactone. *Infect Immun* **71**: 4421-4431.

**Robert, M.A.** (1969). Psychologie du groupe. Ed. Vie Ouvrière, Bruxelles, 1969, pp. 103.

**Rodrigue, A., Quentin, Y., Lazdunski, A., Mejean, V., Foglino, M.** (2000): Two-Component systems in *Pseudomonas aeruginosa*: Why so many? *Trends Microbiol,* **8(11)**: 498-504.

**Romero, M., Martin-Cuadrado, A., Roca-Rivada, A., Cabello, A.M., Otero, A.** (2011). Quorum quecnching in cultivable bacteria from dense marine caosatal mircobial communitites. *FEMS Microbiol Ecol* **75**: 205-217.

**Romero, M., Martin-Cuadrado, A-B., Otero, A.** (2012). Determination of whether quorum quenching is a common activity in marine bacteria by analysis of cultivable bacteria and metagenomic sequences. *Appl Environ Microbiol* **78**: 6345–6348.

**Roy, A.B., Petrova, O.E., Sauer, K.** (2012). The phosphodiesterase DipA (PA5017) is essential for *Pseudomonas aeruginosa* biofilm dispersion *J. Bacteriol.* **194 (11)**: 2904-2915.

**Rozen, S. & Skaletsky, H.** (2000). Primer3 on the WWW for general users and for biologist programmers. *Methods Mol Biol* **132**: 365-386.

**Ruby, E.G. & Asato, L.M.** (1993). Growth and flagellation of *Vibrio fischeri* during initiation of the sepiolid squid light organ symbiosis. *Arch Microbiol* **159**: 160-167.

**Rudrappa, T. & Bais, H.P.** (2008). Curcumin, a known phenolic from Curcuma longa, attenuates the virulence of *Pseudomonas aeruginosa* PAO1 in whole plant and animal pathogenicity models. *J Agric Food Chem* **56**: 1955-1962.

**Ruimy, R., & Andremont, A.** (2004). Quorum sensing in *Pseudomonas aeruginosa*: molecular mechanism, clinical impact and inhibition. *Réanimation.* **13**:176-184.

**Rumbaugh, K.P., Griswold, J.A., Hamood, A.N.** (2000). The role of quorum sensing in the in vivo virulence of *Pseudomonas aeruginosa. Microbes Infect Rev.* **2(14)**: 1721-1731.

**Ryder, C., Byrd, M., Wozniak, D.J.** (2007). Role of polysaccharides in *Pseudomonas aeruginosa* biofilm development. *Curr Opin Microbiol* **10(6)**: 644-648.

**Saby, S., Leroy, P., Freney, J., Block, J.C.** (2001). Les mécanismes de défense bactérienne en mucins. *Infect Immun.* **60**: 3771-3779.

**Sadovskaya, I., Brisson, J.R., Lam, J.S., Richards, J.C., Altman, E.** (1998). Structural elucidation of the lipopolysaccharide core regions of the wild-type strain PAO1 and Ochain-deficient mutant strains AK1401 and AK1012 from *Pseudomonas aeruginosa* serotype O5. *Eur J Biochem.* **255**: 673-684.

**Saleem, M., Nazir, M., Ali, M.S., Hussain, H., Lee, Y.S., Riaz N., et Jabbar, A.** (2009). Antimicrobial natural products: an update on future antibiotic drug candidates. *Nat Prod Rep* **27(2)**: 238-54.

**Salyers, A.A. & Whitt, D.D.** (2002). Bacterial pathogenesis. A molecular approach, 2$^{nd}$ edn. Washington, D.C. *ASM Press* **16** : 247-262.

**Sauer, K., Camper, A.K., Ehrlich, G.D., Costerton, J.W., Davies, D.G.** (2002). *Pseudomonas aeruginosa* displays multiple phenotypes during development as a biofilm. *J Bacteriol* **184**: 1140-1154.

**Sauer, K., Cullen, M.C., Rickard, A.H., Zeef, L.A.H., Davies, D.G., Gilbert, P.**(2004). Characterization of nutrient-induced dispersion in *Pseudomonas aeruginosa* PAO1 biofilm. *J. Bacteriol.* **186**: 7312-7326.

**Sawa, T., Ohara, M., Kurahashi, K., Twining, S.S., Frank, D.W., Doroques, D.B., Long, T., Gropper, M.A., Wiener-Kronish, J.P.** (1998). In vitro cellular toxicity predicts *Pseudomonas aeruginosa* virulence in lung infections. *Infect Immun.* **66**: 3242-3249.

**Schaefer, A.L., Greenberg, E.P., Oliver, C.M., Oda, Y., Huang, J.J., Bittan-Banin, G., Peres, C.M., Schmidt, S., Juhaszova, H., Sufrin, J.R., Harwood, C.S.** (2008). A new class of homosérine lactone quorum sensing signals. *Nature* **454**: 595-599.

**Schaefer, A.L., Hanzelka, B.L., Eberhard, A., Greenberg, E.P.** (1996). Quorum sensing in *Vibrio fischeri*: probing autoinducer-LuxR interactions with autoinducer analogs. *J Bacteriol* **178**: 2897-2901.

Schatz, G.E. (2000). Endemism in the Malagasy tree flora. In: Lourenço WR, Goodman SM, editors.Diversity and endemism in Madagascar. Mémoires de la Société de Biogéographie. Société de Biogéographie, MNHN, ORSTOM; 1-9.

Schauder, S., Shokat, K., Surette, M.G., Bassler, B.L. (2001). The LuxS family of bacterial autoinducers: biosynthesis of a novel quorum sensing signal molecule. *Mol. Microbiol.* **41:** 463-476.

Schuhegger, R., Ihring, A., Gantner, S., Bahnweg, G., Knappe, C., Vogg, G., Hutzler, P., Schmid, M., Van Breusegem, F. (2006). Induction of systemic resistance in tomato by *N*-acyl-L-homosérine lactone-producing rhizosphere bacteria. *Plant Cell Environ* **29**: 909-918.

Schuster, M., Lostroh, C.P., Ogi, T., Greenberg, E.P. (2003) Identification, timing, and signal specificity of *Pseudomonas aeruginosa* quorum-controlled genes: a transcriptome analysis. *J Bacteriol.* **185**: 2066-2079.

Schuster, M., Urbanowski, M.L., Greenberg, E.P. (2004). Promoter specificity in *Pseudomonas aeruginosa* quorum sensing revealed by DNA binding of purified LasR. *Proc Natl Acad Sci USA.* **101(45)**: 15833-15839.

Schwartz, T., Hoffmann, S., Obst, U. (2003a). Formation of natural biofilms during chlorine dioxide and u.v. disinfection in a public drinking water distribution system. *J Appl Microbiol.* **95**: 591-601.

Schwartz, T., Kohnen, W., Jansen, B., Obst, U. (2003b). Detection of antibioticresistant bacteria and their resistance genes in wastewater, surface water, and drinking water biofilms. *FEMS Microbiol Ecol.* **43**: 352-335.

Seet, Q. & Zhang, L.H. (2011). Anti-activator QslA defines the quorum sensing threshold and response in *Pseudomonas aeruginosa*. *Mol Microbiol.* **80(4)**: 951-965.

Shah, P.M. (2005). The need for new therapeutic agents: what is the pipeline? *Clin Microbiol Infect* **11(Suppl 3)**: 36-42.

Shepherd, R.W. & Lindow, S.E. (2009). Two dissimilar N-acyl-homosérine lactone acylases of *Pseudomonas syringae* influence colony and biofilm morphology. *Appl Environ Microbiol* **75**: 45-53.

Shimada, T., Tanaka, K., Takenaka, S., Murayama, N., Martin, M.V., Foroozesh, M. K., Yamazaki, H., Guengerich, F.P., Komori, M. (2010). Structure-Function Relationships of Inhibition of Human Cytochromes 743 P450 1A1, 1A2, 1B1, 2C9, and 3A4 by 33 Flavonoid Derivatives. *Chem Res Toxicol.* **23**: 1921-1935.

**Siehnel, R., Traxler, B., Parsek, M.R., Schaefer, A.L., Singh, P.K.** (2010). A unique regulator controls the activation threshold of quorum-regulated genes in *Pseudomonas aeruginosa*. *Proc. Natl. Acad. Sci. U.S.A.* **107(17):** 7916-7921.

**Sifri, C.D.** (2008). Quorum sensing : Bacteria talk sense. *Clinical Infectious Diseases* **47:** 1070-1076.

**Signore, A.** (2013). About inflammation and infection. *EJNMMI Research* **8**:3.

**Simões, M., Simões, L.C., Vieira M.J.** (2010). A review of current and emergent biofilm control strategies. *LWT - Food Science and Technology.* **43(4):** 573-583.

**Simpson, D.A., Ramphal, R., Lory, S.** (1992). Genetic analysis of *Pseudomonas aeruginosa* adherence: distinct genetic loci control attachment to epithelial cells and mucins. *Infect Immun.* **60(9):** 3771-3779.

**Singh, P.K., Schaefer, A.L., Parsek, M.R., Moninger, T.O., Welsh, M.J., Greenberg, E.P.** (2000). Quorum sensing signals indicate that cystic fibrosis lungs are infected with bacterial biofilms. *Nature.* **407:** 762-764.

**Singh, R.P., Gu, M., Agarwal, R.** (2008). Silibinin inhibits colorectal cancer growth by inhibiting tumor cell proliferation and angiogenesis. *Cancer Res* **68:** 2043-2050.

**Sio, C.F., Otten, L.G., Cool, R.H., Diggle, S.P., Braun, P.G., Bos, R., Daykin, M., Cámara, M., Williams, P., Quax, W.J.** (2006). Quorum quenching by an N-Acyl-homosérine lactone acylase from *Pseudomonas aeruginosa* PAO1. *Infect Immun* **74:** 1673-1682.

**Skindersoe, M.E, Alhede, M., Phipps, R., Yang, L., Jensen, P.O., Rasmussen, T.B., Bjarnsholt, T., Tolker-Nielsen, T., Hoiby, N., Givskov, M.** (2008a). Effects of antibiotics on quorum sensing in *Pseudomonas aeruginosa*. *Antimicrob. Agents Chemother.* **52(10):** 3648-3663.

**Skindersoe, M.E., Ettinger-Epstein, P., Rasmussen, T.B., Bjarnsholt, T., de Nys, R., Givskov, M.** (2008b). Quorum sensing antagonism from marine organisms. *Mar Biotechnol* **10:** 56–63.

**Smith, J.L., Fratamico, P.M., Novak, J.S.** (2004). Quorum sensing: a primer for food microbiologists. *J Food Protect* **67:** 1053-1070.

**Smith, K., Bu, Y., Suga, H.** (2003). Library screening for synthetic agonists and antagonists of a *Pseudomonas aeruginosa* autoinducer. *Chem Biol* **10:** 563-571.

**Smith, R.S., Harris, S.G., Phipps, R., Iglewski, B.** (2002). The *Pseudomonas aeruginosa* quorum-sensing molecule $N$-(3-oxododecanoyl) homosérine lactone contributes to virulence and induces inflammation in vivo. *J Bacteriol.* **184(4):** 1132-1139.

**Smith, R.S & Iglewski, B.H.** (2003) *Pseudomonas aeruginosa* quorum sensing as a potential antimicrobial target. *J Clin Invest* **112**: 1460-1465.

**Sobéron-Chávez, G., Aguirre-Ramirez, M., Sanchez, R.** (2005a). The *Pseudomonas aeruginosa* RhlA enzyme is involved in rhamnolipid and polyhydroxyalkanoate production. *J Ind Microbiol Biotechnol* **32(11-12)**: 675-677.

**Soberón-Chávez, G., Lépine, F., Déziel, E.** (2005b). Production of rhamnolipids by *Pseudomonas aeruginosa*. *Appl Microbiol Biotechnol* **68**: 718-725.

**Soni, K.A., Lu, L., Jesudhasan, P.R., Hume, M.E., Pillai, S.D.** (2008). Influence of autoinducer-2 (AI-2) and beef sample extracts on *E. coli* O157:H7 survival and gene expression of virulence genes *yadK* and *hhA*. *J Food Sci* **73**: M135-139.

**Spellberg, B.** (2010). Antibiotic resistance : Promoting critically needed antibiotic research and development and appropriate use ("Stewardship") of these precious drugs, Infectious Diseases Society of America (IDSA): 26.

**Sperandio, V., Mellies, J.L., Nguyen, W., Shin, S., Kaper, J.B.** (1999). Quorum sensing controls expression of the type III secretion gene transcription and protein secretion in enterohemorrhagic and enteropathogenic *Escherichia coli*. *Proc. Natl. Acad. Sci. U. S. A.* **96**: 15196-15201.

**Sperandio, V., Torres, A.G., Giron, J.A., Kaper, J.B.** (2001). Quorum sensing is a global regulatory mechanism in enterohemorrhagic *Escherichia coli* O157:H7. *J. Bacteriol.* **183**: 5187-5197.

**Sperandio, V., Torres, A.G., Jarvis, B., Nataro, J.P., Kaper, J.B.** (2003). Bacteria-host communication: the language of hormones. *Proc Natl Acad Sci USA* **100**: 8951–8956.

**Stapper, A.P., Narasimhan, G., Ohman, D.E., Barakat, J., Hentzer, M., Molin, S., Kharazmi, A., Høiby, N., Mathee, K.** (2004). Alginate production affects *Pseudomonas aeruginosa* biofilm development and architecture, but is not essential for biofilm formation. *Journal of Medical Microbiology* **53**: 679–690.

**Steindler, L., Bertani, I., De Sordi, L., Schwager, S., Eberl, L., Venturi, V.** (2009). LasI/R and RhlI/R quorum sensing in a strain of *Pseudomonas aeruginosa* beneficial to plants. *Appl Environ Microbiol* **75(15)**: 5131-5140.

**Stes, E., Vandeputte, O. M., El Jaziri, M., Holsters, M., Vereecke, D.** (2011). A successful bacterial coup d'état: How *Rhodococcus fascians* redirects plant development. *Annu Rev Phytopathol* **49**: 69-86.

**Stewart, P.S., Costerton, J.W.** (2001). Antibiotic resistance of bacteria in biofilms. *Lancet.* **358(9276)**: 135-138.

**Stoltz, D.A., Ozer, E.A., Ng, C.J., Yu, J.M., Reddy, S.T., Lusis, A.J., Bourquard, N., Parsek, M.R., Zabner, J., Shih, D.M.** (2007). Paraoxonase-2 deficiency enhances *Pseudomonas aeruginosa* quorum sensing in murine tracheal epithelia. *Am J Physiol Lung Cell Mol Physiol* 292: L852–860.

**Stoodley, P., Debeer, D., Lewandowski, Z.** (1994). Liquid Flow in Biofilm Systems. *Appl Environ Microbiol.* **60**: 2711-2716.

**Storey, D.G., Ujack, E.E., Rabin, H.R., Mitchell, I.** (1998). *Pseudomonas aeruginosa lasR* transcription correlates with the transcription of *lasA, lasB*, and *toxA* in chronic lung infections associated with cystic fibrosis. *Infect Immun.* **66(6)**: 2521-2528.

**Stover, C.K., Pham, X.Q., Erwin, A.L., Mizoguchi, S.D., Warrener, P., Hickey, M.J., Brinkman, F.S.L., Hufnagle, W.O., Kowalik, D.J., Lagrou, M., Garber, R.L., Goltry, L., Tolentino, E., Westbrook-Wadman, S., Yuan, Y., Brody, L.L., Coulter, S.N., Folger, K.R., Kas, A., Larbig, K., Lim, R.M., Smith, K.A., Spencer, D.H., Wong, G.KS., Wu, Z., Paulsen, I.T., Reizer, J., Saier, M.H., Hancock, R.E.W., Lory, S., Olson, M.V.** (2000). Complete genome sequence *Pseudomonas aeuroginosa* PA01, an opportunistic pathogen. *Nature.* **406(6799)**: 959-964.

**Stroeher, U.H., Paton, A.W., Ogunniyi, A.D., Paton, J.C.** (2003). Mutation of luxS of *Streptococcus pneumoniae* affects virulence in a mouse model. *Infect. Immun.* **71**: 3206-3212.

**Subramanian, S., Stacey, G., Yu, O.** (2007). Distinct, crucial roles of flavonoids during legume nodulation. *Trends Plant Sci* **12**: 282-285.

**Subramoni, S. & Venturi V.** (2009). LuxR-family 'solos': bachelor sensors/regulators of signalling molecules. Microbiology **155(5)**: 1377-1385.

**Surette, M.G. & Bassler, B.L.** (1998). Quorum sensing in *Escherichia coli* and *Salmonella typhimurium*. *Proc. Natl. Acad. Sci. USA* **95**: 7046-7050.

**Surette, M.G., Miller, M.B., Bassler, B.L.** (1999). Quorum sensing in *Escherichia coli*, *Salmonella typhimurium*, and *Vibrio harveyi*: A new family of genes responsible for autoinducer production. *Proc. Natl. Acad. Sci. USA* **96**: 1639-1644.

**Swift, S., Karlyshev, A.V., Fish, L., Durant, E.L., Winson, M.K., Chhabra, S.R., Williams, P., Macintyre, S., Stewart, G.S.** (1997). Quorum sensing in *Aeromonas hydrophila* and *Aeromonas salmonicida*: identification of the LuxRI homologs AhyRI and AsaRI and their cognate *N*-acylhomosérine lactone signal molecules. *J Bacteriol* **179**: 5271-5281.

Ta, C.A., Freundorfer, M., Mah, T.F., Otárola-Rojas, M., Garcia, M., Sanchez-Vindas, P., Poveda, L., Maschek, J.A., Baker, B.J., Adonizio, A.L., Downum, K., Durst, T., Arnason, J.T. (2014) Inhibition of bacterial quorum sensing and biofilm formation by extracts of neotropical rainforest Plants. *Planta Med.* **80(4)**:343-350.

Taha, M.O., Al-Bakri, A.G. & Zalloum, W.A. (2006). Discovery of potent inhibitors of pseudomonal quorum sensing *via* pharmacophore modeling and in silico screening. *Bioorganic & Medicinal Chemistry Letters* **16**: 5902-5906.

Talbot, G. H., Bradley, J., Edwards, Jr., J.E., Gilbert, D., Scheld, M., Bartlett J.G. (2006). Bad bugs need drugs: an update on the development pipeline from the antimicrobial availability task force of the infectious diseases society of America. *Clin Infect Dis* **42(5)**: 657-668.

Talbot, T.R., Poehling, K.A., Hartert, T.V., Arbogast, P.G., Halasa, N.B., Mitchel, E., Schaffner, W., Craig, A.S., Edwards, K.M., Griffin, M.R. (2004). Reduction in high rates of antibiotic-nonsusceptible invasive pneumococcal disease in Tennessee after introduction of the pneumococcal conjugate vaccine. *Clinical Infectious Diseases*, **39**: 641-648.

Tang, H., Kays, M., Prince, A. (1995). Role of *Pseudomonas aeruginosa* pili in acute pulmonary infection. *Infect Immun.* **63**: 1278-1285.

Tang, H.B., DiMango, E., Bryan, R., Gambello, M., Iglewski, B.H., Goldberg, J.B., Prince, A. (1996). Contribution of specific *Pseudomonas aeruginosa* virulence factors to pathogenesis of pneumonia in a neonatal mouse model of infection. *Infect Immun.* **64**: 37-43.

Tateda, K., Comte, R., Pechere, J.C., Köhler, T., Yamaguchi, K., Van Delden, C. (2001). Azithromycin inhibits quorum sensing in *Pseudomonas aeruginosa*. *Antimicrob Agents Chemother* **45**: 1930–1933.

Teasdale, M.E., Liu, J., Wallace, J., Akhlaghi, F., Rowley, D.C. (2009). Secondary metabolites produced by marine bacterium *Halobacillus salinus* that inhibit quorum sensingcontrolled phenotypes in gram-negative bacteria. *Appl Environ Microbiol* **75**: 567–572.

Telford, G., Wheeler, D., Williams, P., Tomkins, P.T., Appleby, P., Sewell, H., Stewart, G.S., Bycroft, B.W., Pritchard, D.I (1998). The *Pseudomonas aeruginosa* quorum-sensing signal molecule $N$-(3-oxododecanoyl)-L-homosérine lactone has immunomodulatory activity. *Infect. Immun.* **66**: 36–42.

Teplitski, M., Mathesius, U., Rambaugh, K.P. (2011). Perception and degradation of $N$-acyl homosérine lactone quorum sensing signals by mammalian and plant cells. *Chem Rev* **111**: 100–116.

Teplitski, M., Robinson, J.B., Bauer, W.D. (2000). Plants secrete substances that mimic bacterial N-acyl homosérine lactone signal activities and affect population density-dependent behaviors in associated bacteria. Mol. *Plant-Microbe Interact.* **13**: 637-648.

Terada, L.S., Johansen, K.A., Nowbar, S., Vasil, A.I., Vasil, M.L. (1999). *Pseudomonas aeruginosa* hemolytic phospholipase C suppresses neutrophil respiratory. *Infect Immun.* **67(5)**: 2371-2376.

Thibodeaux, B.A., Caballero, A.R., Marquart, M.E., Tommassen, J., O'Callaghan, R.J. (2007). Corneal Virulence of *Pseudomonas aeruginosa* Elastase B and Alkaline Protease Produced by *Pseudomonas putida*. *Current Eye Research* **32(4)**: 373-386.

Thoendel, M., Kavanaugh, J.S., Flack, C.E., Horswill, A.R. (2011). Peptide signaling in the staphylococci. *Chem. Rev.* **111**: 117-151.

Tielker, D., Hacker, S., Loris, R., Strathmann, M., Wingender, J., Wilhelm, S., Rosenau, F., Jaeger, K.E. (2005). *Pseudomonas aeruginosa* lectin LecB is located in the outer membrane and is involved in biofilm formation. *Revue: The Structural Biology Brussels.* **151(5)**: 1313-1323.

Toder, D.S., Ferrell, S.J., Nezezon, J.L, Rust L., Iglewski, B.H. (1994). *lasA* and *lasB* genes of *Pseudomonas aeruginosa*: analysis of transcription and gene product activity. *Infect. Immun.* **62(4)**: 1320-1327.

Tré-Hardy, M., Macé, C., El Manssouri, N., Vanderbist, F., Traore, H., Devleeschouwer, M.J. (2009). Effect of antibiotic co-administration on young and mature biofilms of cystic fibrosis clinical isolates: the importance of the biofilm model. *Int J Antimicrob Agents* **33**: 40-45.

Tresse, O., Junter, G.A., Jouenne, T. (1998). Presented at the 5e Congrès de la Société française de Microbiologie-Communication Atelier Hygiène des Surfaces dans l'Industrie Alimentaire., Lille.

Truchado, P., Giménez-Bastida, J.A., Larrosa, M., Castro-Ibáñez, I., Espín, J.C., Tomás-Barberán, F.A., García-Conesa, M.T., Allende, A. (2012). Inhibition of quorum sensing (QS) in *Yersinia enterocolitica* by an orange extract rich in glycosylated flavanones. *J Agric Food Chem* **60**: 8885-8894.

Twining, S.S., Kirschner, S.E., Mahnke, L.A., Frank, D.W. (1993). Effect of *Pseudomonas aeruginosa* elastase, alkaline protease, and exotoxin A on corneal proteinases and proteins. *Invest Ophthalmol Vis Sci* **34**: 2699-2712.

Ulanowska, K., Tkaczyk, A., Konopa, G., Węgrzyn, G. (2006). Differential antibacterial activity of genistein arising from global inhibition of DNA, RNA and protein synthesis in some bacterial strains. *Archives of Microbiology* **184**: 271-278.

**Uroz, S., D'Angelo-Picard, C., Carlier, A., Elasri, M., Sicot, C., Petit, A., Oger, P., Faure, D., Dessaux, Y.** (2003). Novel bacteria degrading N-acylhomosérine lactones and their use as quenchers of quorumsensing-regulated functions of plant-pathogenic bacteria. *Microbiology* **149**: 1981-1989.

**Uroz, S., Dessaux, Y., Oger, P.** (2009). Quorum sensing and quorum: the yin and yang of bacterial communication. *Chembiochem* **10**: 205-216.

**Vallet, I., Olson, J.W., Lory, S., Lazdunski, A., Filloux, A.** (2001). The chaperone/usher pathways of *Pseudomonas aeruginosa*: identification of fimbrial gene clusters (cup) and their involvement in biofilm formation. *Proc Natl Acad Sci USA* **98(12)**: 6911-6916.

**Van Bodman, S.B., Willey, J.M., Diggle, S.P.** (2008). Cell-cell communication in bacteria: United we stand. *J. Bacteriol.* **190**: 4377-4391.

**Van Delden, C. & Iglewski B.H.** (1998). Cell-to-cell signaling and *Pseudomonas aeruginosa* infections. *Emerg Infect Dis* **4**: 551-560.

**Van Delden, C., Comte, R., Bally, M.** (2001). Stringent response activates quorum sensing and modulates cell density-dependent gene expression in *Pseudomonas aeruginosa. J. Bacteriol.* **183**: 5376–5384.

**Van Gennip, M., Christensen, L.D., Alhede, M., Phipps, R., Jensen, P.O., Christophersen, L., Pamp S.J., Moser, C., Mikkelsen, P.J., Koh, A.Y., Tolker-Nielsen, T., Pier, G.B., Hoiby, N., Givskov, M., Bjarnsholt, T.** (2009). Inactivation of the *rhlA* gene in *Pseudomonas aeruginosa* prevents rhamnolipid production, disabling the protection against polymorphonuclear leukocytes. *Apmis* **117**: 537-546.

**Vandeputte, O. M., Kiendrebeogo, M., Rajaonson, S., Diallo, B., Mol, A., El Jaziri, M., Baucher, M.** (2010). Identification of catechin as one of the flavonoids from *Combretum albiflorum* bark extract that reduces the production of quorum-sensing controlled virulence factors in *Pseudomonas aeruginosa* PAO1. *Appl Environ Microbiol* **76**: 243-253.

**Vasseur, P., Soscia, C., Voulhoux, R., Filoux, A.** (2007). PelC is a *Pseudomonas aeruginosa* outer membrane lipoprotein of the OMA family of proteins involved in exopolysaccharide transport. *J Biochimie.* **89(8)**: 3547-3555.

**Vasseur, P., Vallet-Gely, I., Soscia, C., Genin, S., Filoux, A.** (2005). The *pel* genes of the *Pseudomonas aeruginosa* PAK strain are involved at early and late stages of biofilm formation. *Microbiol.* **151(3)**: 985-997.

**Vasudeva, N., Vats, M., Sharma, S.K. & Sardana, S.** (2009). Chemistry and biological activities of the genus *Dalbergia* - A review. *Pharmacognosy Reviews* **3**: 307-319.

**Vattem, D.A., Mihalik, K., Crixell, S.H., McLean, R.J.C.** (2007). Dietary phytochemicals as quorum sensing inhibitors. *Fitoterapia* **78**: 302-310.

**Velkov, V.V.** (2002). New insights into the molecular mechanisms of evolution: Stress increases genetic diversity. *Mol. Biol.* **36**: 209-215.

**Venturi, V.** (2006). Regulation of quorum sensing in *Pseudomonas*. *FEMS Microbiol. Rev.* **30**: 274-291.

**Vikram A., Jayaprakasha G.K., Jesudhasan P.R., Pillai S.D., Patil B.S.** (2010). Suppression of bacterial cell–cell signalling, biofilm formation and type III secretion system by citrus flavonoids. *J App Microbiol* **109**: 515-527.

**Vikram, A., Jesudhasan, P. R., Jayaprakasha, G. K., Pillai, S. D. & Patil, B. S.** (2011). Citrus limonoids interfere with *Vibrio harveyi* cell-cell signalling and biofilm formation by modulating the response regulator LuxO. *Microbiology* **157**: 99-110.

**Von Bodman, S. B., Majerczak, D. R., Coplin, D. L. A.** (1998). Negative regulator mediates quorum-sensing control of exopolysaccharide production in *Pantoea stewartii* subsp. *stewartii*. *Proc. Natl Acad. Sci. USA* **95**: 7687-7692.

**Von Rad, U., Klein, I., Dobrev, P.I., Kottova, J., Zazimalova, E., Fekete, A.** (2008). The response of *Arabidopsis thaliana* to N-hexanoyl-DL-homoserine-lactone, a bacterial quorum sensing molecule produced in the rhizosphere. *Planta* **229**: 73-85.

**Von Rosenvinge, E.C., O'May, G.A., Macfarlane, S., Macfarlane, G.T., Shirtliff, M.E.** (2013). Microbial biofilms and gastrointestinal diseases. *Pathogens and Disease* **67**: 25-38.

**Vu, B., Chen, M., Crawford, R.J., Ivanova, E.P.** (2009). Bacterial Extracellular Polysaccharides Involved in Biofilm Formation. *Molecules*, **14**: 2535-2554.

**Wade, D.S., Calfee, M.W., Rocha, E.R., Ling, E.A., Engstrom, E., Coleman, J.P., Pesci, E.C.** (2005). Regulation of *Pseudomonas* quinolone signal synthesis in *Pseudomonas aeruginosa*. *J Bacteriol* **187**: 4372-4380.

**Wagner, V.E. & Iglewski, B.H.** (2008). *Pseudomonas aeruginosa* Biofilms in CF Infection. *Clinic Rev Allerg Immunol* **35**: 124–134.

**Wagner, V.E. Bushnell, D., Passador, L., Brooks, A.I., Iglewski, B.H.** (2003). Microarray analysis of *Pseudomonas aeruginosa* quorum-sensing regulons: effects of growth phase and environment. *J Bacteriol* **185**(7): 2080-2095.

**Wagner, V.E., Gillis, R.J., Iglewski, B.H.** (2004). Transcriptome analysis of quorum-sensing regulation and virulence factor expression in *Pseudomonas aeruginosa. Vaccine* **22 (Suppl 1)**: 15-20.

**Wagner, V.E., Li, L.L., Isabella V.M., Iglewski B.H.** (2007). Analysis of the hierarchy of quorum-sensing regulation in *Pseudomonas aeruginosa. Anal Bioanal Chem* **387(2)**: 469-479.

**Wai, S. N., Mizunoe, Y., Takade, A., Kawabata, S.I., Yoshida, S.I.** (1998). *Vibrio cholerae* O1 strain TSI-4 produces the exopolysaccharide materials that determine colony morphology, stress resistance, and biofilm formation. *Appl Environ Microbiol.* **64**: 3648-3655.

**Walker, B., Barrett, S., Polasky, S., Galaz, V., Folke, C., Engström, G., Ackerman, F., Arrow, K., Carpenter, S., Chopra, K., Daily, G., Ehrlich, P., Hughes, T., Kautsky, N., Levin, S., Mäler, K.G., Shogren, J., Vincent, J., Xepapadeas, T., de Zeeuw, A.** (2009). Environment : Looming globalscale failures and missing institutions. *Science* **325**: 1345-1346.

**Walker, T.S., Bais, H.P., Déziel, E., Schweizer, H.P., Rahme, L.G., Fall, R., Vivanco, J.M.** (2004). *Pseudomonas aeruginosa*-plant root interactions. Pathogenicity, biofilm formation, and root exudation. *Plant Physiol.* **134**: 320-331.

**Wall, D. & Kaiser, D.** (1999). Type IV pili and cell motility. *Mol Microbiol* **32**: 1-10.

**Walters, M., Sircili, M.P., Sperandio, V.** (2006). AI-3 synthesis is not dependent on *luxS* in *Escherichia coli. J Bacteriol* **188**: 5668–5681.

**Wang, J., Lory, S., Ramphal, R., Jin. S.** (1996). Isolation and characterization of *Pseudomonas aeruginosa* genes inducible by respiratory mucus derived from cystic fibrosis patients. *Mol. Microbiol.* **22**: 1005-1012.

**Waters, C.M. & Bassler, B.L.** (2005). Quorum sensing: Cell-to-cell communication in bacteria. *Annu. Rev. Cell Dev. Biol.* **21**: 319-346.

**Watkins, L., Costerton, J.W.** (1984). Growth and biocide resistance of bacterial biofilms in industrial systems. *Chemical Times Trends.* **23**: 35 -40.

**Webb, J.S., Thompson, L.S., James, S., Charlton, T., Tolker-Nielsen, T., Koch, B., Givskov, M., Kjelleberg, S.** (2003). Cell death in *Pseudomonas aeruginosa* biofilm development. *J Bacteriol.* **185(15)**: 4585-4592.

**Whitehead, N.A., Barnard, A.M., Slater, H., Simpson, N.J., Salmond, G.P.** (2001). Quorum-sensing in Gram-negative bacteria. *FEMS Microbiol Rev* **25(4)**: 365-404.

**WHO Guidelines Approved by the Guidelines Review Committee.** (2009). Policy on TB infection control in health-care facilities, congregate settings and households. Geneva, Switzerland. World Health Organization. WHO/HTM/TB/2009.419.

**WHO, Resolution World Health Assembly.** (1998). Emerging and other communicable diseases: antimicrobial resistance. WHA51.17, agenda item 21.3. Available at:http://apps.who.int/medicinedocs/documents/s16335e/s16335e.pdf.

**WHO.** (2000). WHO global principles for the containment of antimicrobial resistance in animals intended for food. Geneva, Switzerland. World Health Organization. Available at : http://www.who.int/emc/diseases/zoo/who_global_principles.html.

**WHO.** (2012). The evolving threat of antimicrobial resistance-options for action. Geneva, Switzerland. World Health Organization. Available at: http://whqlibdoc.who.int/publications/2012/9789241503181_eng.pdf.

**Williams, G.C.** (1992). Natural Selection: Domains, Levels and Challenges. Oxford Series in Ecology & Evolution (Book 4). Oxford University Press. USA. pp. 224

**Williams, P. & Camara M.** (2009). Quorum sensing and environmental adaptation in *Pseudomonas aeruginosa*: a tale of regulatory networks and multifunctional signal molecules. *Curr Opin Microbiol* **12(2):** 182-191.

**Williams, P.** (2007). Quorum sensing, communication and cross-kingdom signalling in the bacterial world. *Microbiology* **153**: 3923-3938.

**Williams, R.J., Spencer, J.P., Rice-Evans, C.** (2004). Flavonoids: antioxidants or signalling molecules? *Free Radic Biol Med* **36**: 838-849.

**Winson, M.K., Camara, M., Lafiti, A., Foglino, M., Chhabra, S.R., Daykin, M., Bally, M., Chapon, V., Salmond, G.P, Bycroft, B.W.** (1995). Multiple *N*-acyl-l-homosérine lactone signal molecules regulate production of virulence determinants and secondary metabolites in *Pseudomonas aeruginosa*. *Proc Natl Acad Sci USA* **92**: 9427-9431.

**Winzer, K., Falconer, C., Garber, N.C., Diggle, S.P., Camara, M., Williams, P.** (2000). The *Pseudomonas aeruginosa* lectins PA-IL and PA-IIL are controlled by quorum sensing and by RpoS. *J Bacteriol* **182**: 6401-6411.

**Winzer, K., Sun, Y-H., Green, A., Delory, M., Blackley, D., Hardie, K.R., Baldwin, T.J., Tang, C.M.** (2002). Role of *Neisseria meningitidis* luxS in cell-to-cell signaling and bacteremic infection. *Infect. Immun.* **70**: 2245-2248.

Wisniewski-Dye, F., Jones, J., Chhabra, S. R., Downie, J. A. (2002). *railR* genes are part of a quorum-sensing network controlled by *cinI* and *cinR* in *Rhizobium leguminosarum*. *J. Bacteriol.* **184**, 1597-1606.

Withers, H., Swift, S., Williams, P. (2001) Quorum sensing as an integral component of gene regulatory networks in Gram-negative bacteria. *Curr Opin Microbiol.* **4(2)**: 186-193.

Wolf, P. & Elsässer-Beile, U. (2009). *Pseudomonas* exotoxin A: from virulence factor to anti-cancer agent. *Int J Med Microbiol* **299(3)**:161-176.

Woodford, N., & Ellington, M.J. (2007). The emergence of antibiotic resistance by mutation. *Clin Microbiol Infect.* **13(1)**: 5-18.

Wood, D.W., Gong, F., Daykin, M.M., Williams, P., Pierson III, L.S. (1997). *N*-Acyl-homoserine lactone-mediated regulation of phenazine gene expression by *Pseudomonas aureofaciens* 30-84 in the wheat rhizosphere. *J. Bacteriol.* **179**: 7663-7670.

Worthington, R., Bunders, C., Reed, C. and Melander, C. (2012). Small Molecule Suppression of Carbapenem Resistance in NDM-1 Producing *Klebsiella pneumoniae*. *ACS Medicinal Chemistry Letters.* **3(5)**: 357-361.

Wozniak, D.J. & Ohman. D.E. (1994). Transcriptional analysis of the *Pseudomonas aeruginosa* genes *algR*, *algB*, and *algD* reveals a hierarchy of alginate gene expression which is modulated by *algT*. *J. Bacteriol.* **176**: 6007-6014.

Wozniak, D.J., Wyckoff, T.J., Starkey, M., Keyser, R., Azadi, P., O'Toole, G.A., Parsek, M.R. (2003). Alginate is not a significant component of the extracellular polysaccharide matrix of PA14 and PAO1 *Pseudomonas aeruginosa* biofilms. *Proc Natl Acad Sci USA.* **100**: 7907-7912.

Xavier, J.B. (2011). Social interaction in synthetic and natural microbial communities. *Mol. Syst. Biol.* **7**: 1-11.

Xavier, K.B. & Bassler, B.L. (2003). LuxS quorum sensing: more than just a numbers game. *Curr Opin Microbiol Rev* **6(2)**: 191-197.

Xu, H.-X. & Lee, S.F. (2001). Activity of plant flavonoids against antibiotic-resistant bacteria. *Phytotherapy Research* **15**: 39-43.

Yadav, H., Yadav, M., Jain, S., Bhardwaj, A., Singh, V., Parkash, O., Marotta, F. (2008). Antimicrobial property of a herbal preparation containing *Dalbergia sissoo* and *Datura tramonium* with cow urine against pathogenic bacteria. *Int J Immunopathol Pharmacol* **21**: 1013-1020.

Yan, Q., Gao, W., Wu, X-G., Zhang, L-Q. (2009). Regulation of the PcoI/PcoR quorum-sensing system in *Pseudomonas fluorescens* 2P24 by the PhoP/PhoQ two-component system. *Microbiology* **155**: 124-133.

Yang, F., Wang, L.-H, Wang, J., Dong, Y.-H., Hu, J.Y., Zhang, L.-H. (2005). Quorum quenching enzyme activity is widely conserved in the sera of mammalian species. *FEBS Lett.* **579**: 3713–3717.

Yang, L., Hu, Y., Liu, Y., Zhang, J., Ulstrup, J., Molin, S. (2011). Distinct roles of extracellular polymeric substances in *Pseudomonas aeruginosa* biofilm development. *Environmental Microbiology* **13(7)**: 1705-1717.

Yang, L., Rybtke, M.T., Jakobsen, T.H., Hentzer, M., Bjarnsholt, T., Givskov, M., Tolker-Nielsen, T. (2009). Computer aided identification of recognized drugs as *Pseudomonas aeruginosa* quorum-sensing inhibitors. *Antimicrob Agents Chemother* **53(6)**: 2432-2443.

Yong, D., Toleman, M.A., Giske, C.G., Cho, H.S., Sundman, K., Lee, K., Walsh, T.R. (2009). Characterization of a new metallo-β-lactamase gene, blaNDM-1, and a novel erythromycin esterase gene carried on a unique genetic structure in Klebsiella pneumoniae sequence type 14 from India. *Antimicrob Agents Chemother* **53**: 5046-5054.

Yu, H., Mudd, M., Boucher, J.C., Schurr, M.J., Deretic, V. (1997). Identification of the *algZ* gene upstream of the response regulator *algR* and its participation in control of alginate production in *Pseudomonas aeruginosa*. *J. Bacteriol.* **179**: 187-193.

Yuan, Z.C., Edlind, M. P., Liu, P., Saenkham, P., Banta, L.M., Wise, A.A., Ronzone, E., Binns, A.N., Kerr, K., Nester, E.W. (2007). The plant signal salicylic acid shuts down expression of the *vir* regulon and activates quormone quenching genes in *Agrobacterium*. *Proc Natl Acad Sci USA* **104**: 11790-11795.

Yuan, Z.C., Haudecoeur, E., Faure, D., Kerr, K.F., Nester, E.W. (2008). Comparative transcriptome analysis of *Agrobacterium tumefaciens* in response to plant signal salicylic acid, indole-3-acetic acid and gamma-amino butyric acid reveals signalling cross-talk and *Agrobacterium*-plant co-evolution. *Cell Microbiol* **10**: 2339- 2354.

Zemanick, E.T., Sagel, S.D., Harris, J.K. (2011). The airway microbiome in cystic fibrosis and implications for treatment. *Curr Opin Pediatr* **23**: 319-324.

Zeng, Z., Qian, L., Cao, L., Tan, H., Huang, Y., Xue, X., Shen, Y. & Zhou, S. (2008). Virtual screening for novel quorum sensing inhibitors to eradicate biofilm formation of *Pseudomonas aeruginosa*. *Appl Microbiol Biotechnol* **79**: 119-26.

**Zhang, J., Subramanian, S., Stacey, G. & Yu, O.** (2009). Flavones and flavonols play distinct critical roles during nodulation of *Medicago truncatula* by *Sinorhizobium meliloti*. *The Plant Journal* **57**: 171-183.

**Zhang, X. & Bremer, H.** (1995). Control of the *Escherichia coli* rrnB P1 promoter strength by ppGpp. *J Biol Chem* **270**: 11181-11189.

**Zhu, H., He, C-C., Chu, QH.** (2011). Inhibition of quorum sensing in Chromobacterium violaceum by pigments extracted from Auricularia auricular. *Lett Appl Microbiol* **52**: 269-274.

# ANNEXES

# ANNEXE I

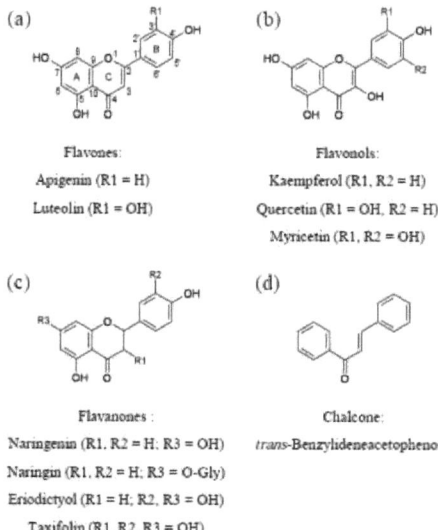

**Figure A.** Structure des flavonoïdes utilisés dans cette étude. Les flavonoïdes utilisés appartiennent (a) aux flavones (apigénine et lutéoline), (b) aux flavonols (kaempférole, quercétine et myricétine), (c) aux flavanones (naringénine, naringine, ériodictyol, et taxifoline) et (d) aux chalcones (*trans*-benzylideneacetophenone).

# ANNEXE II

## Les gènes rapporteurs

### 1. Définition et principe des gènes rapporteurs

Par définition, un gène rapporteur est un gène qui code une protéine possédant une activité connue et quantifiable. Ces gènes sont utilisés pour étudier l'expression de gènes d'intérêt. Ainsi, les deux gènes (ou le gène quantifiable et le promoteur du gène d'intérêts) sont fusionnés de telle sorte qu'ils soient sous le contrôle d'un même promoteur dans la séquence d'ADN, transcrit en un seul ARN messager (ARNm) et enfin traduit en une seule protéine. En effet, le gène rapporteur peut coder une enzyme capable de dégrader un substrat (dont le clivage libère un chromophore, un fluorochrome ou de la lumière). Le niveau d'expression du gène d'intérêt sera reflété par l'activité de la protéine produite par le gène rapporteur.

### 2. Differents types de gènes rapporteurs

Il existe plusieurs types de gènes rapporteurs mais les plus connus et les plus généralement utilisés sont les gènes *gfp* qui code la protéine fluorescente verte, les gènes *luxCDABE* qui codent les protéines qui sont à l'origine de la bioluminescence, le gène *uidA* qui code l'enzyme β-glucuronidase et le gène *lacZ* qui code l'enzyme β-galactosidase.

#### 2.1. Biosenseurs lacZ *P. aeruginosa* PAO1

Les souches de *P. aeruginosa* PAO1 qui normalement ne produit pas de β-galactosidase contient des plasmides contenant le promoteur des gènes d'intérêt fusionné avec le gène rapporteur *lacZ*. Les gènes d'intérêt fusionnés avec le gène rapporteur *lacZ* (codant la β-galactosidase) sont les suivants :
- Les gènes *gacA, vfr, rhlR, rhlI, lasR, lasI, lasB* et *rhlA* qui sont impliqués dans le mécanisme du QS chez *P. aeruginosa* (Williams et Camara, 2009).
- Le gène *aceA* qui est un gène constitutif indépendant du mécanisme du QS chez *P. aeruginosa* (Diaz-Perez *et al.*, 2007; Kretzschmar *et al.*, 2008).

La mesure de l'activité lacZ est développée dans l'annexe III.

## 2.2. Biosenseurs *luxCDABE E. coli*

Les souches d'*E. coli* JLD271 qui normalement ne produisent pas de luminescence contient l'un des plasmides suivant pAL101, pAL102, pAL105 et pAL106. Le plasmide pAL101 code à la fois RhlR et un promoteur régulé par RhlR, PrhlI. Le promoteur RhlI est fusionné au promoteur opéron *luxCDABE*. Le plasmide pAL102 est identique sauf que RhlR n'est pas présent permettant de déterminer toute réponse en absence de RhlR. Les biocapteurs basés LasR, pAL105 et pAL106, sont similaires à pAL101 et pAL102, respectivement. Ces souches sont utilisées pour la quantification du niveau d'expression de ces gènes dans des conditions exemptes des deux AHLs endogène de *P. aeruginosa* à savoir C4-HSL et 3-oxo-C12-HSL. La mesure de l'expression de la luminescence *luxCDABE* se fait directement sur un luminomètre Topcount NXT ® rapporté à la croissance bactérienne (mesure de la densité optique sur spectrophotomètre).

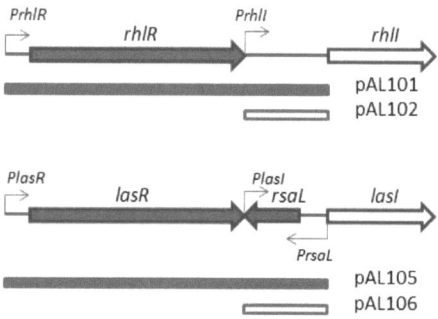

**Figure B** : Carte des plasmides pAL101, pAL102, pAL105 et pAL106 (Lindsay et Ahmer, 2005).

# ANNEXE III

## Test d'activité LacZ (β-D-galactosidase)

### 1. Principe du test de l'activité LacZ

L'activité LacZ est évaluée par l'activité d'hydrolyse de la β-galactosidase du substrat chromogénique $o$NPG (*ortho*nitrophényl-β-D-galactoside). L'intensité de la coloration (témoignant de la libération d'*ortho*nitrophényl) qui représente l'activité LacZ, est mesurée à deux longueurs d'onde 420 et 550 nm et calculé par la formule de Miller exprimé en Unité Miller.

**Réaction 1 :** Réaction chimique de l'activité LacZ

*ortho*-nitrophényl-β-D-galactoside + H₂O →(β-D-galactosidase) galactose + *ortho*-nitrophénol

$$\text{Activité LacZ (Unité Miller)} = 1000 \times \frac{A_{420} - (1.75 \times A_{600})}{t \times v \times d \times A_{550}}$$

$A_{420}$ : absorbance de l'*o*-nitrophénol,

$A_{550}$ : mesure des débris cellulaires qui, multipliée par 1.75, donne une valeur approximative de l'impact de ces débris cellulaires sur l'absorbance à 420 nm (Miller, 1972),

$t$ = temps d'incubation de la réaction en minutes,

$v$ = volume de la suspension bactérienne en ml,

$d$ = facteur de dilution,

$A_{600}$ : Densité bactérienne.

## 2. Compositions du milieu d'induction, tampon et substrats

### 2.1. Composition milieu liquide LB-MOPS-Carbenicilline (pour 1L)

- LB broth                                                    25g
- 50mM MOPS                                                   10,463g
- Ajouter 750mL d'eau Millipore
- Ajuster le pH à 7,2 avec du KOH 1N
- Compléter le volume final à 1L avec de l'eau MilliQ et stériliser
- 300 µg.ml Carbénicilline.

### 2.2. Composition solution de Perméabilisation (pour 500mL)

- 100mM $Na_2HPO_4$                                           7,098g
- 20mM KCl                                                    0,745g
- 2mM $MgSO_4$ heptahydrate                                   0,025g
- 0,8mg/mL CTAB (hexadecyltrimethylammonium bromide)          0,400g
- 0,4mg/mL sodium deoxycholate                    0,200g
- 5,4µL/mL β-mercaptoethanol                                  2,7mL
- Compléter le volume final à 500 mL avec de l'eau MilliQ

### 2.3. Composition solution Substrat (pour 500mL)

- 60mM $Na_2HPO_4$                                            4,260g
- 40mM $NaH_2PO_4$                                            2,768g
- 2,7µL/mL β-mercaptoethanol                                  1,35mL
- Compléter le volume final à 500mL avec de l'eau Millipore
- 1mg/mL ONPG (O-Nitrophenyl- β-D-Galactoside)

### 2.4. Composition solution Stop (500mL)

- 1M $Na_2CO_3$                                               52,995g

Compléter le volume final à 500mL avec de l'eau MilliQ

# ANNEXE IV

## Test de viabilité chez les bactéries

### 1. Principe

La technique utilisée dans ce travail pour déterminer la viabilité des bactéries repose sur l'utilisation de deux fluorochromes ayant des capacités différentes de pénétrer dans les cellules mortes. Dans la présente étude, le kit LIVE/DEAD® *Bac*Light L7012 de Molecular Probes (Invitrogen) a été utilisé. Ce kit utilise un mélange de deux marqueurs d'acides nucléiques à savoir le SYTO® 9 vert fluorescent (3.34 mM) et l'iodure de propidium rouge fluorescent (20 mM). Ces deux marqueurs diffèrent par leur caractéristique spectrale ainsi que par leur capacité à pénétrer dans les cellules bactérienne. Le marqueur SYTO 9 colore en général toutes les bactéries quelle que soit la nature de la membrane (c'est-à-dire intacte ou endommagée) en émettant de la fluorescence verte. En revanche, l'iodure de propidium pénètre uniquement dans les bactéries avec une membrane endommagée (mortes) et émet de la fluorescence rouge. Ainsi, avec un mélange de SYTO 9 et d'iodure de propidium (PI) approprié et une excitation à une longueur d'onde appropriée, les bactéries vivantes émettent de la fluorescence verte tandis que les bactéries mortes émettent de la fluorescence rouge. La quantification de cette intensité de fluorescence permet ainsi de déterminer le rapport entre les bactéries vivantes et morte. Cette technique a été utilisée pour déterminer le taux de viabilité des bactéries *P. aeruginosa* planctoniques et encapsulées dans le biofilm.

### 2. Détermination de la droite standard

La droite étalon est construite à partir des suspensions bactériennes dont le rapport bactéries vivantes / bactéries mortes est connu afin de quantifier la proportion de bactéries vivantes dans une condition donnée. Dans cette étude, les bactéries sont mises en culture dans les conditions optimales d'induction de l'expression de leurs gènes de virulence qui sont décrites ci-dessus pour *P. aeruginosa*. Après 18 h, les cultures de *P. aeruginosa* obtenues sont centrifugées et récupérées dans le même volume d'eau distillée. Après 24h, les *P. aeruginosa* encapsulés dans les biofilms sont récupérés par sonication pendant 3mn dans de l'eau distillée. Ces suspensions sont supposées contenir le maximum de bactérie vivante, c'est-à-dire qu'à ce stade, le rapport bactérie « vivantes »/« mortes » est considéré comme étant de [100:0].
Afin d'obtenir des bactéries « mortes », les bactéries ont été incubé dans de l'éthanol à 70 % pendant 30 min. Après centrifugation, le culot est récupéré dans l'eau distillée avec le même volume de milieu initial.
A partir de ces deux suspensions, différentes proportions de bactérie «vivantes»/«mortes» ont été préparés à savoir : [100:0], [75:25], [50:50], [25:75] et [0:100]. Pour chaque proportion, 100 µl ont été ajouté dans une plaque 96 puits à fond noir OptiPlate-96 F. L'expérience est réalisée en 4 répétitions.

## 3. Préparation des marqueurs pour la réaction, mesure de la fluorescence et détermination du rapport bactéries vivantes et mortes

Pour préparer la solution contenant les marqueurs, le protocole décrit par Molecular Probes a été suivi, c'est-à-dire que pour 2 ml d'eau distillée, il faut ajouter 6 µl de SYTO 9 et 6 µl d'iodure de propidium. Pour la réaction, 100 µl de cette solution sont ajoutés dans chaque puits de la plaque 96 puits contenant les suspensions bactériennes à mesurer et le tout est incubé à l'obscurité pendant 15 min. Après incubation, l'intensité de fluorescence est mesurée après une excitation fixée à 485 nm et aux longueurs d'ondes 530 et 630 nm (maximum d'émission) respectivement pour le SYTO 9 et l'iodure de propidium. Le rapport entre les bactéries mortes et vivantes sont calculés par la formule suivante :

$$\text{Rapport}_{\frac{vivante}{morte}} = \frac{\text{Fluorescence Emission}_{530}}{\text{Fluorescence Emission}_{630}}$$

Les valeurs obtenues pour les échantillons analysés sont reportées sur la droite étalon afin de déterminer le rapport bactéries « vivantes »/« mortes ».

# ANNEXE V

## Test d'activité des protéases

### 1. Généralité

Les protéases jouent un rôle important dans la pathogenèse en provoquant des hémorragies et des nécroses tissulaires. La protéase alcaline (*aprA*), la protéase LasA (*lasA*), l'élastase LasB (*lasB*) et la protéase IV sont les protéases les plus importantes connues dans la pathogénicité de *P. aeruginosa* (Kida *et al.*, 2008).

### 2. Activité élastase B

L'élastase de *P. aeruginosa* est un des douzaines de facteurs de virulences secrétés par la bactérie pendant une infection. L'activité *in vivo* de l'élastase LasB n'est pas très claire, mais celle *in vitro* est la dégradation de l'élastine, du collagène aussi bien que la protéolyse de l'immunoglobuline IgG. L'élastase lasB est codé par le gène *lasB* dont l'expression est sous l'influence du QS.

#### 2.1. Principe du test

La présence de l'élastase produite par une souche de *P. aeruginosa* est évaluée par la capacité d'une suspension bactérienne à dégrader l'élastine liée au Rouge Congo. Le complexe Elastine-Rouge Congo est insoluble dans l'eau contrairement au Rouge Congo. Ainsi la dégradation de l'élastine entraine une solubilisation du Rouge Congo colorant la solution en rouge. La densité optique de la solution mesurée à 595nm sera proportionnelle à l'activité de dégradation de l'élastine du surnageant bactérien consécutive à la présence d'élastase.

### 3. Activité protéolytique
#### 3.1. Principe du test

L'ensemble de l'activité protéolytique des protéases est évaluée par la dégradation de l'azocaséine (substrat chromophorique) qui libère des peptides de faible poids moléculaires. L'hydrolyse de l'azocaséine est ainsi déterminée *via* la mesure de l'absorbance de la solution peptidique à 430 nm après précipitation des plus gros fragments par l'acide trichloroacétique. Une unité d'activité protéolytique (U) correspond à l'augmentation de 0,01 unité de DO à 430 nm.

**ANNEXE VI**

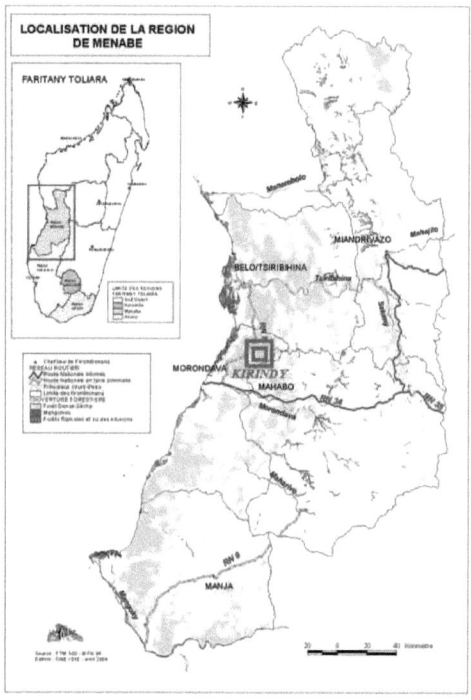

**Figure C** : Lieu de collecte des 4 espèces de *Dalbergia* endémique de Madagascar (Kirindy)

# ANNEXE VII

## *Dalbergia trichocarpa* Baker.

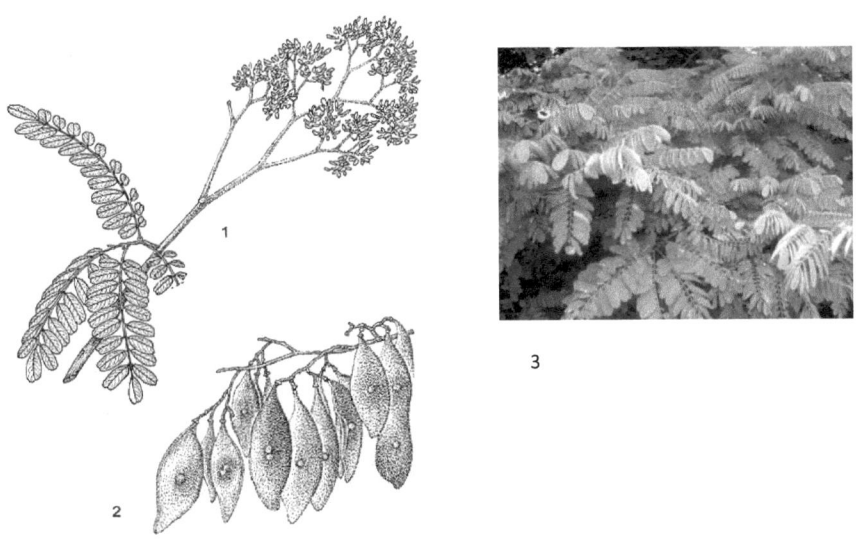

**Figure D** : *Dalbergia trichocarpa* redessiné et adapté par Achmad Satiri Nurhaman (1), rameau en fleurs ; (2), infrutescence. (3) Photo de *D. trichocarpa* (Source : Présent travail)

La position systématique *Dalbergia Trichocarpa* Baker. est la suivante :
**Règne** : PLANTAE
**Sous-règne** : TRACHEOBIONTA
**Division** : MAGNOLIOPHYTA
**Classe** : MAGNOLIOPSIDA
**Ordre** : FABALES
**Famille** : FABACEAE
**Sous-famille** : PAPILIONIDEAE
**Tribu** : DALBERGIEAE
**Genre** : *Dalbergia*
**Espèce** : *trichocarpa*

## ANNEXE VIII

| Accession | Localité/Site | Coordonnées GPS |
|---|---|---|
| 1 | Fôret de Kirindy | 20°04.120' S, 44°39.250' E, altitude 88 m |
| 2 | Village de Miandrivazo | 19°43.502' S, 45°28.433' E, elevation 108 m |
| 3 | Village d'Antsidika | 19°46.451' S, 45°31.147' E, elevation 168 m |
| 4 | Village d'Ambalanjanakomby | 16°56.356' S, 46°56.242' E, elevation 224 m |
| 5 | Fôret d'ambalanjanakomby | 16°20.402' S, 46°50.381' E, elevation 106 m |
| 6 | Village d'Andranofasika | 16°21.461' S, 46°49.175' E, elevation 106 m |

**Figure E** : Lieu de collecte des 6 pieds de *Dalbergia trichocarpa* de Madagascar

## ANNEXE IX

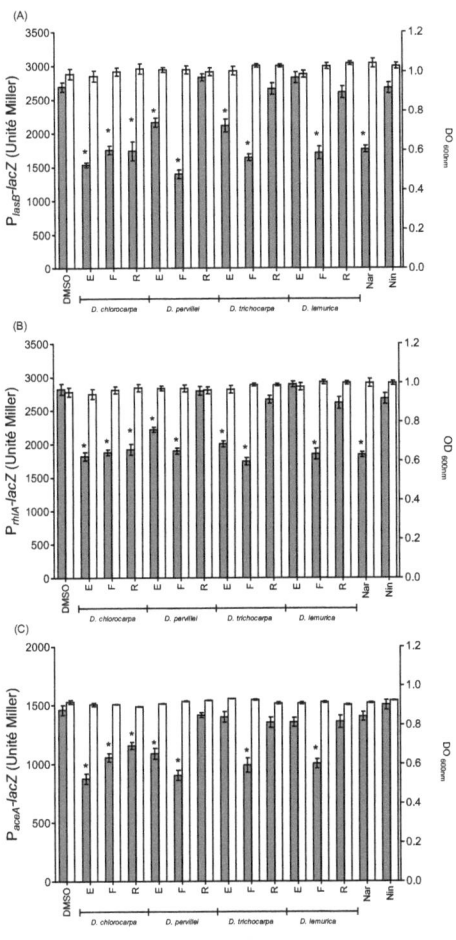

**Figure F :** Criblage d'extraits *n*-hexane de différents tissus (écorces: E; feuilles: F; racines: R) de *Dalbergia pervillei, D. lemurica, D. chlorocarpa et D. trichocarpa* sur l'expression des gènes dépendant (*lasB* et *rhlA*) et indépendant (*aceA*) du QS après 18 heures de croissance.

Oui, je veux morebooks!

# I want morebooks!

Buy your books fast and straightforward online - at one of the world's fastest growing online book stores! Environmentally sound due to Print-on-Demand technologies.

Buy your books online at

## www.get-morebooks.com

Achetez vos livres en ligne, vite et bien, sur l'une des librairies en ligne les plus performantes au monde!
En protégeant nos ressources et notre environnement grâce à l'impression à la demande.

La librairie en ligne pour acheter plus vite

## www.morebooks.fr

VDM Verlagsservicegesellschaft mbH
Heinrich-Böcking-Str. 6-8   Telefax: +49 681 93 81 567-9   info@vdm-vsg.de
D - 66121 Saarbrücken                                      www.vdm-vsg.de

Printed by Books on Demand GmbH, Norderstedt / Germany